教科書ぴったりトレーニング

はなまるシール

- ふろくの「がんばり表」に使おう！
- はじめに、キミのおとも犬を選んで、がんばり表にはろう！
- 学習が終わったら、がんばり表に「はなまるシール」をはろう！
- 余ったシールは自由に使ってね。

キミのおとも犬

はなまるシール

ごほうびシール

付録 とりはずしてお使いください。

計算せんもんドリル

6年

6年　　組

特色と使い方

- このドリルは、計算力を付けるための計算問題をせんもんにあつかったドリルです。
- 教科書ぴったりトレーニングに、このドリルの何ページをすればよいのかが書いてあります。教科書ぴったりトレーニングにあわせてお使いください。

もくじ

おうちのかたへ

・お子さまがお使いの教科書や学校の学習状況により、ドリルのページが前後したり、学習されていない問題が含まれている場合がございます。お子さまの学習状況に応じてお使いください。
・お子さまがお使いの教科書により、教科書ぴったりトレーニングと対応していないページがある場合がございますが、お子さまの興味・関心に応じてお使いください。

1 分数×整数 ①

★できた問題には、「た」をかこう！

1 できた　2 でき

1 次の計算をしましょう。

月　　日

① $\frac{1}{6} \times 5$　　② $\frac{2}{9} \times 4$

③ $\frac{3}{4} \times 9$　　④ $\frac{4}{5} \times 4$

⑤ $\frac{2}{3} \times 2$　　⑥ $\frac{3}{7} \times 6$

2 次の計算をしましょう。

月　　日

① $\frac{3}{8} \times 2$　　② $\frac{7}{6} \times 3$

③ $\frac{5}{12} \times 8$　　④ $\frac{10}{9} \times 6$

⑤ $\frac{1}{8} \times 8$　　⑥ $\frac{4}{3} \times 6$

2 分数×整数 ②

1 次の計算をしましょう。

月　　日

① $\frac{2}{7}\times3$

② $\frac{1}{2}\times9$

③ $\frac{3}{8}\times7$

④ $\frac{5}{4}\times3$

⑤ $\frac{6}{5}\times2$

⑥ $\frac{2}{3}\times8$

2 次の計算をしましょう。

月　　日

① $\frac{1}{4}\times2$

② $\frac{5}{12}\times3$

③ $\frac{1}{12}\times10$

④ $\frac{5}{8}\times6$

⑤ $\frac{1}{3}\times6$

⑥ $\frac{5}{4}\times12$

3 分数÷整数 ①

★できた問題には、「た」をかこう！

できた 1　できた 2

1 次の計算をしましょう。　月　日

① $\frac{8}{7}\div 9$　② $\frac{6}{5}\div 7$

③ $\frac{4}{3}\div 5$　④ $\frac{10}{3}\div 2$

⑤ $\frac{9}{8}\div 3$　⑥ $\frac{3}{2}\div 3$

2 次の計算をしましょう。　月　日

① $\frac{2}{9}\div 6$　② $\frac{3}{5}\div 12$

③ $\frac{2}{3}\div 4$　④ $\frac{9}{10}\div 6$

⑤ $\frac{6}{7}\div 4$　⑥ $\frac{9}{4}\div 12$

4 分数÷整数 ②

★できた問題には、「た」をかこう！

1 次の計算をしましょう。

月　日

① $\frac{5}{6} \div 8$

② $\frac{3}{8} \div 2$

③ $\frac{2}{3} \div 9$

④ $\frac{6}{5} \div 6$

⑤ $\frac{9}{10} \div 3$

⑥ $\frac{15}{2} \div 5$

2 次の計算をしましょう。

月　日

① $\frac{3}{2} \div 9$

② $\frac{2}{7} \div 10$

③ $\frac{4}{3} \div 12$

④ $\frac{6}{5} \div 10$

⑤ $\frac{9}{4} \div 6$

⑥ $\frac{8}{5} \div 6$

5 分数のかけ算①

★できた問題には、「た」をかこう！

でき 1　でき 2

1 次の計算をしましょう。　　月　　日

① $\frac{1}{5}\times\frac{1}{6}$　　② $\frac{2}{3}\times\frac{2}{5}$

③ $\frac{3}{5}\times\frac{2}{9}$　　④ $\frac{3}{7}\times\frac{5}{6}$

⑤ $\frac{14}{9}\times\frac{12}{7}$　　⑥ $\frac{5}{2}\times\frac{6}{5}$

2 次の計算をしましょう。　　月　　日

① $1\frac{1}{3}\times\frac{2}{5}$　　② $1\frac{1}{8}\times1\frac{1}{6}$

③ $\frac{8}{15}\times2\frac{1}{2}$　　④ $1\frac{3}{7}\times1\frac{13}{15}$

⑤ $6\times\frac{2}{7}$　　⑥ $4\times2\frac{1}{4}$

分数のかけ算②

★できた問題には、「た」をかこう！

1 次の計算をしましょう。　　月　　日

① $\frac{1}{2}\times\frac{1}{7}$

② $\frac{6}{5}\times\frac{6}{7}$

③ $\frac{4}{5}\times\frac{3}{8}$

④ $\frac{5}{8}\times\frac{4}{3}$

⑤ $\frac{7}{8}\times\frac{2}{7}$

⑥ $\frac{14}{9}\times\frac{3}{16}$

2 次の計算をしましょう。　　月　　日

① $\frac{6}{7}\times1\frac{3}{5}$

② $1\frac{2}{5}\times1\frac{7}{8}$

③ $2\frac{1}{4}\times\frac{8}{15}$

④ $2\frac{1}{3}\times1\frac{1}{14}$

⑤ $1\frac{1}{8}\times1\frac{7}{9}$

⑥ $4\times\frac{5}{6}$

★できた問題には、「た」をかこう！
できた 1 できた 2

7 分数のかけ算③

1 次の計算をしましょう。

月　日

① $\frac{1}{4}\times\frac{1}{3}$

② $\frac{5}{6}\times\frac{5}{7}$

③ $\frac{2}{7}\times\frac{3}{8}$

④ $\frac{3}{4}\times\frac{8}{9}$

⑤ $\frac{7}{5}\times\frac{15}{7}$

⑥ $\frac{8}{3}\times\frac{9}{4}$

2 次の計算をしましょう。

月　日

① $2\frac{1}{3}\times\frac{5}{6}$

② $\frac{4}{7}\times2\frac{3}{4}$

③ $1\frac{1}{10}\times1\frac{4}{11}$

④ $1\frac{1}{4}\times1\frac{3}{5}$

⑤ $7\times\frac{3}{5}$

⑥ $8\times2\frac{1}{2}$

8 分数のかけ算④

★できた問題には、「た」をかこう！

できき 1　できき 2

1 次の計算をしましょう。

月　日

① $\frac{1}{3} \times \frac{1}{2}$

② $\frac{2}{7} \times \frac{3}{7}$

③ $\frac{5}{6} \times \frac{3}{8}$

④ $\frac{2}{5} \times \frac{5}{8}$

⑤ $\frac{9}{2} \times \frac{8}{3}$

⑥ $\frac{14}{3} \times \frac{9}{7}$

2 次の計算をしましょう。

月　日

① $\frac{3}{7} \times 1\frac{4}{5}$

② $1\frac{3}{8} \times 1\frac{2}{11}$

③ $3\frac{3}{4} \times \frac{8}{25}$

④ $1\frac{1}{2} \times 1\frac{1}{9}$

⑤ $2\frac{1}{4} \times 1\frac{7}{9}$

⑥ $6 \times \frac{5}{4}$

9 3つの数の分数のかけ算

★できた問題には、「た」をかこう！

でき 1　でき 2

1 次の計算をしましょう。　　月　日

① $\frac{4}{3}\times\frac{5}{4}\times\frac{2}{7}$

② $\frac{8}{5}\times\frac{7}{8}\times\frac{7}{9}$

③ $\frac{2}{5}\times\frac{7}{3}\times\frac{5}{8}$

④ $\frac{1}{3}\times\frac{14}{5}\times\frac{6}{7}$

⑤ $\frac{7}{6}\times\frac{5}{3}\times\frac{9}{14}$

⑥ $\frac{5}{4}\times\frac{6}{7}\times\frac{8}{15}$

2 次の計算をしましょう。　　月　日

① $\frac{5}{11}\times\frac{5}{12}\times2\frac{3}{4}$

② $\frac{5}{7}\times\frac{1}{6}\times1\frac{4}{5}$

③ $\frac{3}{7}\times3\frac{1}{2}\times\frac{6}{11}$

④ $\frac{8}{9}\times1\frac{1}{4}\times\frac{3}{10}$

⑤ $2\frac{2}{3}\times\frac{3}{4}\times\frac{7}{12}$

⑥ $3\frac{3}{4}\times\frac{5}{6}\times\frac{4}{5}$

10 計算のきまり

1 計算のきまりを使って、くふうして計算しましょう。

① $\left(\frac{1}{5}\times\frac{2}{7}\right)\times\frac{7}{2}$

② $\frac{35}{8}\times\left(\frac{1}{5}+\frac{3}{7}\right)$

③ $\left(\frac{1}{3}+\frac{1}{4}\right)\times\frac{12}{5}$

④ $\left(\frac{1}{2}-\frac{4}{9}\right)\times\frac{18}{5}$

⑤ $\frac{1}{4}\times\frac{10}{9}+\frac{1}{5}\times\frac{10}{9}$

⑥ $\frac{3}{5}\times\frac{5}{11}-\frac{2}{7}\times\frac{5}{11}$

11 分数のわり算①

★できた問題には、「た」をかこう！

1 でき　2 でき

1 次の計算をしましょう。

月　日

① $\frac{3}{4} \div \frac{1}{5}$

② $\frac{7}{5} \div \frac{3}{4}$

③ $\frac{8}{5} \div \frac{7}{10}$

④ $\frac{3}{4} \div \frac{9}{5}$

⑤ $\frac{5}{3} \div \frac{10}{9}$

⑥ $\frac{5}{6} \div \frac{15}{2}$

2 次の計算をしましょう。

月　日

① $1\frac{1}{9} \div \frac{3}{7}$

② $\frac{7}{8} \div 3\frac{1}{2}$

③ $2\frac{1}{2} \div 1\frac{1}{3}$

④ $1\frac{2}{5} \div 2\frac{3}{5}$

⑤ $8 \div \frac{1}{2}$

⑥ $\frac{7}{6} \div 14$

12 分数のわり算②

★できた問題には、「た」をかこう！

できた 1　できた 2

1 次の計算をしましょう。　　月　日

① $\frac{5}{4} \div \frac{3}{7}$　② $\frac{7}{3} \div \frac{1}{9}$

③ $\frac{7}{2} \div \frac{5}{8}$　④ $\frac{4}{5} \div \frac{8}{9}$

⑤ $\frac{5}{9} \div \frac{20}{3}$　⑥ $\frac{3}{7} \div \frac{9}{14}$

2 次の計算をしましょう。　　月　日

① $4\frac{2}{3} \div \frac{7}{9}$　② $\frac{8}{9} \div 1\frac{1}{2}$

③ $1\frac{1}{3} \div 1\frac{4}{5}$　④ $2\frac{2}{9} \div 3\frac{1}{3}$

⑤ $7 \div 4\frac{1}{2}$　⑥ $\frac{9}{8} \div 2$

13 分数のわり算③

★できた問題には、「た」をかこう！
1 でき　2 でき

1 次の計算をしましょう。　　月　日

① $\frac{2}{3} \div \frac{1}{4}$

② $\frac{3}{2} \div \frac{8}{3}$

③ $\frac{9}{4} \div \frac{5}{8}$

④ $\frac{7}{9} \div \frac{4}{3}$

⑤ $\frac{8}{7} \div \frac{12}{7}$

⑥ $\frac{5}{6} \div \frac{10}{9}$

2 次の計算をしましょう。　　月　日

① $1\frac{2}{5} \div \frac{3}{4}$

② $\frac{9}{10} \div 3\frac{3}{5}$

③ $3\frac{1}{2} \div 1\frac{3}{10}$

④ $1\frac{7}{8} \div 2\frac{1}{2}$

⑤ $6 \div \frac{1}{5}$

⑥ $\frac{3}{4} \div 5$

★できた問題には、「た」をかこう！

できた 1 できた 2

14 分数のわり算④

1 次の計算をしましょう。　月　日

① $\frac{8}{3} \div \frac{7}{10}$

② $\frac{4}{3} \div \frac{1}{6}$

③ $\frac{7}{4} \div \frac{5}{8}$

④ $\frac{6}{5} \div \frac{9}{7}$

⑤ $\frac{3}{8} \div \frac{9}{2}$

⑥ $\frac{7}{9} \div \frac{7}{6}$

2 次の計算をしましょう。　月　日

① $4\frac{1}{4} \div \frac{5}{8}$

② $\frac{4}{5} \div 1\frac{2}{3}$

③ $1\frac{1}{7} \div 1\frac{1}{5}$

④ $3\frac{3}{4} \div 4\frac{3}{8}$

⑤ $5 \div \frac{10}{3}$

⑥ $5\frac{1}{3} \div 3$

15 分数と小数のかけ算とわり算

★できた問題には、「た」をかこう！

1 次の計算をしましょう。　　月　日

① $0.3 \times \frac{1}{7}$　　② $2.5 \times 1\frac{3}{5}$

③ $\frac{5}{12} \times 0.8$　　④ $1\frac{1}{6} \times 1.2$

2 次の計算をしましょう。　　月　日

① $0.9 \div \frac{5}{6}$　　② $1.6 \div \frac{2}{3}$

③ $\frac{3}{4} \div 0.2$　　④ $1\frac{1}{5} \div 1.2$

16 分数のかけ算とわり算のまじった式①

月　日

1 次の計算をしましょう。

① $\frac{1}{2}\times\frac{9}{2}\div\frac{3}{10}$

② $\frac{7}{3}\times\frac{5}{9}\div\frac{10}{3}$

③ $\frac{1}{4}\times\frac{6}{5}\div\frac{9}{5}$

④ $\frac{3}{5}\div\frac{1}{3}\times\frac{6}{7}$

⑤ $\frac{2}{3}\div\frac{8}{9}\times\frac{3}{4}$

⑥ $\frac{8}{5}\div\frac{2}{3}\times5$

⑦ $\frac{5}{9}\div\frac{5}{6}\div\frac{3}{7}$

⑧ $\frac{8}{7}\div\frac{4}{3}\div\frac{6}{5}$

17 分数のかけ算とわり算のまじった式②

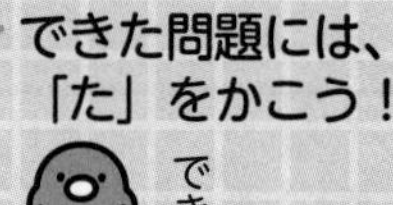

月　日

1 次の計算をしましょう。

① $\frac{9}{4}\times\frac{5}{2}\div\frac{7}{8}$

② $\frac{5}{3}\times\frac{2}{7}\div\frac{10}{21}$

③ $\frac{3}{8}\div\frac{5}{6}\times\frac{2}{9}$

④ $\frac{4}{5}\div3\times\frac{9}{8}$

⑤ $\frac{2}{3}\div\frac{8}{7}\div\frac{2}{9}$

⑥ $\frac{3}{4}\div\frac{9}{5}\div\frac{5}{8}$

⑦ $\frac{4}{5}\div\frac{8}{7}\div\frac{14}{15}$

⑧ $\frac{5}{6}\div\frac{1}{9}\div6$

18 かけ算とわり算のまじった式①

月　日

1 次の計算をしましょう。

① $\frac{8}{5}\times\frac{3}{4}\div0.6$

② $\frac{8}{7}\div\frac{5}{6}\times0.5$

③ $\frac{5}{4}\div0.8\times\frac{8}{15}$

④ $\frac{4}{3}\div0.6\div\frac{8}{9}$

⑤ $0.5\times\frac{4}{3}\div0.08$

⑥ $0.9\div\frac{3}{8}\times1.2$

⑦ $0.9\div3.9\times5.2$

⑧ $0.15\times15\div\frac{5}{8}$

19 かけ算とわり算のまじった式②

★できた問題には、「た」をかこう！

1 でき

月　　日

1 次の計算をしましょう。

① $0.2\times\frac{10}{9}\div6$

② $0.4\times\frac{4}{5}\div1.6$

③ $\frac{2}{3}\times0.8\div8$

④ $\frac{1}{3}\div1.4\times6$

⑤ $5\div0.5\times\frac{3}{4}$

⑥ $2\times\frac{7}{9}\times0.81$

⑦ $0.8\times0.4\div0.06$

⑧ $\frac{6}{5}\div4\div0.9$

6年間の計算のまとめ

20 整数のたし算とひき算

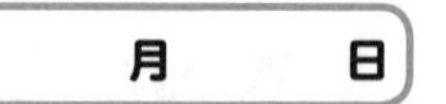

1 次の計算をしましょう。　　　　月　　日

① 23＋58　② 79＋84　③ 73＋134　④ 415＋569

⑤ 314＋298　⑥ 788＋497　⑦ 1710＋472　⑧ 2459＋1268

2 次の計算をしましょう。　　　　月　　日

① 92−45　② 118−52　③ 813−522　④ 412−268

⑤ 431−342　⑥ 1000−478　⑦ 1870−984　⑧ 2241−1736

6年間の計算のまとめ

21 整数のかけ算

★できた問題には、「た」をかこう！

1 でき　2 でき

1 次の計算をしましょう。

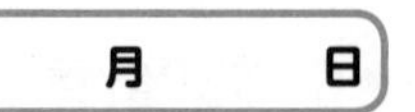

① 45×2　② 29×7　③ 382×9　④ 708×5

⑤ 39×41　⑥ 54×28　⑦ 78×82　⑧ 32×45

2 次の計算をしましょう。

① 257×53　② 301×49　③ 83×265　④ 674×137

6年間の計算のまとめ

22 整数のわり算

★できた問題には、「た」をかこう！

でき 1　でき 2

1 次の計算をしましょう。

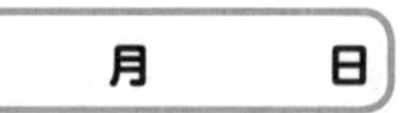

月　日

① 78÷6　② 92÷4　③ 162÷3　④ 492÷2

⑤ 68÷17　⑥ 152÷19　⑦ 406÷29　⑧ 5456÷16

2 商を一の位まで求め、あまりも出しましょう。

月　日

① 84÷5　② 906÷53　③ 956÷29　④ 2418÷95

6年間の計算のまとめ

23 小数のたし算とひき算

1 次の計算をしましょう。

月　　日

① 4.3＋3.5　② 2.8＋0.3　③ 7.2＋4.9　④ 16＋0.5

⑤ 0.93＋0.69　⑥ 2.75＋0.89　⑦ 2.4＋0.08　⑧ 61.8＋0.94

2 次の計算をしましょう。

① 3.7－1.2　② 7.4－4.5　③ 11.7－3.6　④ 4－2.4

⑤ 0.43－0.17　⑥ 2.56－1.94　⑦ 5.7－0.68　⑧ 3－0.09

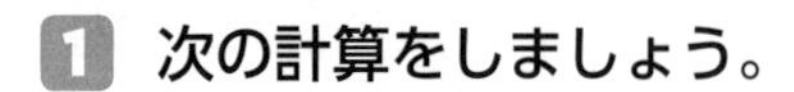

1 次の計算をしましょう。

① 3.2×8　　② 0.27×2　　③ 9.4×66　　④ 7.18×15

2 次の計算をしましょう。

① 12×6.7　　② 7.3×0.8　　③ 2.8×8.2　　④ 3.6×2.5

⑤ 9.08×4.8　　⑥ 3.4×0.04　　⑦ 0.65×0.77　　⑧ 13.4×0.56

6年間の計算のまとめ

25 小数のわり算

★できた問題には、「た」をかこう！

1 でき　2 でき

1 次の計算をしましょう。

① 6.5÷5　② 42÷0.7　③ 39.2÷0.8　④ 37.1÷5.3

⑤ 50.7÷0.78　⑥ 8.37÷2.7　⑦ 19.32÷6.9　⑧ 6.86÷0.98

2 商を$\frac{1}{10}$の位まで求め、あまりも出しましょう。

① 6.8÷3　② 2.7÷1.6　③ 5.9÷0.15　④ 32.98÷4.3

6年間の計算のまとめ

26 わり進むわり算

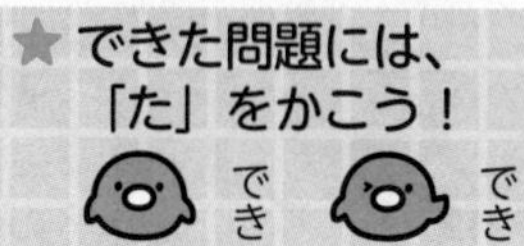

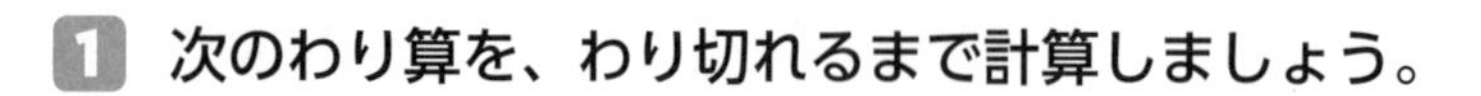

1 次のわり算を、わり切れるまで計算しましょう。

月　　日

① 5.1÷6　　② 11.7÷15　　③ 13÷4　　④ 21÷24

2 次のわり算を、わり切れるまで計算しましょう。

月　　日

① 2.3÷0.4　　② 2.09÷0.5　　③ 3.3÷2.5　　④ 9.36÷4.8

⑤ 1.96÷0.35　　⑥ 4.5÷0.72　　⑦ 72.8÷20.8　　⑧ 3.85÷3.08

6年間の計算のまとめ

27 商をがい数で表すわり算

でき 1　でき 2

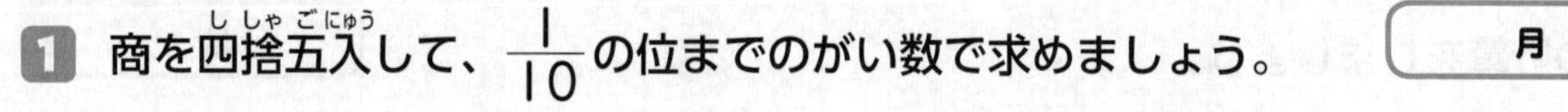

1 商を四捨五入して、$\frac{1}{10}$の位までのがい数で求めましょう。　月　日

① 9.9÷49　② 4.9÷5.7　③ 5.06÷7.9　④ 1.92÷0.28

2 商を四捨五入して、上から2けたのがい数で求めましょう。

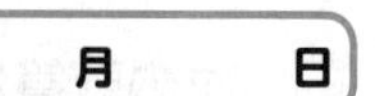

① 26÷9　② 12.9÷8.3　③ 8÷0.97　④ 5.91÷4.2

28 分数のたし算とひき算

★できた問題には、「た」をかこう！

1 次の計算をしましょう。

月　日

① $\frac{4}{7}+\frac{1}{7}$

② $\frac{2}{3}+\frac{3}{8}$

③ $\frac{1}{5}+\frac{7}{15}$

④ $1\frac{3}{10}+\frac{7}{8}$

⑤ $\frac{5}{6}+3\frac{1}{2}$

⑥ $1\frac{5}{7}+1\frac{11}{14}$

2 次の計算をしましょう。

月　日

① $\frac{3}{5}-\frac{2}{5}$

② $\frac{4}{5}-\frac{3}{10}$

③ $\frac{5}{6}-\frac{3}{10}$

④ $\frac{34}{21}-\frac{11}{14}$

⑤ $1\frac{1}{12}-\frac{3}{8}$

⑥ $2\frac{3}{5}-1\frac{2}{3}$

29 分数のかけ算

1 次の計算をしましょう。　　月　日

① $\frac{3}{7}\times4$　　② $9\times\frac{5}{6}$

③ $\frac{2}{5}\times\frac{4}{3}$　　④ $\frac{3}{4}\times\frac{5}{9}$

⑤ $\frac{2}{3}\times\frac{9}{8}$　　⑥ $\frac{7}{5}\times\frac{10}{7}$

2 次の計算をしましょう。　　月　日

① $\frac{4}{5}\times1\frac{2}{3}$　　② $1\frac{1}{8}\times\frac{2}{3}$

③ $1\frac{1}{2}\times1\frac{5}{9}$　　④ $1\frac{1}{9}\times1\frac{7}{8}$

⑤ $1\frac{2}{5}\times1\frac{3}{7}$　　⑥ $2\frac{1}{4}\times1\frac{1}{3}$

6年間の計算のまとめ

30 分数のわり算

★できた問題には、「た」をかこう！

1 でき　2 でき

1 次の計算をしましょう。　　月　日

① $\frac{3}{4} \div 5$　　② $7 \div \frac{5}{8}$

③ $\frac{2}{5} \div \frac{6}{7}$　　④ $\frac{5}{6} \div \frac{10}{9}$

⑤ $\frac{10}{7} \div \frac{5}{14}$　　⑥ $\frac{8}{3} \div \frac{4}{9}$

2 次の計算をしましょう。　　月　日

① $\frac{4}{9} \div 3\frac{1}{3}$　　② $1\frac{3}{5} \div \frac{4}{5}$

③ $2\frac{2}{3} \div 1\frac{2}{3}$　　④ $2\frac{1}{2} \div 1\frac{7}{8}$

⑤ $1\frac{1}{3} \div 1\frac{7}{9}$　　⑥ $1\frac{3}{5} \div 2$

6年間の計算のまとめ

31 分数のかけ算とわり算のまじった式

★できた問題には、「た」をかこう！

月　日

1 次の計算をしましょう。

① $\frac{3}{2}\times\frac{5}{9}\times\frac{4}{5}$

② $5\times\frac{2}{15}\times4\frac{1}{2}$

③ $\frac{8}{7}\times\frac{5}{16}\div\frac{5}{6}$

④ $\frac{5}{6}\times4\frac{1}{2}\div\frac{5}{7}$

⑤ $\frac{5}{8}\div\frac{3}{4}\times\frac{3}{5}$

⑥ $2\frac{1}{4}\div6\times\frac{14}{15}$

⑦ $\frac{2}{3}\div\frac{14}{15}\div\frac{8}{7}$

⑧ $1\frac{2}{5}\div\frac{9}{10}\div7$

6年間の計算のまとめ

32 いろいろな計算

1 次の計算をしましょう。

月　　日

① $4\times5+3\times6$

② $6\times7-14\div2$

③ $48\div6-16\div8$

④ $10-(52-7)\div9$

⑤ $(9+7)\div2+8$

⑥ $12+2\times(3+5)$

2 次の計算をしましょう。

月　　日

① $\left(\frac{2}{7}+\frac{3}{5}\right)\times35$

② $30\times\left(\frac{5}{6}-\frac{7}{10}\right)$

③ $0.4\times6\times\frac{5}{8}$

④ $0.32\times9\div\frac{8}{5}$

⑤ $\frac{2}{9}\div4\times0.6$

⑥ $0.49\div\frac{7}{25}\div3$

答え

1 分数×整数 ①

1 ① $\frac{5}{6}$　② $\frac{8}{9}$
③ $\frac{27}{4}\left(6\frac{3}{4}\right)$　④ $\frac{16}{5}\left(3\frac{1}{5}\right)$
⑤ $\frac{4}{3}\left(1\frac{1}{3}\right)$　⑥ $\frac{18}{7}\left(2\frac{4}{7}\right)$

2 ① $\frac{3}{4}$　② $\frac{7}{2}\left(3\frac{1}{2}\right)$
③ $\frac{10}{3}\left(3\frac{1}{3}\right)$　④ $\frac{20}{3}\left(6\frac{2}{3}\right)$
⑤ 1　⑥ 8

2 分数×整数 ②

1 ① $\frac{6}{7}$　② $\frac{9}{2}\left(4\frac{1}{2}\right)$
③ $\frac{21}{8}\left(2\frac{5}{8}\right)$　④ $\frac{15}{4}\left(3\frac{3}{4}\right)$
⑤ $\frac{12}{5}\left(2\frac{2}{5}\right)$　⑥ $\frac{16}{3}\left(5\frac{1}{3}\right)$

2 ① $\frac{1}{2}$　② $\frac{5}{4}\left(1\frac{1}{4}\right)$
③ $\frac{5}{6}$　④ $\frac{15}{4}\left(3\frac{3}{4}\right)$
⑤ 2　⑥ 15

3 分数÷整数 ①

1 ① $\frac{8}{63}$　② $\frac{6}{35}$
③ $\frac{4}{15}$　④ $\frac{5}{3}\left(1\frac{2}{3}\right)$
⑤ $\frac{3}{8}$　⑥ $\frac{1}{2}$

2 ① $\frac{1}{27}$　② $\frac{1}{20}$
③ $\frac{1}{6}$　④ $\frac{3}{20}$
⑤ $\frac{3}{14}$　⑥ $\frac{3}{16}$

4 分数÷整数 ②

1 ① $\frac{5}{48}$　② $\frac{3}{16}$
③ $\frac{2}{27}$　④ $\frac{1}{5}$
⑤ $\frac{3}{10}$　⑥ $\frac{3}{2}\left(1\frac{1}{2}\right)$

2 ① $\frac{1}{6}$　② $\frac{1}{35}$
③ $\frac{1}{9}$　④ $\frac{3}{25}$
⑤ $\frac{3}{8}$　⑥ $\frac{4}{15}$

5 分数のかけ算①

1 ① $\frac{1}{30}$　② $\frac{4}{15}$
③ $\frac{2}{15}$　④ $\frac{5}{14}$
⑤ $\frac{8}{3}\left(2\frac{2}{3}\right)$　⑥ 3

2 ① $\frac{8}{15}$　② $\frac{21}{16}\left(1\frac{5}{16}\right)$
③ $\frac{4}{3}\left(1\frac{1}{3}\right)$　④ $\frac{8}{3}\left(2\frac{2}{3}\right)$
⑤ $\frac{12}{7}\left(1\frac{5}{7}\right)$　⑥ 9

6 分数のかけ算②

1 ① $\frac{1}{14}$　② $\frac{36}{35}\left(1\frac{1}{35}\right)$
③ $\frac{3}{10}$　④ $\frac{5}{6}$
⑤ $\frac{1}{4}$　⑥ $\frac{7}{24}$

2 ① $\frac{48}{35}\left(1\frac{13}{35}\right)$　② $\frac{21}{8}\left(2\frac{5}{8}\right)$
③ $\frac{6}{5}\left(1\frac{1}{5}\right)$　④ $\frac{5}{2}\left(2\frac{1}{2}\right)$
⑤ 2　⑥ $\frac{10}{3}\left(3\frac{1}{3}\right)$

7 分数のかけ算③

1 ① $\frac{1}{12}$　② $\frac{25}{42}$
③ $\frac{3}{28}$　④ $\frac{2}{3}$
⑤ 3　⑥ 6

2 ①$\frac{35}{18}\left(1\frac{17}{18}\right)$ ②$\frac{11}{7}\left(1\frac{4}{7}\right)$

③$\frac{3}{2}\left(1\frac{1}{2}\right)$ ④2

⑤$\frac{21}{5}\left(4\frac{1}{5}\right)$ ⑥20

8 分数のかけ算④

1 ①$\frac{1}{6}$ ②$\frac{6}{49}$

③$\frac{5}{16}$ ④$\frac{1}{4}$

⑤12 ⑥6

2 ①$\frac{27}{35}$ ②$\frac{13}{8}\left(1\frac{5}{8}\right)$

③$\frac{6}{5}\left(1\frac{1}{5}\right)$ ④$\frac{5}{3}\left(1\frac{2}{3}\right)$

⑤4 ⑥$\frac{15}{2}\left(7\frac{1}{2}\right)$

9 3つの数の分数のかけ算

1 ①$\frac{10}{21}$ ②$\frac{49}{45}\left(1\frac{4}{45}\right)$

③$\frac{7}{12}$ ④$\frac{4}{5}$

⑤$\frac{5}{4}\left(1\frac{1}{4}\right)$ ⑥$\frac{4}{7}$

2 ①$\frac{25}{48}$ ②$\frac{3}{14}$

③$\frac{9}{11}$ ④$\frac{1}{3}$

⑤$\frac{7}{6}\left(1\frac{1}{6}\right)$ ⑥$\frac{5}{2}\left(2\frac{1}{2}\right)$

10 計算のきまり

1 ①$\frac{1}{5}$(0.2) ②$\frac{11}{4}\left(2\frac{3}{4}、2.75\right)$

③$\frac{7}{5}\left(1\frac{2}{5}、1.4\right)$ ④$\frac{1}{5}$(0.2)

⑤$\frac{1}{2}$(0.5) ⑥$\frac{1}{7}$

11 分数のわり算①

1 ①$\frac{15}{4}\left(3\frac{3}{4}\right)$ ②$\frac{28}{15}\left(1\frac{13}{15}\right)$

③$\frac{16}{7}\left(2\frac{2}{7}\right)$ ④$\frac{5}{12}$

⑤$\frac{3}{2}\left(1\frac{1}{2}\right)$ ⑥$\frac{1}{9}$

2 ①$\frac{70}{27}\left(2\frac{16}{27}\right)$ ②$\frac{1}{4}$

③$\frac{15}{8}\left(1\frac{7}{8}\right)$ ④$\frac{7}{13}$

⑤16 ⑥$\frac{1}{12}$

12 分数のわり算②

1 ①$\frac{35}{12}\left(2\frac{11}{12}\right)$ ②21

③$\frac{28}{5}\left(5\frac{3}{5}\right)$ ④$\frac{9}{10}$

⑤$\frac{1}{12}$ ⑥$\frac{2}{3}$

2 ①6 ②$\frac{16}{27}$

③$\frac{20}{27}$ ④$\frac{2}{3}$

⑤$\frac{14}{9}\left(1\frac{5}{9}\right)$ ⑥$\frac{9}{16}$

13 分数のわり算③

1 ①$\frac{8}{3}\left(2\frac{2}{3}\right)$ ②$\frac{9}{16}$

③$\frac{18}{5}\left(3\frac{3}{5}\right)$ ④$\frac{7}{12}$

⑤$\frac{2}{3}$ ⑥$\frac{3}{4}$

2 ①$\frac{28}{15}\left(1\frac{13}{15}\right)$ ②$\frac{1}{4}$

③$\frac{35}{13}\left(2\frac{9}{13}\right)$ ④$\frac{3}{4}$

⑤30 ⑥$\frac{3}{20}$

14 分数のわり算④

1 ①$\frac{80}{21}\left(3\frac{17}{21}\right)$ ②8

③$\frac{14}{5}\left(2\frac{4}{5}\right)$ ④$\frac{14}{15}$

⑤$\frac{1}{12}$ ⑥$\frac{2}{3}$

2 ①$\frac{34}{5}\left(6\frac{4}{5}\right)$ ②$\frac{12}{25}$
③$\frac{20}{21}$ ④$\frac{6}{7}$
⑤$\frac{3}{2}\left(1\frac{1}{2}\right)$ ⑥$\frac{16}{9}\left(1\frac{7}{9}\right)$

15 分数と小数のかけ算とわり算

1 ①$\frac{3}{70}$ ②4
③$\frac{1}{3}$ ④$\frac{7}{5}\left(1\frac{2}{5}、1.4\right)$

2 ①$\frac{27}{25}\left(1\frac{2}{25}、1.08\right)$ ②$\frac{12}{5}\left(2\frac{2}{5}、2.4\right)$
③$\frac{15}{4}\left(3\frac{3}{4}、3.75\right)$ ④1

16 分数のかけ算とわり算のまじった式①

1 ①$\frac{15}{2}\left(7\frac{1}{2}\right)$ ②$\frac{7}{18}$
③$\frac{1}{6}$ ④$\frac{54}{35}\left(1\frac{19}{35}\right)$
⑤$\frac{9}{16}$ ⑥12
⑦$\frac{14}{9}\left(1\frac{5}{9}\right)$ ⑧$\frac{5}{7}$

17 分数のかけ算とわり算のまじった式②

1 ①$\frac{45}{7}\left(6\frac{3}{7}\right)$ ②1
③$\frac{1}{10}$ ④$\frac{3}{10}$
⑤$\frac{21}{8}\left(2\frac{5}{8}\right)$ ⑥$\frac{2}{3}$
⑦$\frac{3}{4}$ ⑧$\frac{5}{4}\left(1\frac{1}{4}\right)$

18 かけ算とわり算のまじった式①

1 ①2 ②$\frac{24}{35}$
③$\frac{5}{6}$ ④$\frac{5}{2}\left(2\frac{1}{2}、2.5\right)$
⑤$\frac{25}{3}\left(8\frac{1}{3}\right)$ ⑥$\frac{72}{25}\left(2\frac{22}{25}、2.88\right)$
⑦$\frac{6}{5}\left(1\frac{1}{5}、1.2\right)$ ⑧$\frac{18}{5}\left(3\frac{3}{5}、3.6\right)$

19 かけ算とわり算のまじった式②

1 ①$\frac{1}{27}$ ②$\frac{1}{5}$(0.2)
③$\frac{1}{15}$ ④$\frac{10}{7}\left(1\frac{3}{7}\right)$
⑤$\frac{15}{2}\left(7\frac{1}{2}、7.5\right)$ ⑥$\frac{63}{50}\left(1\frac{13}{50}、1.26\right)$
⑦$\frac{16}{3}\left(5\frac{1}{3}\right)$ ⑧$\frac{1}{3}$

20 6年間の計算のまとめ 整数のたし算とひき算

1 ①81 ②163 ③207 ④984
⑤612 ⑥1285 ⑦2182 ⑧3727

2 ①47 ②66 ③291 ④144
⑤89 ⑥522 ⑦886 ⑧505

21 6年間の計算のまとめ 整数のかけ算

1 ①90 ②203 ③3438 ④3540
⑤1599 ⑥1512 ⑦6396 ⑧1440

2 ①13621 ②14749 ③21995 ④92338

22 6年間の計算のまとめ 整数のわり算

1 ①13 ②23 ③54 ④246
⑤4 ⑥8 ⑦14 ⑧341

2 ①16 あまり 4 ②17 あまり 5
③32 あまり 28 ④25 あまり 43

23 6年間の計算のまとめ 小数のたし算とひき算

1 ①7.8 ②3.1 ③12.1 ④16.5
⑤1.62 ⑥3.64 ⑦2.48 ⑧62.74

2 ①2.5 ②2.9 ③8.1 ④1.6
⑤0.26 ⑥0.62 ⑦5.02 ⑧2.91

24 6年間の計算のまとめ 小数のかけ算

1 ①25.6 ②0.54 ③620.4 ④107.7

2 ①80.4 ②5.84 ③22.96 ④9
⑤43.584 ⑥0.136 ⑦0.5005 ⑧7.504

25 6年間の計算のまとめ 小数のわり算

1 ①1.3 ②60 ③49 ④7 ⑤65 ⑥3.1 ⑦2.8 ⑧7

2 ①2.2 あまり 0.2 ②1.6 あまり 0.14 ③39.3 あまり 0.005 ④7.6 あまり 0.3

26 6年間の計算のまとめ わり進むわり算

1 ①0.85 ②0.78 ③3.25 ④0.875

2 ①5.75 ②4.18 ③1.32 ④1.95 ⑤5.6 ⑥6.25 ⑦3.5 ⑧1.25

27 6年間の計算のまとめ 商をがい数で表すわり算

1 ①0.2 ②0.9 ③0.6 ④6.9

2 ①2.9 ②1.6 ③8.2 ④1.4

28 6年間の計算のまとめ 分数のたし算とひき算

1 ①$\frac{5}{7}$ ②$\frac{25}{24}\left(1\frac{1}{24}\right)$ ③$\frac{2}{3}$ ④$\frac{87}{40}\left(2\frac{7}{40}\right)$ ⑤$\frac{13}{3}\left(4\frac{1}{3}\right)$ ⑥$\frac{7}{2}\left(3\frac{1}{2}\right)$

2 ①$\frac{1}{5}$ ②$\frac{1}{2}$ ③$\frac{8}{15}$ ④$\frac{5}{6}$ ⑤$\frac{17}{24}$ ⑥$\frac{14}{15}$

29 6年間の計算のまとめ 分数のかけ算

1 ①$\frac{12}{7}\left(1\frac{5}{7}\right)$ ②$\frac{15}{2}\left(7\frac{1}{2}\right)$ ③$\frac{8}{15}$ ④$\frac{5}{12}$ ⑤$\frac{3}{4}$ ⑥2

2 ①$\frac{4}{3}\left(1\frac{1}{3}\right)$ ②$\frac{3}{4}$ ③$\frac{7}{3}\left(2\frac{1}{3}\right)$ ④$\frac{25}{12}\left(2\frac{1}{12}\right)$ ⑤2 ⑥3

30 6年間の計算のまとめ 分数のわり算

1 ①$\frac{3}{20}$ ②$\frac{56}{5}\left(11\frac{1}{5}\right)$ ③$\frac{7}{15}$ ④$\frac{3}{4}$ ⑤4 ⑥6

2 ①$\frac{2}{15}$ ②2 ③$\frac{8}{5}\left(1\frac{3}{5}\right)$ ④$\frac{4}{3}\left(1\frac{1}{3}\right)$ ⑤$\frac{3}{4}$ ⑥$\frac{4}{5}$

31 6年間の計算のまとめ 分数のかけ算とわり算のまじった式

1 ①$\frac{2}{3}$ ②3 ③$\frac{3}{7}$ ④$\frac{21}{4}\left(5\frac{1}{4}\right)$ ⑤$\frac{1}{2}$ ⑥$\frac{7}{20}$ ⑦$\frac{5}{8}$ ⑧$\frac{2}{9}$

32 6年間の計算のまとめ いろいろな計算

1 ①38 ②35 ③6 ④5 ⑤16 ⑥28

2 ①31 ②4 ③$\frac{3}{2}\left(1\frac{1}{2}、1.5\right)$ ④$\frac{9}{5}\left(1\frac{4}{5}、1.8\right)$ ⑤$\frac{1}{30}$ ⑥$\frac{7}{12}$

教科書ぴったりトレーニング 算数6年 がんばり表

いつも見えるところに、この「がんばり表」をはっておこう。
この「ぴたトレ」を学習したら、シールをはろう！
どこまでがんばったかわかるよ。

シールの中から好きなぴた犬を選ぼう。

おうちのかたへ

がんばり表のデジタル版「デジタルがんばり表」では、デジタル端末でも学習の進捗記録をつけることができます。1冊やり終えると、抽選でプレゼントが当たります。「ぴたサポシステム」にご登録いただき、「デジタルがんばり表」をお使いください。LINE または PC・ブラウザを利用する方法があります。

LINE用  PC・ブラウザ用  

★ ぴたサポシステムご利用ガイドはこちら ★
https://www.shinko-keirin.co.jp/shinko/news/pittari-support-system

スタート

1. 対称な図形
① 線対称 ③ 多角形と対称
② 点対称

2～3ページ	4～5ページ	6～7ページ	8～9ページ
ぴったり12	ぴったり12	ぴったり12	ぴったり3
できたらシールをはろう	できたらシールをはろう	できたらシールをはろう	できたらシールをはろう

2. 文字と式
① 文字を使った式
② 式のよみ方

10～11ページ	12～13ページ	14～15ページ
ぴったり12	ぴったり12	ぴったり3
できたらシールをはろう	できたらシールをはろう	できたらシールをはろう

3. 分数 × 整数、分数 ÷ 整数

16～17ページ	18～19ページ
ぴったり12	ぴったり3
できたらシールをはろう	できたらシールをはろう

4. 分数 × 分数
① 分数をかける計算
② 分数のかけ算を使って

20～21ページ	22～23ページ	24～25ページ	26～27ページ
ぴったり12	ぴったり12	ぴったり12	ぴったり3
できたらシールをはろう	できたらシールをはろう	できたらシールをはろう	できたらシールをはろう

5. 分数 ÷ 分数
① 分数でわる計算
② 割合を表す分数

28～29ページ	30～31ページ	32～33ページ	34～35ページ
ぴったり12	ぴったり12	ぴったり12	ぴったり3
できたらシールをはろう	できたらシールをはろう	できたらシールをはろう	できたらシールをはろう

6. 場合を順序よく整理して
① 場合の数の調べ方
② いろいろな条件を考えて

36～37ページ	38～39ページ	40～41ページ
ぴったり12	ぴったり12	ぴったり3
できたらシールをはろう	できたらシールをはろう	できたらシールをはろう

7. 円の面積

42～43ページ	44～45ページ
ぴったり12	ぴったり3
できたらシールをはろう	できたらシールをはろう

8. 立体の体積

46～47ページ	48～49ページ
ぴったり12	ぴったり3
できたらシールをはろう	できたらシールをはろう

9. データの整理と活用
① データの整理
② ちらばりのようすを表す表・グラフ

50～51ページ	52～53ページ	54～55ページ	56～57ページ
ぴったり12	ぴったり12	ぴったり12	ぴったり3
できたらシールをはろう	できたらシールをはろう	できたらシールをはろう	できたらシールをはろう

★. 見方・考え方を深めよう(1)

58～59ページ
できたらシールをはろう

10. 比とその利用
① 比 ③ 比を使った問題
② 等しい比

60～61ページ	62～63ページ	64～65ページ	66～67ページ
ぴったり12	ぴったり12	ぴったり12	ぴったり3
できたらシールをはろう	できたらシールをはろう	できたらシールをはろう	できたらシールをはろう

11. 図形の拡大と縮小
① 拡大図と縮図 ③ 縮図の利用
② 拡大図と縮図のかき方

68～69ページ	70～71ページ	72～73ページ	74～75ページ
ぴったり12	ぴったり12	ぴったり12	ぴったり3
できたらシールをはろう	できたらシールをはろう	できたらシールをはろう	できたらシールをはろう

12. 比例と反比例
① 比　例 ③ 反比例
② 比例を使って

76～77ページ	78～79ページ	80～81ページ	82～83ページ	84～85ページ
ぴったり12	ぴったり12	ぴったり12	ぴったり12	ぴったり3
できたらシールをはろう	できたらシールをはろう	できたらシールをはろう	できたらシールをはろう	できたらシールをはろう

★. 見方・考え方を深めよう(2)

86～87ページ
できたらシールをはろう

活用. 見積もりを使って

88～89ページ
できたらシールをはろう

★. わくわくプログラミング

90～91ページ
プログラミング
できたらシールをはろう

13. およその形と大きさ
① およその形と面積
② およその体積
③ 単位の間の関係

92～93ページ	94～95ページ
ぴったり12	ぴったり3
できたらシールをはろう	できたらシールをはろう

★. 見方・考え方を深めよう(3)

96～97ページ
できたらシールをはろう

★. すごろく

98～99ページ
できたらシールをはろう

6年のまとめ

100～112ページ
できたらシールをはろう

ゴール

最後までがんばったキミは「ごほうびシール」をはろう！

ごほうびシールをはろう

教科書ぴったりトレーニングの使い方

『ぴたトレ』は教科書にぴったり合わせて使うことができるよ。教科書も見ながら、勉強していこうね。
ぴた犬たちが勉強をサポートするよ。

ふだんの学習

ぴったり1 準備

教科書のだいじなところをまとめていくよ。
ねらい でどんなことを勉強するかわかるよ。
問題に答えながら、わかっているかかくにんしよう。
QRコードから「3分でまとめ動画」が見られるよ。

※QRコードは株式会社デンソーウェーブの登録商標です。

ぴったり2 練習

「ぴったり1」で勉強したことが身についているかな？かくにんしながら、練習問題に取り組もう。

★できた問題には、「た」をかこう！★
1 でき 2 でき 3 でき 4 でき

ぴったり3 確かめのテスト

「ぴったり1」「ぴったり2」が終わったら取り組んでみよう。
学校のテストの前にやってもいいね。
わからない問題は、

を見て前にもどってかくにんしよう。

実力チェック

- 夏のチャレンジテスト
- 冬のチャレンジテスト
- 春のチャレンジテスト
- 6年 算数のまとめ 学力診断テスト

夏休み、冬休み、春休み前に使いましょう。
学期の終わりや学年の終わりのテストの前にやってもいいね。

ふだんの学習が終わったら、「がんばり表」にシールをはろう。

別冊

うすいピンク色のところには「答え」が書いてあるよ。取り組んだ問題の答え合わせをしてみよう。わからなかった問題やまちがえた問題は、右の「てびき」を読んだり、教科書を読み返したりして、もう一度見直そう。

おうちのかたへ

本書『教科書ぴったりトレーニング』は、教科書の要点や重要事項をつかむ「ぴったり1 準備」、おさらいをしながら問題に慣れる「ぴったり2 練習」、テスト形式で学習事項が定着したか確認する「ぴったり3 確かめのテスト」の3段階構成になっています。教科書の学習順序やねらいに完全対応していますので、日々の学習（トレーニング）にぴったりです。

「観点別学習状況の評価」について

学校の通知表は、「知識・技能」「思考・判断・表現」「主体的に学習に取り組む態度」の3つの観点による評価がもとになっています。

問題集やドリルでは、一般に知識・技能を問う問題が中心になりますが、本書『教科書ぴったりトレーニング』では、次のように、観点別学習状況の評価に基づく問題を取り入れて、成績アップに結びつくことをねらいました。

ぴったり3 確かめのテスト　チャレンジテスト

- 「知識・技能」を問う問題か、「思考・判断・表現」を問う問題かで、それぞれに分類して出題しています。
- 「知識・技能」では、主に基礎・基本の問題を、「思考・判断・表現」では、主に活用問題を取り扱っています。

発展について

はってん … 学習指導要領では示されていない「発展的な学習内容」を扱っています。

別冊『答えとてびき』について

おうちのかたへ では、次のようなものを示しています。

- 学習のねらいやポイント
- 他の学年や他の単元の学習内容とのつながり
- まちがいやすいことやつまずきやすいところ

お子様への説明や、学習内容の把握などにご活用ください。

しあげの5分レッスン では、学習の最後に取り組む内容を示しています。

しあげの5分レッスン
まちがえた問題をもう1回やってみよう。

学習をふりかえることで学力の定着を図ります。

（キリトリ線）
教科書ぴったりトレーニング 算数 6年 啓林館版 折込①(ウラ)

啓林館版
わくわく算数

教科書ぴったりトレーニング

▶3分でまとめ動画

① 線対称

教科書 10〜17ページ　答え 1ページ

次の□にあてはまる記号やことばをかきましょう。

ねらい 線対称な図形について理解しよう。 練習 1

線対称

１本の直線を折り目にして折ったとき、折り目の両側がぴったり重なる図形は、**線対称**であるといい、その折り目にした直線を、**対称の軸**といいます。

対称の軸で折り重ねたときに重なる点、線、角を、それぞれ対応する点、対応する線、対応する角といいます。

1 右の図は、線対称な図形です。次の点や直線を答えましょう。

(1) 点Aに対応する点　　(2) 直線BCに対応する直線

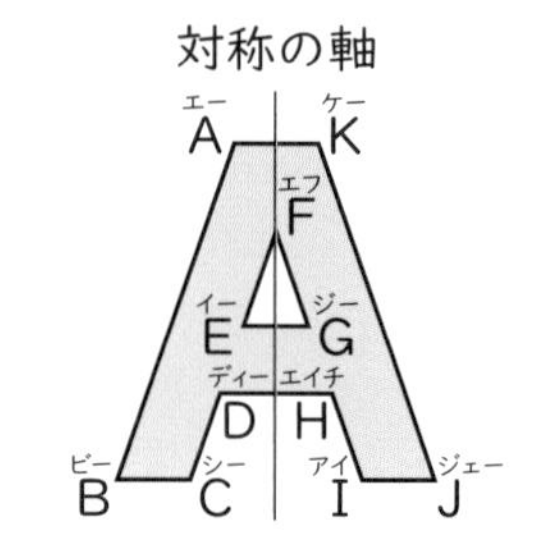

解き方 対称の軸で折ったとき、重なる点、重なる直線を考えます。

(1) 点Aに対応する点は、点□です。

(2) 直線BCに対応する直線は、直線□です。

ねらい 線対称な図形のかき方がわかるようにしよう。 練習 2 3

線対称な図形の性質

✪対応する２つの点を結ぶ直線は、対称の軸と垂直に交わります。

✪その交わる点から、対応する２つの点までの長さは等しくなっています。

2 右の図で、直線㋐が対称の軸になるように、線対称な図形をかきましょう。

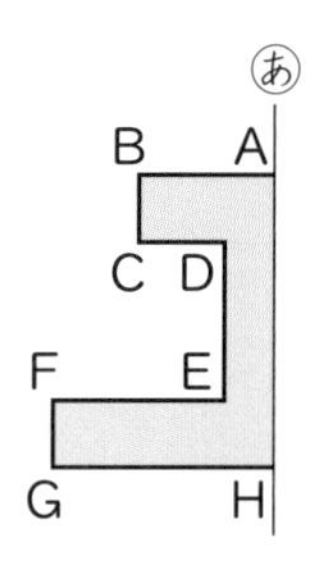

解き方 それぞれの点から対称の軸に垂直な直線をひいて、その交わる点から反対側の等しい長さのところに、対応する点をとっていきます。

❶ 右の図で、点Bに対応するのは点①□です。

❷ 同じように、点Cに②□する点、点Dに③□する点、……と順に、点Gまで対応する点をとります。

❸ 対応する点を順に結んでいくと、カタカナの④□の文字ができます。

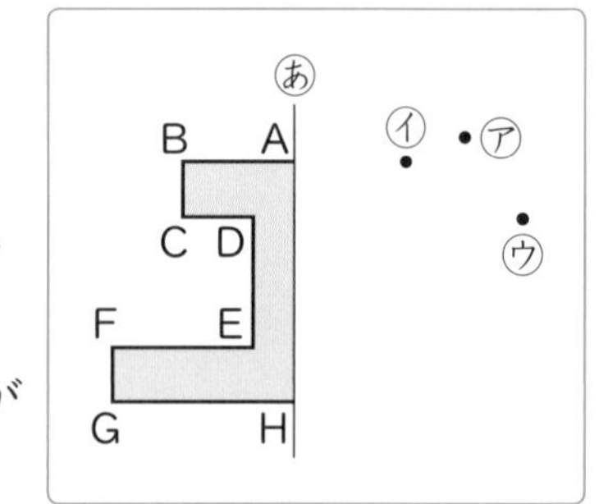

ぴったり2 **練習**

★できた問題には、「た」をかこう！★

学習日　　月　　日

教科書 10〜17ページ　答え 1ページ

1 次の図形について答えましょう。

教科書 14ページ1、15ページ△3

Ⓐ　Ⓘ　Ⓤ　Ⓔ

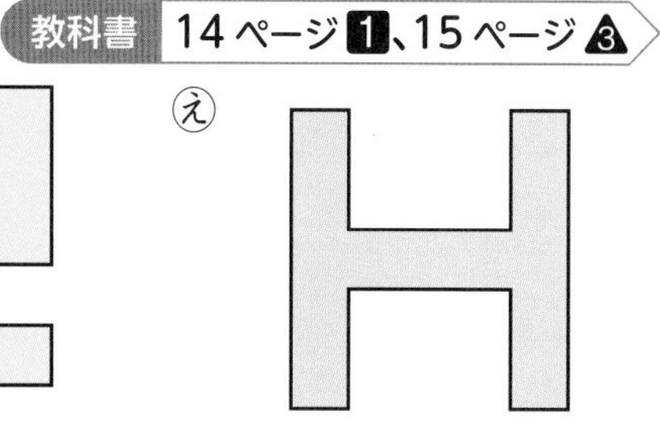

Ⓞ　Ⓚ　Ⓚ　Ⓚ

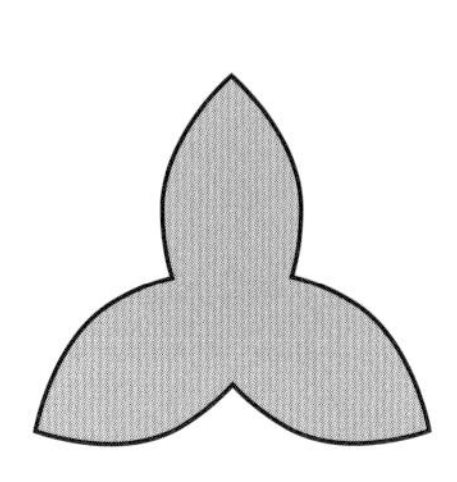
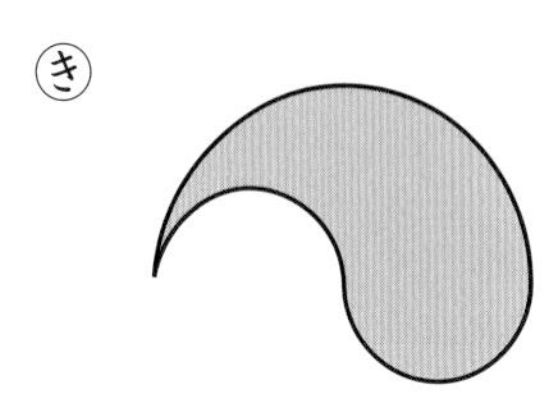
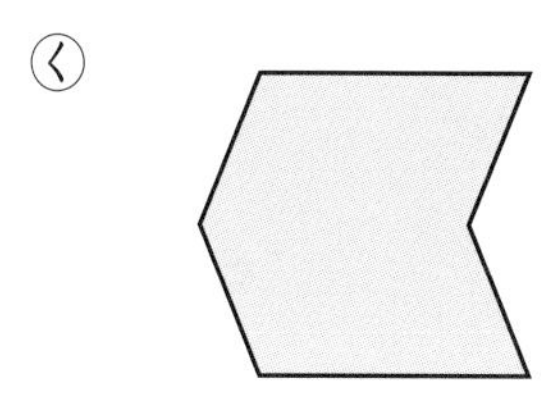

① 線対称な図形はどれですか。
すべて選び、記号で答えましょう。

（　　　　　　　　）

② 線対称な図形に、対称の軸をすべてかき入れましょう。

対称の軸は、
１本とは
かぎらないよ。

よくみて

2 直線ABが対称の軸になるように、線対称な図形をかきましょう。

教科書 17ページ7

①

A　　B

②

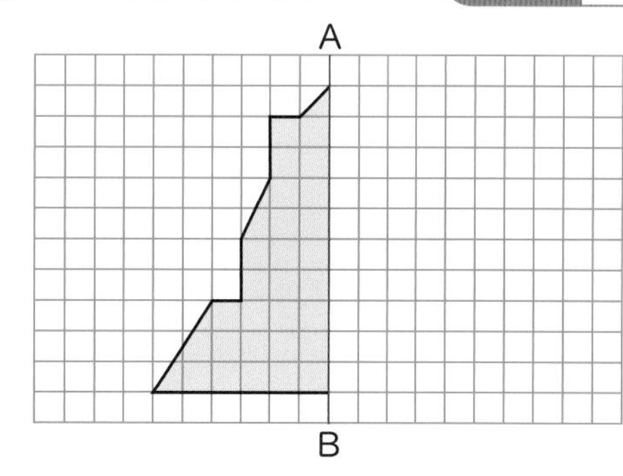

3 直線ABが対称の軸になるように、線対称な図形をかきましょう。

教科書 17ページ△8

①

A
B

②

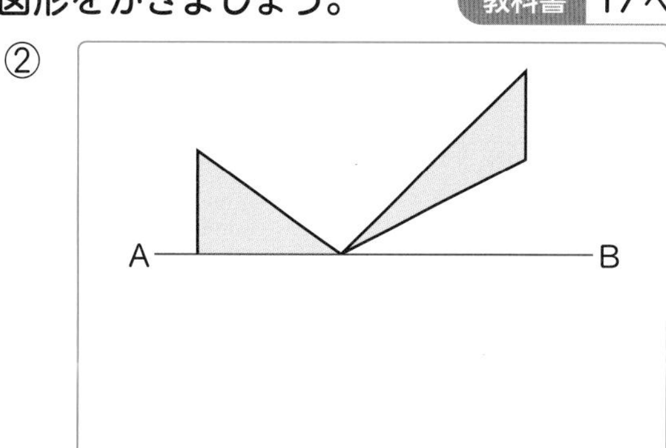

ヒント

❸ 対応する点は、それぞれの点から対称の軸に垂直な直線をひいて
みつけましょう。

学習日　月　日

② 点対称

教科書 18～21ページ　答え 2ページ

次の□にあてはまる記号やことばをかきましょう。

ねらい 点対称(てんたいしょう)な図形について理解しよう。 練習 1 2

点対称

ある点を中心にして180°まわすと、もとの形にぴったり重なる図形は、**点対称**であるといい、その中心にした点を、**対称の中心**といいます。

対称の中心で180°まわして重なる点、線、角を、それぞれ対応する点、対応する線、対応する角といいます。

1 右の図は、点対称な図形です。次の点や直線を答えましょう。

(1) 点Aに対応する点　　(2) 直線DEに対応する直線

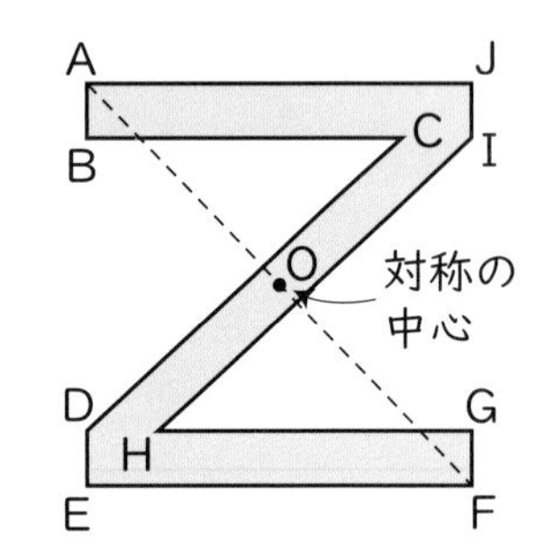

解き方 点O(オー)を中心にして180°まわしたとき、重なる点、重なる直線を考えます。

(1) 点Aに対応する点は、点□です。

(2) 直線DEに対応する直線は、直線□です。

ねらい 点対称な図形のかき方がわかるようにしよう。 練習 3

点対称な図形の性質

✪対応する2つの点を結ぶ直線は、対称の中心を通ります。

✪対称の中心から、対応する2つの点までの長さは等しくなっています。

例

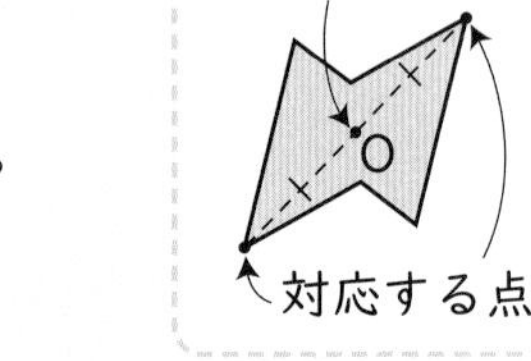

2 右の図で、点Oが対称の中心になるように、点対称な図形をかきましょう。

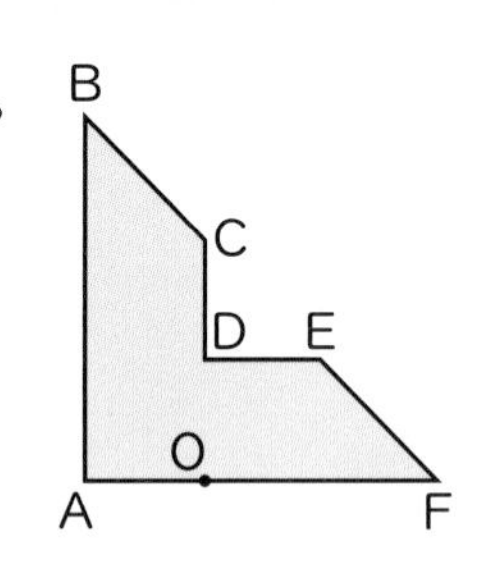

解き方 それぞれの点から点Oを通る直線をひいて、点Oから等しい長さのところに対応する点をとっていきます。

❶ 点Aに対応する点Gは、直線AFの上に、OAとOGの長さが①□なるようにとります。

❷ 点Bに対応する点Hは、点Bと点②□を通る直線をひいて、OBとOHの長さが③□なるようにとります。

❸ 同じように、点C、D、E、Fに④□する点をとり、それらを順に結びます。

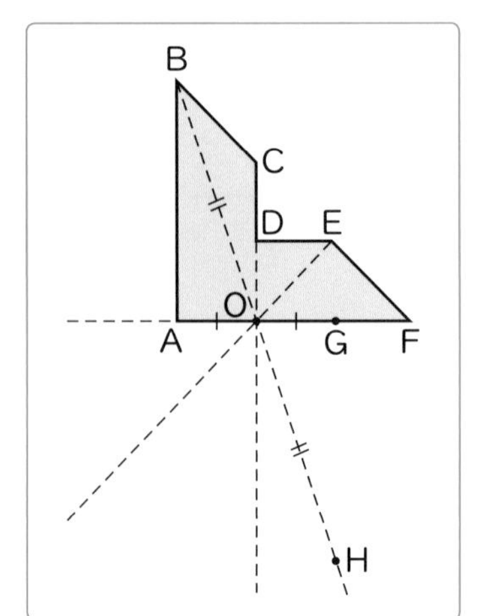

1 次の図形について答えましょう。
教科書 18ページ1、19ページ3、20ページ6

Ⓐ 
Ⓘ 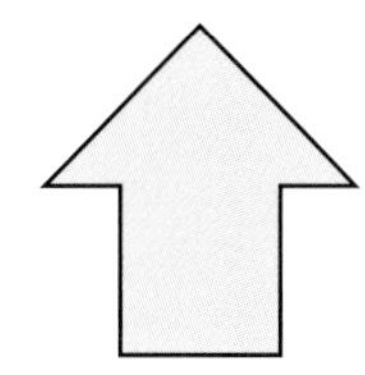
Ⓤ 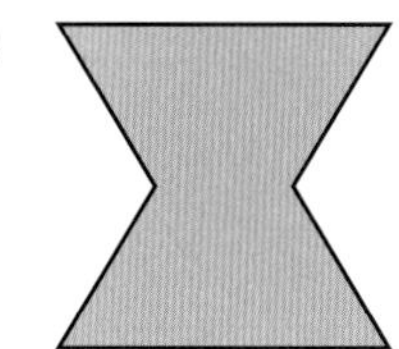
Ⓔ 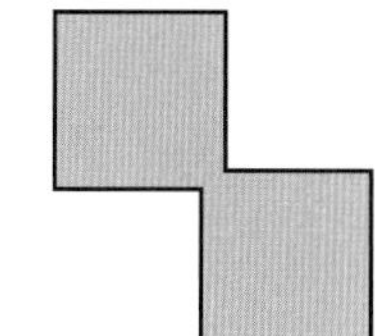

Ⓞ 
Ⓚ 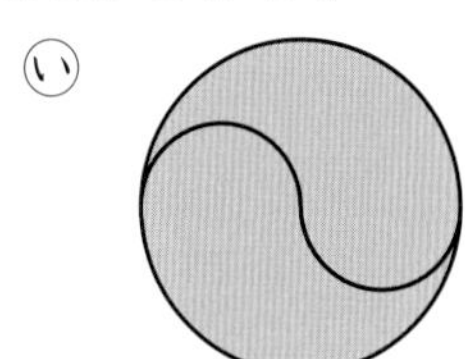
Ⓚ 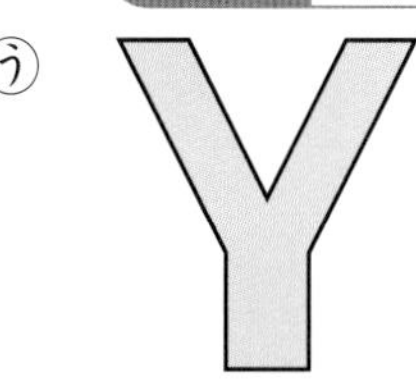

① 点対称な図形はどれですか。すべて選び、記号で答えましょう。

（　　　　　）

② ㋔～㋗の中の点対称な図形に、対称の中心をかき入れましょう。

2 右の点対称な図形について、次の□にあてはまることばや記号をかきましょう。
教科書 18ページ1、20ページ5

① 点Oは□です。

② 点Bに対応する点は点□で、直線QPに対応する直線は直線□で、角Jに対応する角は角□です。

③ 直線OBと長さが等しいのは直線□です。

対応する2つの点を結ぶ直線が、対称の中心を通ることから考えよう。

よくみて

3 点Oが対称の中心になるように、点対称な図形をかきましょう。
教科書 21ページ7・8

①

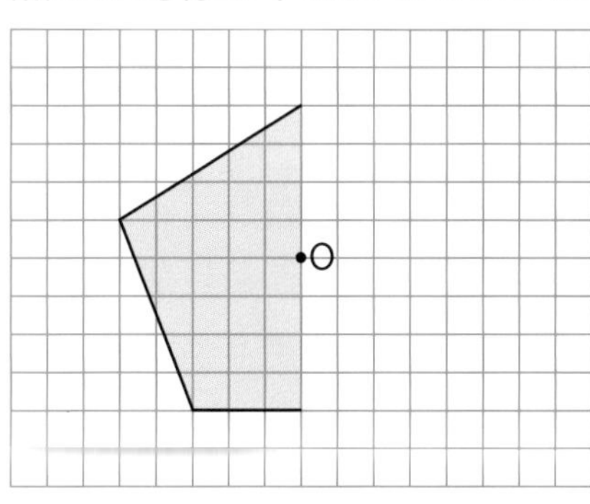

②

3 対応する点は、それぞれの点から対称の中心を通る直線をひいてみつけましょう。

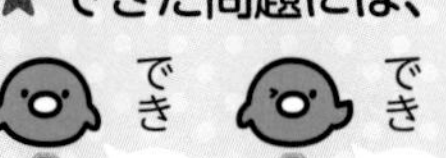

③ 多角形と対称

学習日　　月　　日

教科書 22〜23ページ　答え 3ページ

次の□にあてはまる記号や数をかきましょう。

ねらい 多角形や円が、線対称(たいしょう)や点対称かを調べよう。 練習 1 2 3

正多角形と対称

正多角形は、どれも線対称な図形です。対称の軸(じく)の数は、頂点(ちょうてん)の数と同じです。

また、頂点の数が偶数(ぐうすう)の正多角形は、点対称な図形でもあります。

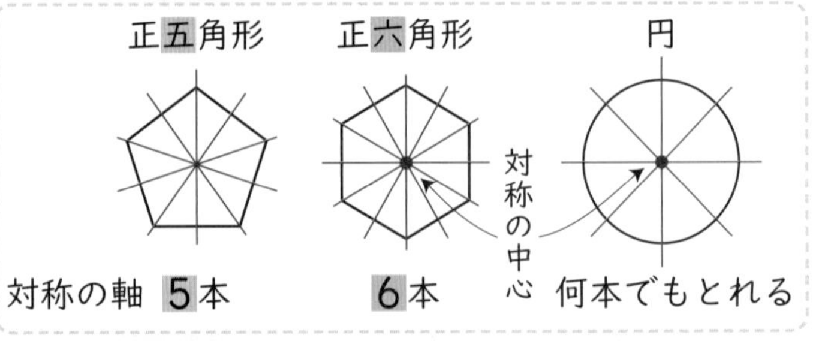

円と対称

円は線対称な図形で、円の中心を通る直線が対称の軸になります。

また、円は点対称な図形で、円の中心が対称の中心になります。

1 次の三角形や四角形について答えましょう。

Ⓐ 二等辺三角形　Ⓘ 直角三角形　Ⓤ 長方形　Ⓔ 台形

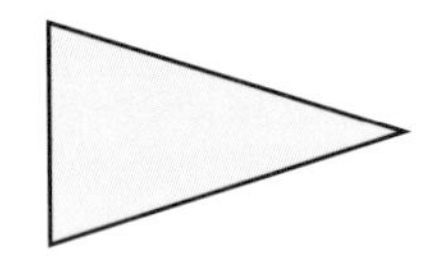
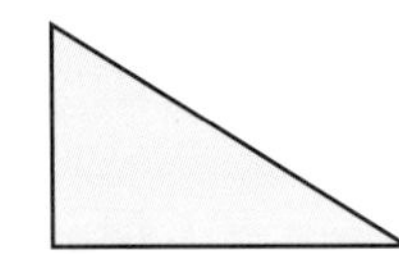
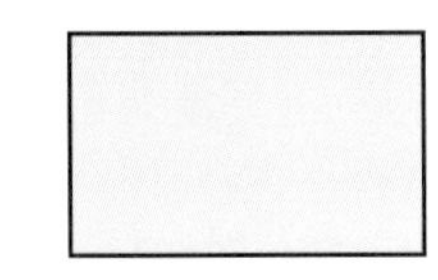
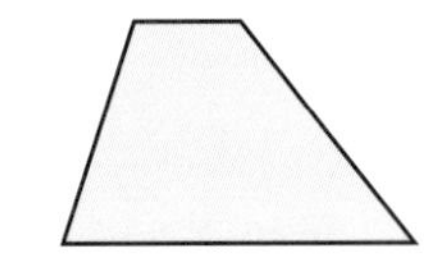

(1) 線対称な図形はどれですか。

(2) 点対称な図形はどれですか。

解き方 (1) 2つに折るとぴったり重なる図形だから、□と□です。

(2) 180°まわすとぴったり重なる図形だから、□です。

2 次の正多角形について答えましょう。

Ⓐ 正三角形　Ⓘ 正方形　Ⓤ 正七角形　Ⓔ 正八角形

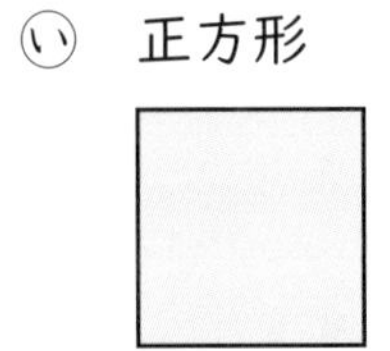
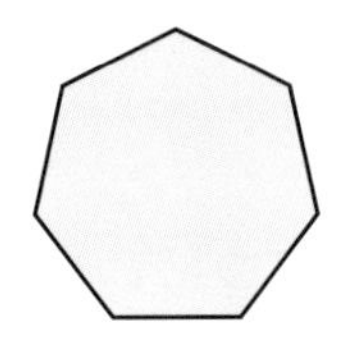
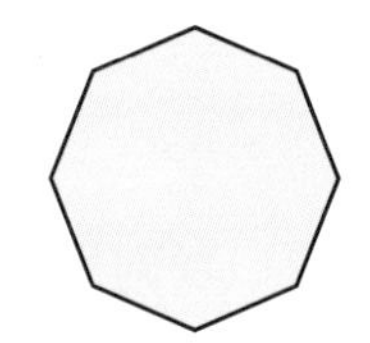

(1) 対称の軸は、それぞれ何本ありますか。

(2) 点対称な図形はどれですか。また、点対称な図形に、対称の中心O(オー)をかき入れましょう。

解き方 (1) 正多角形はどれも線対称な図形で、対称の軸の数は頂点の数と同じになっています。

Ⓐは①□本、Ⓘは②□本、Ⓤは③□本、Ⓔは④□本あります。

(2) 頂点の数が偶数の正多角形は点対称な図形だから、□と□が点対称な図形です。また、対称の中心Oは、対応する2つの点を結んだ直線の交わる点です。

ぴったり2

練習

★できた問題には、「た」をかこう！★

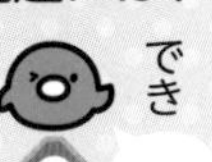

学習日　月　日

教科書 22～23ページ　答え 3ページ

1 四角形について、下の表にまとめましょう。

教科書 22ページ 1

	線対称	軸の数	点対称
台形	×	—	×
平行四辺形			
ひし形			
長方形			
正方形			

2 正多角形について、下の表にまとめましょう。

教科書 23ページ 2

	線対称	軸の数	点対称
正三角形	○	3	×
正五角形			
正六角形			
正九角形			
正十角形			
正十二角形			

3 右の図の正八角形について答えましょう。

教科書 23ページ 2

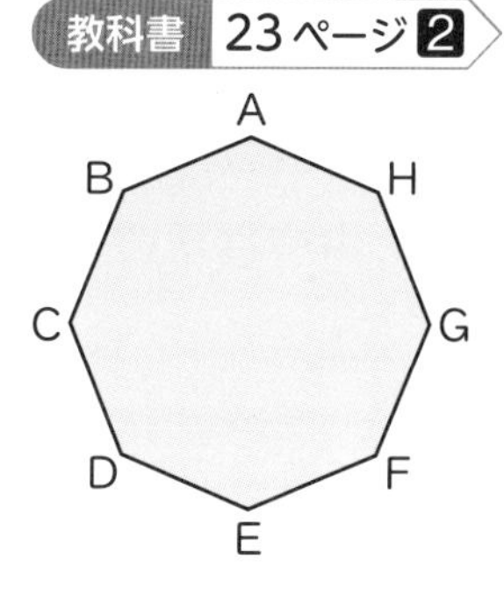

① 対称の軸は何本ありますか。

（　　　）

② 直線AEを対称の軸とみたとき、辺CDに対応する辺はどれですか。

（　　　）

③ この図形を点対称とみたとき、点Bに対応する点はどれですか。

（　　　）

④ この図形を点対称とみたとき、辺CDに対応する辺はどれですか。

（　　　）

ヒント 3 ③ 対応する2つの点を結ぶと、対称の中心を通ります。

1 対称な図形

教科書 10〜25ページ　答え 3ページ

知識・技能　／70点

1 よく出る 次の図形について、あてはまるものをすべて記号で答えましょう。　各5点(10点)

Ⓐ 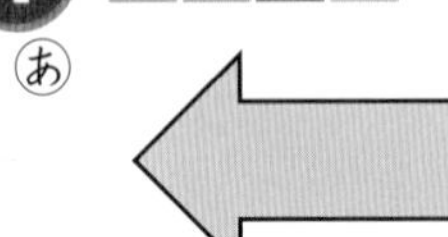
Ⓘ 
Ⓤ 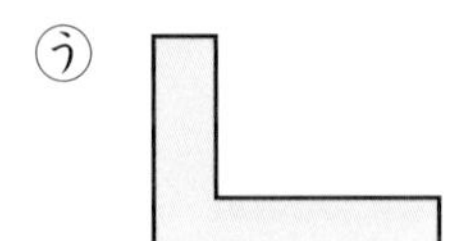
Ⓔ 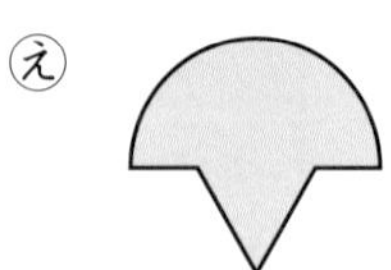
Ⓞ 
Ⓚ 
Ⓚ 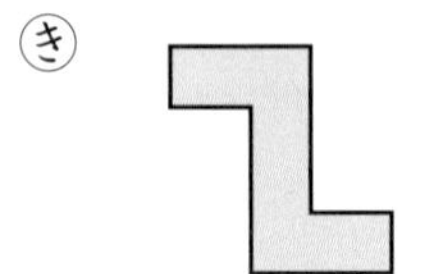
Ⓚ 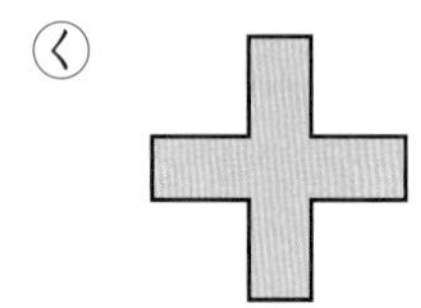

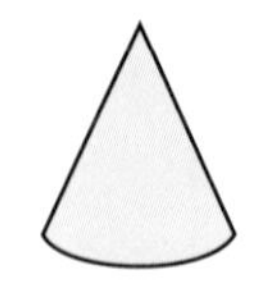

① 線対称な図形はどれですか。

(　　　　　　　　)

② 点対称な図形はどれですか。

(　　　　　　　　)

2 次の□にあてはまることばをかきましょう。　各5点(25点)

① 線対称な図形では、対応する2つの点を結ぶ直線は、㋐□と垂直に交わります。
その交わる点から、対応する2つの点までの長さは㋑□なっています。

② 点対称な図形では、対応する2つの点を結ぶ直線は、㋒□を通ります。

③ 線対称でもあり、点対称でもある円では、対称の軸は円の㋓□を通る直線で、対称の中心は円の㋔□です。

3 よく出る ①は、直線ABが対称の軸になるように、線対称な図形をかきましょう。
②は、点Oが対称の中心になるように、点対称な図形をかきましょう。　各10点(20点)

①
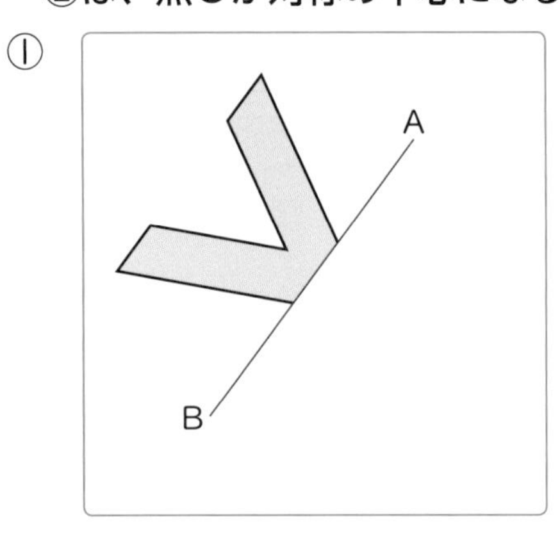

②
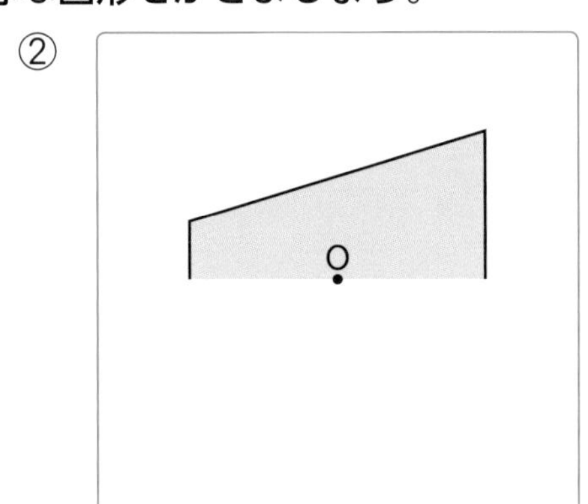

4 次の図形について、あてはまるものをすべて記号で答えましょう。　各5点(15点)

㋐ 円　㋑ 二等辺三角形　㋒ 平行四辺形　㋓ ひし形　㋔ 正十九角形

① 線対称であるが、点対称でない図形はどれですか。

(　　　　　)

② 点対称であるが、線対称でない図形はどれですか。

(　　　　　)

③ 線対称でもあり、点対称でもある図形はどれですか。

(　　　　　)

思考・判断・表現　／30点

5 よく出る 右の図の正六角形について答えましょう。　各5点(20点)

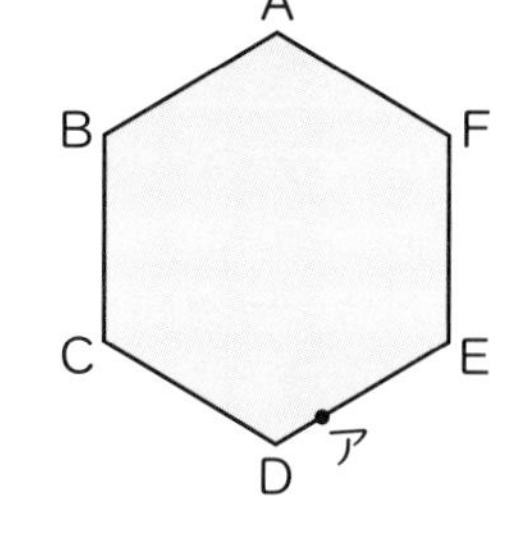

① 対称の軸は何本ありますか。

② 直線BEを対称の軸とみたとき、点Cに対応する点はどれですか。

(　　　　　)

③ 辺ABと辺EDが対応する辺になるのは、どの直線を対称の軸とみたときですか。

(　　　　　)

④ この図形を点対称とみたとき、点アに対応する点イを、図にかき入れましょう。

できたらスゴイ!

6 下の図のように、正方形の色紙を折り重ねて、直線㋐にそって切りました。紙を開くと、どんな図形ができますか。できる図形の名前をかきましょう。　(10点)

2つに折る。　さらに2つに折る。　直線㋐にそって切る。　紙を開くと……

㋐

(　　　　　)

ふりかえり　❶①がわからないときは、2ページの❶にもどって確認してみよう。

① 文字を使った式

教科書 26～30ページ　答え 4ページ

次の□にあてはまる文字や数をかきましょう。

ねらい x(エックス)やy(ワイ)を使って、数量の関係を式に表せるようにしよう。　練習 1→

文字を使った式

○や△の代わりにxやyなどの文字を使っても、数量やその関係を式に表したり、調べたりすることができます。

xの値(あたい)、yの値

xにあてはめた数を**xの値**、それに対応するyの数を**yの値**といいます。

例
1個x円のももを3個買ったときの代金をy円とすると、
$x \times 3 = y$
xの値が280のときのyの値は、
$280 \times 3 = 840$　$y = 840$

1 1冊(さつ)x円のノートを7冊買います。
(1) 代金をy円として、xとyの関係を式に表しましょう。
(2) xの値を110としたとき、それに対応するyの値を求めましょう。

解き方 (1) [1冊の値段(ねだん)]×[冊数]＝[代金] だから、
□×7＝□
(2) 上の式のxに110をあてはめます。
□×7＝□
答え y＝□

ねらい xやyを使って数量の関係を式に表して、xやyの値を調べよう。　練習 2 3→

xとyの関係を式に表し、xの値に対応するyの値を表にかいて調べます。

2 100円のノートを何冊かと、90円のボールペンを1本買います。
(1) ノートの冊数をx冊、全部の代金をy円として、xとyの関係を式に表しましょう。
(2) xの値を6、7、8、9としたとき、それぞれに対応するyの値を求めて表にかきましょう。

解き方 (1) [ノート1冊の値段]×[冊数]＋[ボールペン1本の値段]＝[全部の代金] だから、
100×□＋□＝□
(2) $x=6$のとき、$y=100\times6+90=$□
$x=7$のとき、$y=100\times7+90=$□
⋮
と求めて、表にかきましょう。

x(冊)	6	7	8	9
y(円)				

ぴったり2

練習

★できた問題には、「た」をかこう！★

1 でき 2 でき 3 でき

学習日 月 日

教科書 26～30ページ　答え 4ページ

1 同じ値段の消しゴムを8個買います。

教科書 27ページ 1

① 消しゴム１個の値段を x 円、代金を y 円として、x と y の関係を式に表しましょう。

(　　　　　)

② x の値を 70 としたとき、それに対応する y の値を求めましょう。

(　　　　　)

③ y の値が 400 となる x の値を求めましょう。

(　　　　　)

よくよんで

2 250 g のコップが何個か、300 g の箱にはいっています。

教科書 29ページ 3・4

① コップの個数を x 個、全体の重さを y g として、x と y の関係を式に表しましょう。

(　　　　　)

② x の値を 4、5、6、……として、y の値が 2050 となる x の値を求めましょう。

x(個)	4	5	6	7	……
y(g)					……

答え (　　　　　)

3 高さが 10 cm の三角形があります。

教科書 30ページ 6

① 底辺を x cm、面積を y cm² として、x と y の関係を式に表しましょう。

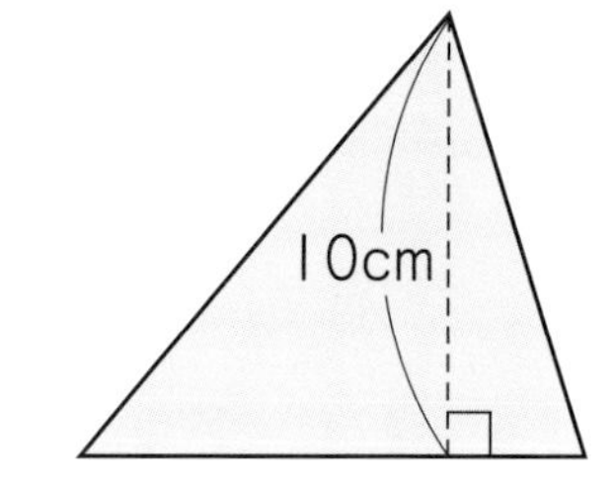

(　　　　　)

② x の値を 12、12.4、12.8 として、y の値が 64 となる x の値を求めましょう。

三角形の面積
＝底辺×高さ÷2

(　　　　　)

ヒント 3 ② ①で表した式の x に 12、12.4、12.8 をあてはめてみつけましょう。

② 式のよみ方

教科書 32～33ページ　答え 5ページ

次の□にあてはまる数やことば、式、記号をかきましょう。

ねらい 文字を使った式の意味を説明できるようになろう。

練習 1 2

文字を使った式の意味を説明するときは、×や＋などの意味をよく考えます。

例 x 円のえん筆6本と 80 円の消しゴム1個の代金
$x \times 6$ ＋80

1 次の式はどのような買い物の代金を表していますか。
右の値段（ねだん）表を見て答えましょう。

りんご………	1個 x 円
メロン……	1個 800 円
箱代……………	150 円

(1) $x \times 4 + 800$
(2) $x \times 7 + 150$

解き方 (1) $x \times 4$ はりんご ①□ 個の代金、800 は ②□ 1個の代金です。
だから、$x \times 4 + 800$ は ③□ 4個と ④□ 1個の代金です。
(2) $x \times 7$ は ①□ 7個の代金、150 は ②□ です。
だから、$x \times 7 + 150$ はりんご ③□ 個を ④□ に入れたときの代金です。

ねらい 文字を使った式から考え方をよみとろう。

練習 3

計算の意味を考えて、どのような考え方から表した式かをよみとります。

2 右のような台形の面積をいろいろな考え方で求めました。
次の図から考えた式は、□の中のどの式ですか。

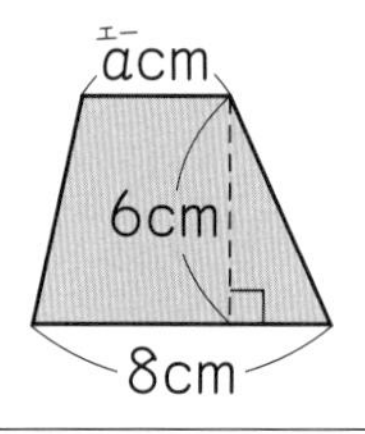

(1)
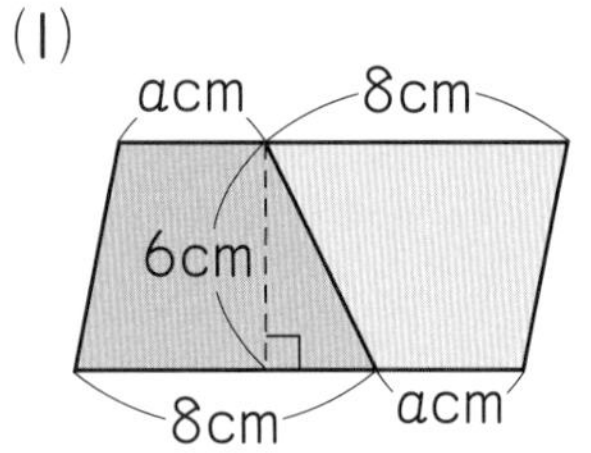

(2)
acm
6cm
(6÷2)cm
8cm
acm

(3)
acm
6cm
8cm

ア $(8+a) \times (6 \div 2)$
イ $8 \times 6 \div 2 + a \times 6 \div 2$
ウ $(8+a) \times 6 \div 2$

解き方 (1) 2つあわせた平行四辺形の面積を半分にして求めています。
(□)×□÷2　答え □
平行四辺形の面積 ←平行四辺形の面積＝底辺×高さ

(2) 高さが半分の平行四辺形にして求めています。(□)×(□)　答え □
底辺　高さ

(3) 2つの三角形の面積をあわせて求めています。
8×□÷2＋□×6÷2　答え □
下側の三角形の面積　上側の三角形の面積

ぴったり2 練習

★できた問題には、「た」をかこう！★

学習日　　月　　日

教科書 32〜33ページ　答え 5ページ

1 $x \times 8 + 120$ の式で表されるのは、次のどれですか。
すべて選び、記号で答えましょう。　教科書 32ページ 1・2

㋐ x 円のケーキ１個と 120 円のプリン１個を１組にして８組買ったときの代金

㋑ x 円のサインペン８本と 120 円のノート１冊（さつ）の代金

㋒ x g の箱に、120 g のおもりを８個入れたときの全体の重さ

㋓ 毎日 x mL ずつ８日間飲んで、あと 120 mL 残っているときのジュースのはじめの量

（　　　　）

2 次の式は、何を表していますか。
図を見て答えましょう。　教科書 32ページ 3

① $x \times 9$

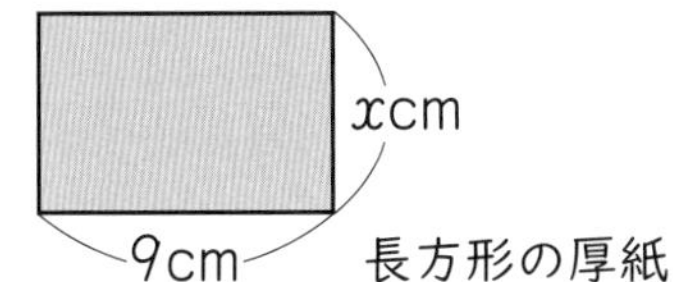

長方形の厚紙

（　　　　）

② $x \times 5$

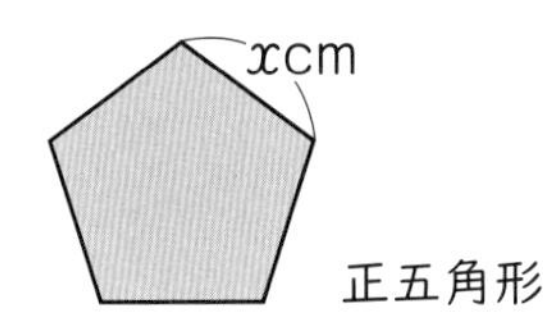

正五角形

（　　　　）

よくみて

3 底辺が a cm、高さが 12 cm の三角形の面積を、いろいろな考え方で求めました。
①〜③の式と、その考え方を表している図を、それぞれ線で結びましょう。　教科書 33ページ 4

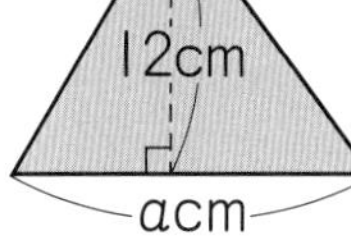

① $(a \times 12) \div 2$　・　　　　・ ㋐

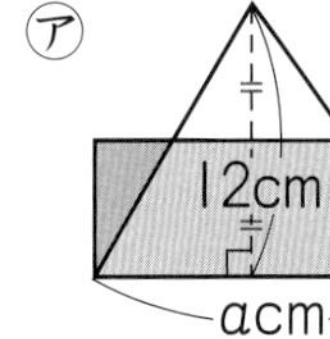

② $(a \div 2) \times 12$　・　　　　・ ㋑

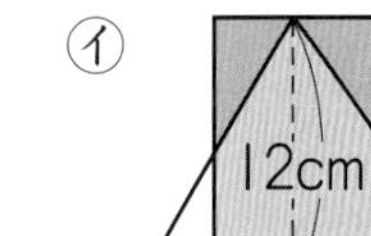

③ $a \times (12 \div 2)$　・　　　　・ ㋒

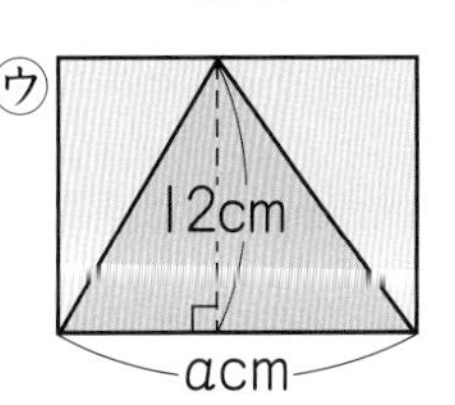

3 ㋐は、横が a cm、縦が $(12 \div 2)$cm の長方形、㋑は、横が $(a \div 2)$cm、縦が 12 cm の長方形に変形しています。

2 文字と式

教科書 26～35ページ　答え 5ページ

知識・技能　／50点

1 よく出る　x と y の関係を式に表しましょう。　各5点(15点)

① 1本 x mL のジュースが6本あるときの全部の量を y mL とする。

(　　　　　　　)

② x 円のラーメンと 350 円のチャーハンを食べたときの代金を y 円とする。

(　　　　　　　)

③ 1冊(さつ) 80 円のノートを x 冊と 90 円の消しゴムを1個買ったときの代金を y 円とする。

(　　　　　　　)

2 よく出る　1辺が何 cm かの正方形があります。　各5点(15点)

① 1辺の長さを x cm、まわりの長さを y cm として、x と y の関係を式に表しましょう。

$x$cm

(　　　　　　　)

② x の値(あたい)が 18 となる y の値を求めましょう。

(　　　　　　　)

③ y の値が 92 となる x の値を求めましょう。

(　　　　　　　)

3 同じ重さの荷物9個を 0.8 kg の箱に入れます。　各10点(20点)

① 荷物1個の重さを x kg、全体の重さを y kg として、x と y の関係を式に表しましょう。

(　　　　　　　)

② 全体の重さが 13.4 kg のとき、荷物1個の重さは何 kg になりますか。
下の中から選びましょう。

1.2 kg　　1.3 kg　　1.4 kg　　1.5 kg

(　　　　　　　)

学習日　　月　　日

思考・判断・表現　／50点

4 よく出る $x\times5+100$ の式で表されるものに○を、表されないものに×をつけましょう。
各5点(20点)

① (　　) 1枚 x 円のハンカチを5枚買って、100円の箱に入れてもらったときの代金

② (　　) x 円のパン1個と100円の牛乳1本を1組にして5組買ったときの代金

③ (　　) 1足 x 円のくつ下を5足買って、100円ひいてもらったときの代金

④ (　　) 毎日 x ページずつ5日間よんで、あと100ページ残っている本の全部のページ数

できたらスゴイ!

5 右のような平行四辺形の面積を、いろいろな式に表しました。
それぞれ、どの図から考えたものですか。
□の中から選び、記号で答えましょう。
また、そのときに使った公式はどれですか。
□の中からすべて選び、記号で答えましょう。

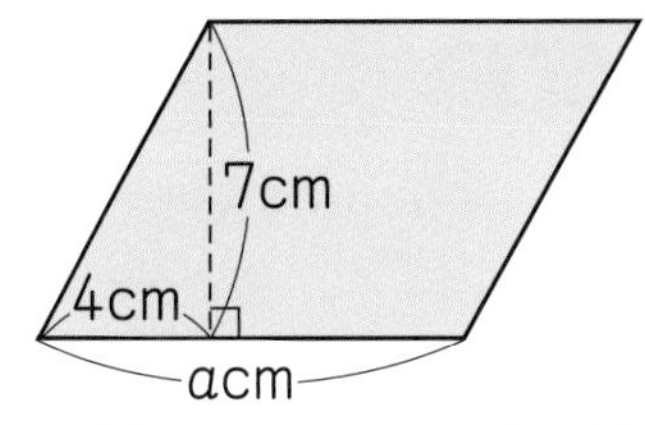

全部できて 1問10点(30点)

① $a\times7$　② $(a\times7\div2)\times2$　③ $(4\times7\div2)\times2+(a-4)\times7$

あ
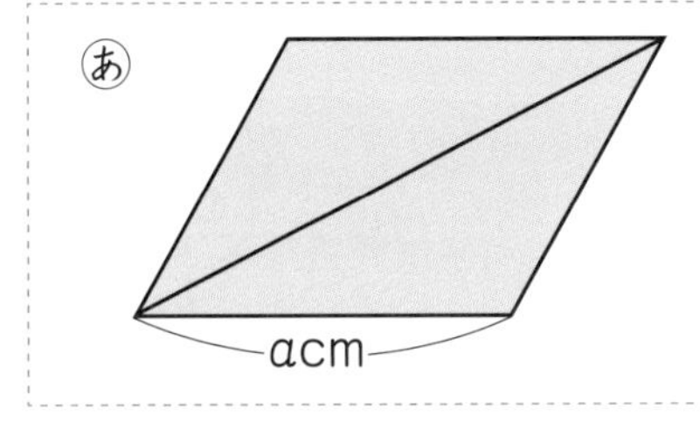

い
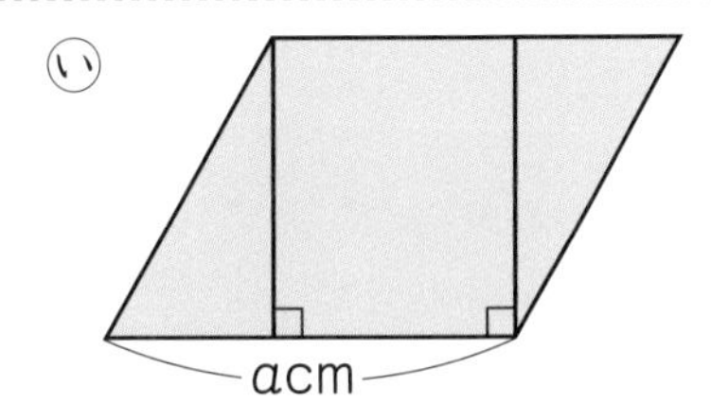

う
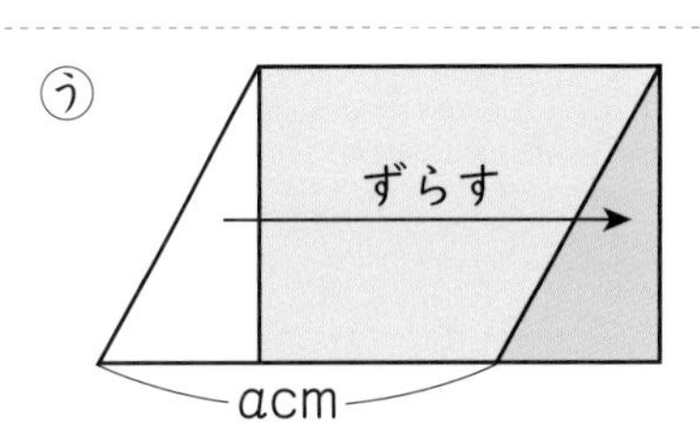

① 図 (　　)　公式 (　　)
② 図 (　　)　公式 (　　)
③ 図 (　　)　公式 (　　)

か 三角形の面積を求める公式
き 台形の面積を求める公式
く 長方形の面積を求める公式

はってん　教科書 35ページ

1 あるきまりで、次のように数を並べました。

1番目	2番目	3番目	4番目	5番目	……
1	4	7	10	13	

① 6番目の数、10番目の数は、それぞれどんな数になりますか。

6番目 (16)　10番目 (　　)
↑うすい字はなぞりましょう。

② a 番目の数を表す式は、下のどれになりますか。

あ $a+3$　い $4\times a-3$　う $3\times a-2$　(　　)

◀a に数をあてはめて調べましょう。

ふりかえり　1①がわからないときは、10ページの1にもどって確認してみよう。

ぴったり1 準備

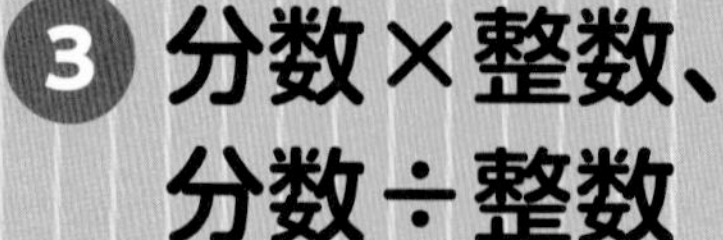

3 分数×整数、分数÷整数

学習日　　月　　日

教科書 36～40ページ　答え 6ページ

次の□にあてはまる数をかきましょう。

ねらい 分数×整数の計算のしかたを理解しよう。　練習 1 3 5

分数×整数

分母はそのままで、分子にその整数をかけます。

$$\frac{b}{a}\times c=\frac{b\times c}{a}$$

1 次の計算をしましょう。

(1) $\frac{3}{5}\times2$　　(2) $\frac{5}{8}\times4$

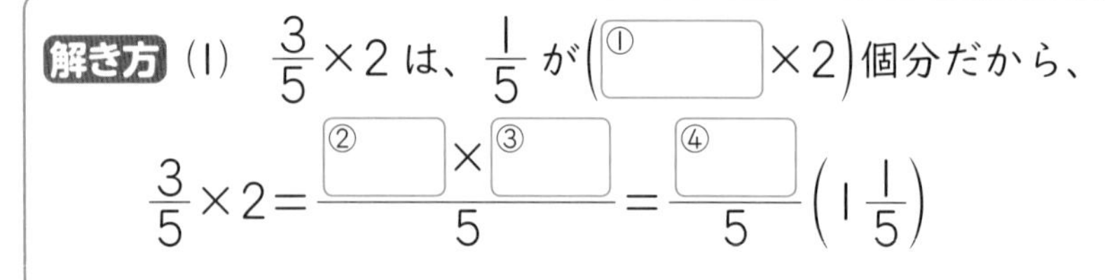

解き方 (1) $\frac{3}{5}\times2$ は、$\frac{1}{5}$ が（①□×2）個分だから、

$\frac{3}{5}\times2=\frac{②\square\times③\square}{5}=\frac{④\square}{5}\left(1\frac{1}{5}\right)$

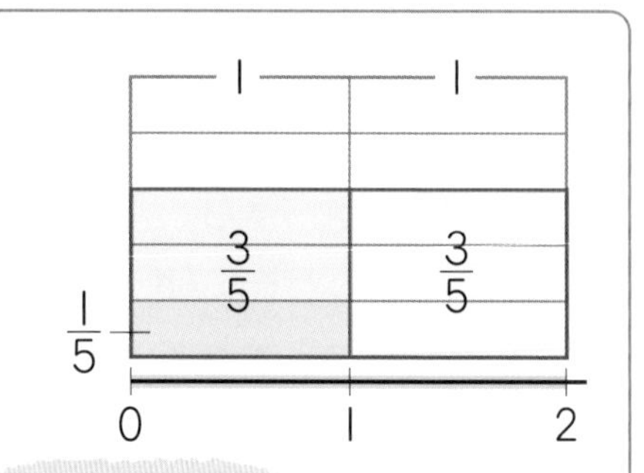

(2) 計算のとちゅうで約分できるときは約分します。

$\frac{5}{8}\times4=\frac{5\times①\square}{8}=\frac{5\times\cancel{4}^{②}}{\cancel{8}_{2}}=③\square\left(2\frac{1}{2}\right)$

←約分

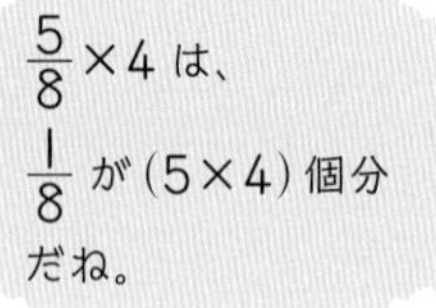

ねらい 分数÷整数の計算のしかたを理解しよう。　練習 2 4 5

分数÷整数

分子はそのままで、分母にその整数をかけます。

$$\frac{b}{a}\div c=\frac{b}{a\times c}$$

2 次の計算をしましょう。

(1) $\frac{2}{5}\div3$　　(2) $\frac{4}{3}\div6$

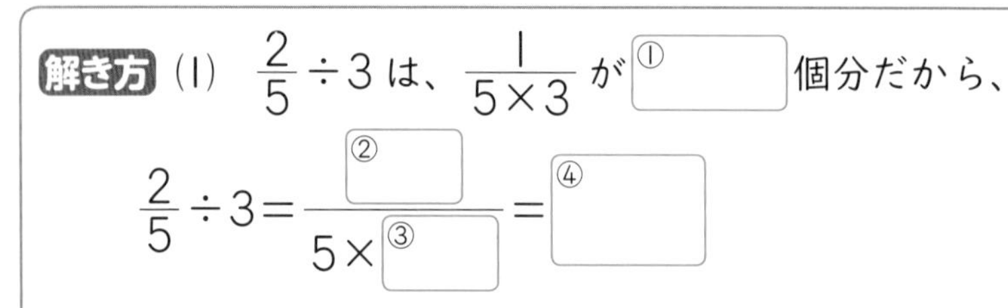

解き方 (1) $\frac{2}{5}\div3$ は、$\frac{1}{5\times3}$ が①□個分だから、

$\frac{2}{5}\div3=\frac{②\square}{5\times③\square}=④\square$

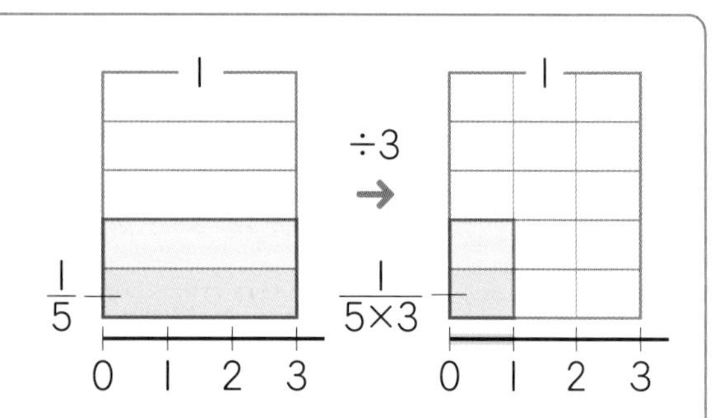

(2) 計算のとちゅうで約分できるときは約分します。

$\frac{4}{3}\div6=\frac{\cancel{4}^{①}}{3\times\cancel{6}_{②}}=③\square$

←約分

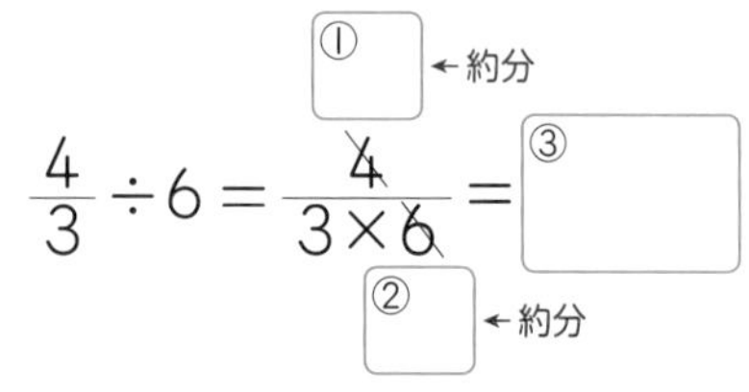

ぴったり2

練習

★できた問題には、「た」をかこう！★

できた 1 2 3 4 5

学習日　月　日

教科書 36〜40ページ　答え 6ページ

1 次の計算をしましょう。

教科書 37ページ 1、38ページ 3

① $\frac{1}{6}\times5$　② $\frac{3}{7}\times5$　③ $\frac{3}{2}\times3$

④ $\frac{7}{10}\times2$　⑤ $\frac{3}{8}\times6$　⑥ $\frac{7}{9}\times18$

2 次の計算をしましょう。

教科書 39ページ 1、40ページ 2

① $\frac{1}{2}\div5$　② $\frac{3}{5}\div7$　③ $\frac{2}{7}\div5$

④ $\frac{4}{5}\div4$　⑤ $\frac{8}{9}\div6$　⑥ $\frac{10}{7}\div12$

3

1mの重さが$\frac{2}{5}$kgのパイプがあります。

このパイプ2mの重さは何kgですか。

教科書 37ページ 1

式

答え（　　　）

4

水道から、6分間で$\frac{8}{3}$Lの水が流れました。このとき、1分間に何Lの水が流れたことになりますか。

教科書 40ページ 2

式

答え（　　　）

よくよんで

5

$\frac{3}{4}$kgずつはいっている小麦粉のふくろが5つあります。小麦粉は全部で何kgありますか。

また、この小麦粉を6人で同じ重さずつ分けると、1人分は何kgになりますか。

教科書 37ページ 1、40ページ 2

式

全部（　　　）　1人分（　　　）

ヒント

5 ことばの式でそれぞれの重さを表すと、次のようになります。

1ふくろの重さ×ふくろの数＝全部の重さ、全部の重さ÷人数＝1人分の重さ

3 分数×整数、分数÷整数

教科書 36～40ページ　答え 7ページ

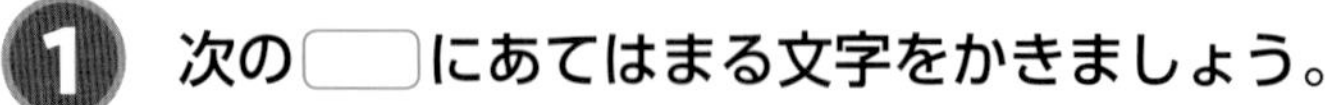

知識・技能　／60点

1 次の□にあてはまる文字をかきましょう。　全部できて 1問3点(6点)

① $\frac{b}{a}\times c=\frac{\text{あ}\times\text{い}}{\text{う}}$　② $\frac{b}{a}\div c=\frac{\text{あ}}{\text{い}\times\text{う}}$

2 よく出る 次の計算をしましょう。　各3点(27点)

① $\frac{1}{4}\times 7$　② $\frac{3}{5}\times 6$　③ $\frac{7}{6}\times 5$

④ $\frac{1}{8}\times 4$　⑤ $\frac{9}{10}\times 2$　⑥ $\frac{5}{9}\times 6$

⑦ $\frac{9}{8}\times 12$　⑧ $\frac{2}{7}\times 14$　⑨ $\frac{5}{4}\times 20$

3 よく出る 次の計算をしましょう。　各3点(27点)

① $\frac{1}{2}\div 8$　② $\frac{2}{3}\div 5$　③ $\frac{5}{9}\div 3$

④ $\frac{4}{7}\div 2$　⑤ $\frac{2}{5}\div 6$　⑥ $\frac{6}{11}\div 9$

⑦ $\frac{4}{9}\div 10$　⑧ $\frac{8}{7}\div 6$　⑨ $\frac{10}{3}\div 15$

学習日　　月　　日

思考・判断・表現　　／40点

4 1本の長さが $\frac{2}{9}$ m の棒(ぼう)があります。

この棒を12本つなげると、全体の長さは何mになりますか。　式・答え 各4点(8点)

式

答え（　　　　）

5 4dLで $\frac{6}{7}$ m² ぬれるペンキがあります。

このペンキ1dLでは何m²ぬれますか。　式・答え 各4点(8点)

式

答え（　　　　）

6 よく出る **消毒液が $\frac{5}{8}$ Lはいった容器が6本あります。**　式・答え 各4点(16点)

① 全部で何Lありますか。

式

答え（　　　　）

② この消毒液を5クラスで等分すると、1クラス分は何Lになりますか。

式

答え（　　　　）

できたらスゴイ！

7 **$\frac{b}{a}\times c$ の a、b、c に1から9までの整数をあてはめて、分数×整数の式をつくります。同じ整数を2回使ってもよいものとします。**　各4点(8点)

① a に3、b に2をあてはめることにします。
答えが整数になる式をつくるには、c にどの整数をあてはめればよいですか。
すべてかきましょう。

（　　　　）

② a に7、b に5をあてはめることにします。
答えが4より小さくなる式をつくるには、c にどの整数をあてはめればよいですか。
すべてかきましょう。

（　　　　）

ふりかえり　1①がわからないときは、16ページの1にもどって確認(かくにん)してみよう。

付録の「計算せんもんドリル」1〜4もやってみよう！

ぴったり1 準備

4 分数×分数

① 分数をかける計算ー(1)

学習日 月 日

教科書 42～46ページ　答え 7ページ

次の□にあてはまる数をかきましょう。

ねらい 分数をかける計算のしかたを理解しよう。 練習 1 3 →

分数×分数

分数のかけ算では、分母どうし、分子どうしを、それぞれかけます。

$$\frac{b}{a}\times\frac{d}{c}=\frac{b\times d}{a\times c}$$

1 次の計算をしましょう。

(1) $\frac{3}{5}\times\frac{2}{7}$　(2) $\frac{2}{3}\times\frac{8}{5}$

解き方 (1) $\frac{3}{5}\times\frac{2}{7}=\frac{\square\times\square}{5\times7}=\frac{\square}{35}$

(2) $\frac{2}{3}\times\frac{8}{5}=\frac{\square\times\square}{3\times5}=\frac{\square}{15}\left(1\frac{1}{15}\right)$

ねらい 整数や帯分数を仮分数になおして計算しよう。 練習 2 4 →

整数と分数のかけ算

整数を、$2=\frac{2}{1}$、$3=\frac{3}{1}$ のように、分母が1の分数になおして計算します。

帯分数のかけ算

帯分数は、仮分数になおして計算します。

2 次の計算をしましょう。

(1) $4\times\frac{2}{5}$　(2) $6\times\frac{5}{9}$　(3) $1\frac{1}{2}\times1\frac{4}{5}$

解き方 (1) $4\times\frac{2}{5}=\frac{4}{1}\times\frac{2}{5}=\frac{4\times\square}{1\times5}=\frac{\square}{5}\left(1\frac{3}{5}\right)$

└分母が1の分数 $\frac{4}{1}$ と考える

(2) $6\times\frac{5}{9}=\frac{\square}{1}\times\frac{5}{9}=\frac{\overset{2}{\cancel{6}}\times5}{1\times\underset{3}{\cancel{9}}}=\frac{\square}{3}\left(3\frac{1}{3}\right)$

(3) 帯分数は、仮分数になおして計算します。

$1\frac{1}{2}\times1\frac{4}{5}=\frac{\square}{2}\times\frac{\square}{5}=\frac{\square}{10}\left(2\frac{7}{10}\right)$

とちゅうで約分して計算するほうが、まちがいが少なくなるよ。

★できた問題には、「た」をかこう！★

学習日　　月　　日

教科書 42～46ページ　答え 7ページ

1 次の計算をしましょう。 教科書 45ページ4

① $\frac{2}{3}\times\frac{1}{5}$　② $\frac{3}{7}\times\frac{4}{5}$　③ $\frac{7}{4}\times\frac{3}{2}$

④ $\frac{1}{9}\times\frac{3}{4}$　⑤ $\frac{2}{5}\times\frac{7}{6}$　⑥ $\frac{12}{7}\times\frac{7}{18}$

2 次の計算をしましょう。 教科書 46ページ6・8

① $5\times\frac{3}{8}$　② $10\times\frac{5}{6}$　③ $\frac{7}{9}\times12$

④ $2\frac{2}{3}\times\frac{4}{7}$　⑤ $\frac{2}{5}\times1\frac{7}{8}$　⑥ $1\frac{1}{9}\times3\frac{3}{4}$

とちゅうで約分できるときは、
約分してから計算しよう。

3 ペンキ1dLで $\frac{5}{6}$ m^2 のかべをぬることができます。

このペンキ $\frac{3}{4}$ dLでは、何 m^2 のかべをぬることができますか。 教科書 45ページ4

式

答え（　　　）

よくよんで

4 分速 $\frac{2}{3}$ kmの自動車で、$3\frac{3}{5}$ 分走りました。

何km進みましたか。 教科書 46ページ8

式

答え（　　　）

ヒント　**3** 整数の場合で考えてみると、3dLでは、$\left(\frac{5}{6}\times3\right)$ m^2 ぬれます。

① 分数をかける計算ー(2)

教科書 47～48ページ　答え 8ページ

次の□にあてはまる数や記号をかきましょう。

ねらい 整数、小数、分数が混じったかけ算をしよう。 練習 1 2 →

分数と小数・整数のかけ算

整数、小数、分数が混じったかけ算は、分数だけの式にして計算します。

1 次の計算をしましょう。

(1) $0.4\times\frac{1}{7}$　　(2) $1.1\times\frac{1}{6}\times2$

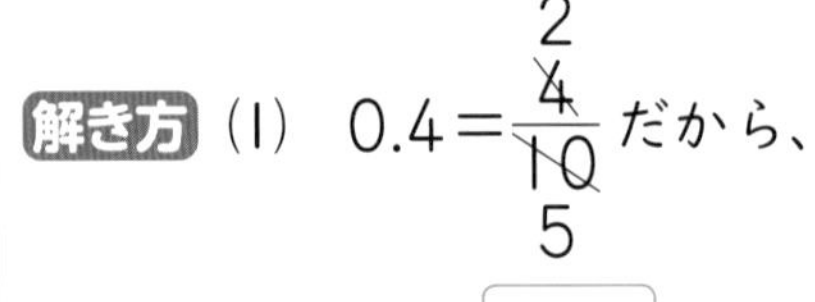

解き方 (1) $0.4=\frac{\cancel{4}^{2}}{\cancel{10}_{5}}$ だから、

$0.4\times\frac{1}{7}=\frac{\square}{5}\times\frac{1}{7}=\frac{\square\times1}{5\times7}=\frac{\square}{35}$

小数を分数になおす

(2) $1.1\times\frac{1}{6}\times2=\frac{\square}{10}\times\frac{1}{6}\times\frac{\square}{1}=\frac{11\times1\times\cancel{2}^{1}}{10\times\cancel{6}_{3}\times1}=\frac{\square}{30}$

$0.1=\frac{1}{10}$ の関係を使って、小数を分数になおそう。

ねらい かける数と積の大きさの関係を理解しよう。 練習 3 4 →

かける数と積の大きさ

かける数が分数のときも、かける数と積の大きさの関係は、次のようになります。

かける数＞１のとき、積＞かけられる数

かける数＝１のとき、積＝かけられる数

かける数＜１のとき、積＜かけられる数

2 次のかけ算の式をあ、い、うに分けましょう。

(1) $90\times\frac{7}{6}$　(2) 90×1　(3) $90\times\frac{4}{5}$　(4) $90\times1\frac{2}{3}$

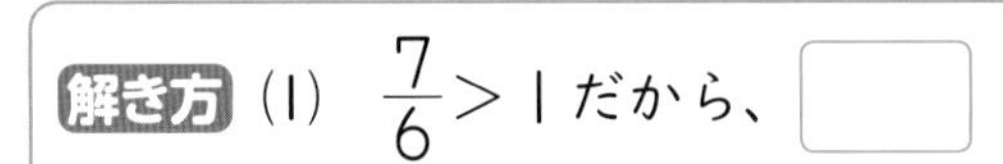

あ　積＞90　　い　積＝90　　う　積＜90

解き方 (1) $\frac{7}{6}>1$ だから、□　　(2) かける数＝１だから、□

(3) $\frac{4}{5}<1$ だから、□　　(4) $1\frac{2}{3}>1$ だから、□

練習

★できた問題には、「た」をかこう！★

でき 1　でき 2　でき 3　でき 4

学習日　　月　　日

教科書 47～48ページ　答え 8ページ

1 次の計算をしましょう。 教科書 47ページ 1

① $0.3\times\frac{7}{8}$　② $\frac{5}{9}\times1.2$　③ $0.8\times1\frac{2}{3}$

2 次の計算をしましょう。 教科書 47ページ 3

① $\frac{5}{9}\times4\times\frac{3}{8}$　② $\frac{5}{6}\times0.7\times\frac{3}{4}$

③ $1.5\times7\times\frac{4}{9}$　④ $\frac{5}{7}\times9\times2.8$

よくよんで

3 かけ算の式が $50\times\frac{\square}{4}$ で、積が次の①～③のようになるとき、□にあてはまる1から9までの整数をすべて答えましょう。 教科書 48ページ 1

① 積＞50　（　　）

② 積＝50　（　　）

③ 積＜50　（　　）

4 次のかけ算の式を、積の大きい順に並べましょう。 教科書 48ページ 2

あ $210\times\frac{5}{7}$　い $210\times\frac{4}{7}$　う 210×1　え $210\times\frac{6}{5}$

（　　）

ヒント **3** ① $\frac{\square}{4}$ が1より大きくなるときです。

ぴったり1 準備

4 分数×分数

② 分数のかけ算を使って

学習日　月　日

教科書 50～53ページ　答え 9ページ

次の□にあてはまる数をかきましょう。

ねらい いろいろな量を分数で表してみよう。

練習 ❶❷❺→

✪面積や体積は、辺の長さが分数のときも、公式を使って求めることができます。

✪分数を使って、時間を時・分・秒の単位を変えて表すことができます。

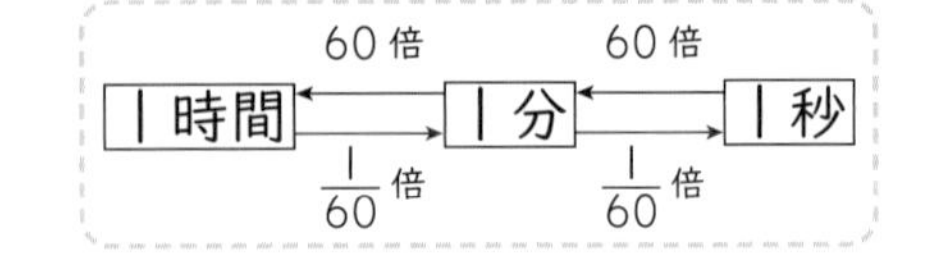

1 (　)の中の単位で表しましょう。

(1) $\frac{1}{2}$ 時間(分)　　(2) 40分(時間)

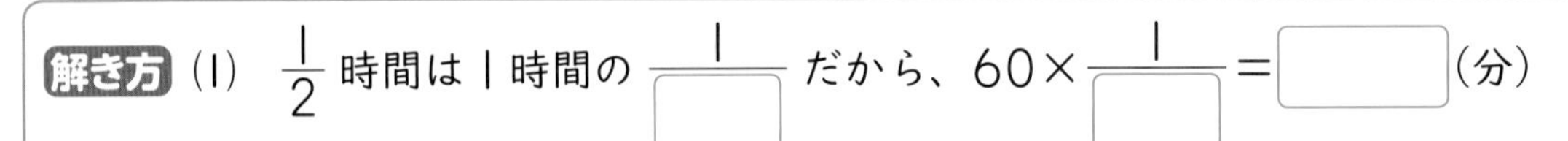
解き方 (1) $\frac{1}{2}$ 時間は1時間の $\frac{1}{\square}$ だから、$60\times\frac{1}{\square}=\square$(分)

(2) 40分は60分の何倍にあたるかを考えて、$\square\div 60=\square$(時間)

ねらい 逆数(ぎゃくすう)の意味を理解し、逆数を求められるようにしよう。

練習 ❸→

2つの数の積が1になるとき、一方の数を他方の数の**逆数**といいます。
分数の逆数は、分母と分子を入れかえた数になります。

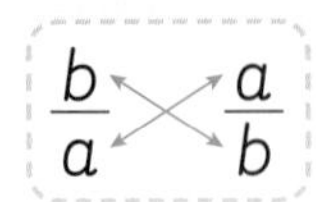

2 次の数の逆数をかきましょう。

(1) $\frac{5}{8}$　　(2) 0.9

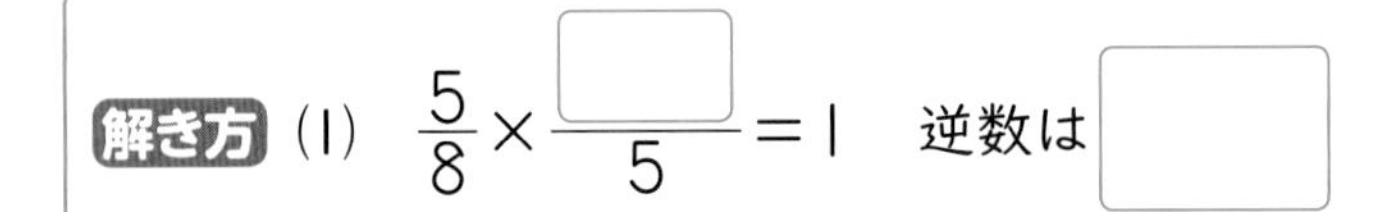
解き方 (1) $\frac{5}{8}\times\frac{\square}{5}=1$　逆数は□　　(2) $0.9=\frac{\square}{10}$　逆数は□

ねらい 計算のきまりを使って、くふうして計算できるようになろう。

練習 ❹→

計算のきまりは、分数のときにも成り立ちます。

3 計算のきまりを使って、くふうして計算しましょう。

(1) $\frac{7}{9}\times\frac{5}{8}\times\frac{9}{7}$　　(2) $\frac{1}{4}\times\frac{2}{3}+\frac{1}{8}\times\frac{2}{3}$

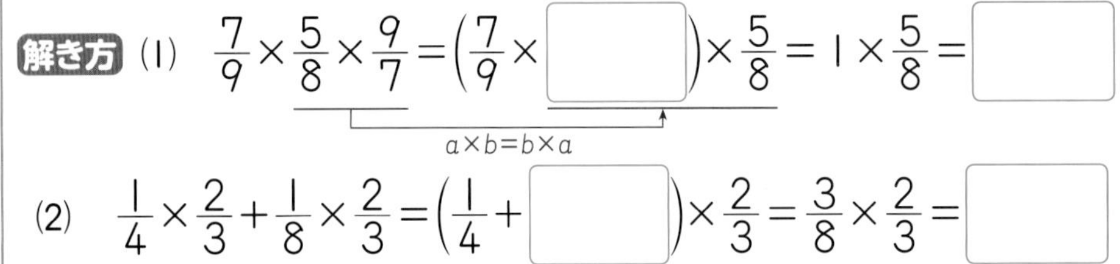
解き方 (1) $\frac{7}{9}\times\frac{5}{8}\times\frac{9}{7}=\left(\frac{7}{9}\times\square\right)\times\frac{5}{8}=1\times\frac{5}{8}=\square$

$a\times b=b\times a$

(2) $\frac{1}{4}\times\frac{2}{3}+\frac{1}{8}\times\frac{2}{3}=\left(\frac{1}{4}+\square\right)\times\frac{2}{3}=\frac{3}{8}\times\frac{2}{3}=\square$

$a\times c+b\times c=(a+b)\times c$

$a+b=b+a$
$(a+b)+c=a+(b+c)$
$(a\times b)\times c=a\times(b\times c)$
$(a-b)\times c=a\times c-b\times c$
も成り立つよ。

★できた問題には、「た」をかこう！★

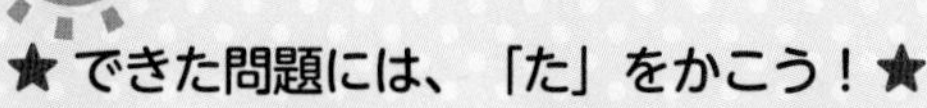

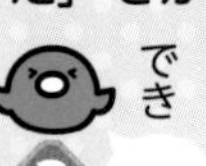

教科書 50～53ページ　答え 9ページ

1 次の面積や体積を求めましょう。 教科書 50ページ 1

① 底辺の長さが $\frac{1}{2}$ m、高さが $\frac{2}{3}$ m の平行四辺形の面積

式

答え（　　　）

② 縦(たて)3m、横 $\frac{4}{5}$ m、高さ $\frac{2}{3}$ m の直方体の体積

式

答え（　　　）

2 （　）の中の単位で表しましょう。 教科書 51ページ 4・5

① $\frac{2}{5}$ 時間（分）　（　　　）

② $\frac{3}{2}$ 分（秒）　（　　　）

③ 15分（時間）　（　　　）

3 次の数の逆数をかきましょう。 教科書 52ページ 1・2

① $\frac{3}{7}$　（　　　）

② $\frac{5}{2}$　（　　　）

③ $\frac{1}{6}$　（　　　）

④ 8　（　　　）

⑤ 0.2　（　　　）

⑥ 0.13　（　　　）

4 計算のきまりを使って、くふうして計算しましょう。 教科書 53ページ △2

① $\frac{7}{8}+\frac{8}{9}+\frac{9}{8}$

② $\frac{5}{6}\times\frac{4}{9}\times\frac{6}{5}$

③ $\frac{2}{3}\times\frac{10}{11}+\frac{1}{4}\times\frac{10}{11}$

④ $1\frac{1}{2}\times\frac{6}{7}-\frac{5}{8}\times\frac{6}{7}$

よくよんで

5 畑を1時間あたり75 m^2 耕す機械で、36分間耕しました。
耕した面積は何 m^2 ですか。 教科書 51ページ △6

式

答え（　　　）

ヒント

5 1時間あたりに耕す面積×時間＝耕した面積にあてはめます。

4 分数×分数

教科書 42～55ページ　答え 10ページ

知識・技能　／52点

1 よく出る 次の計算をしましょう。　各3点(30点)

① $\frac{3}{4}\times\frac{3}{5}$　② $\frac{7}{6}\times\frac{3}{8}$

③ $\frac{3}{2}\times\frac{8}{9}$　④ $4\times\frac{3}{7}$

⑤ $\frac{3}{25}\times15$　⑥ $\frac{3}{5}\times1\frac{1}{7}$

⑦ $2\frac{2}{3}\times1\frac{3}{4}$　⑧ $1\frac{7}{8}\times1\frac{5}{9}$

⑨ $1.2\times\frac{5}{7}$　⑩ $\frac{4}{9}\times6\times0.3$

2 次のかけ算のうち、積がかけられる数より大きくなるものをすべて選び、記号で答えましょう。　各2点(4点)

① あ $12\times\frac{3}{4}$　い $12\times\frac{9}{8}$　う $12\times1\frac{1}{3}$　え 12×1

(　　　　)

② あ $140\times\frac{8}{7}$　い 140×1　う $140\times\frac{5}{6}$　え $140\times2\frac{1}{2}$

(　　　　)

3 よく出る 次の数の逆数をかきましょう。　各2点(6点)

① $\frac{9}{5}$　② 7　③ 0.06

(　　　　)　(　　　　)　(　　　　)

4 次の□にあてはまる数をかきましょう。　各4点(12点)

① $\frac{5}{12}$ 時間＝□分　② 48 秒＝□分　③ 110 分＝□時間

思考・判断・表現　／48点

5 次の問題に答えましょう。　式・答え 各5点(30点)

① 1mの重さが $\frac{2}{7}$ kgの針金(はりがね)があります。
この針金 $\frac{5}{6}$ mの重さは何kgですか。

式

答え（　　　　）

② 1辺の長さが $\frac{2}{5}$ mの正方形の面積は何 m^2 ですか。

式

答え（　　　　）

③ 1時間あたり92Lの水を使う工場があります。
45分間では、何Lの水を使いますか。

式

答え（　　　　）

6 右のような長方形があります。
色をぬった部分の面積を求めましょう。　式・答え 各5点(10点)

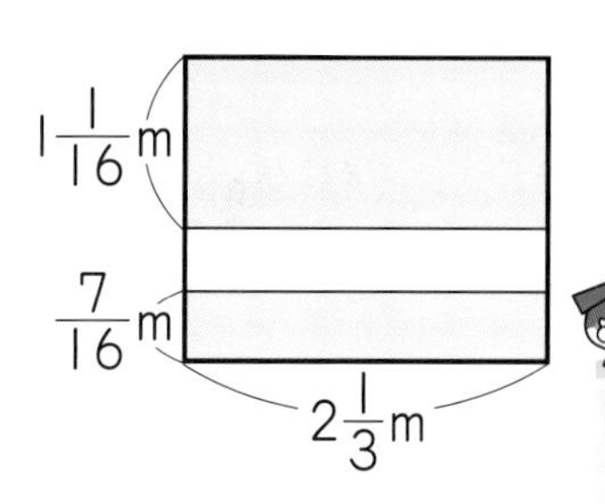

式

答え（　　　　）

できたらスゴイ！

7 $\frac{1}{2}$ と $\frac{1}{3}$ や、$\frac{2}{3}$ と $\frac{2}{5}$ のように、2つの分母の差が分子になっている2つの分数について考えます。
このような2つの分数の積と差は同じになります。

$\frac{1}{2}\times\frac{1}{3}=\frac{1}{6}$　　$\frac{1}{2}-\frac{1}{3}=\frac{1}{6}$
$\frac{2}{3}\times\frac{2}{5}=\frac{4}{15}$　　$\frac{2}{3}-\frac{2}{5}=\frac{4}{15}$

$\frac{3}{5}$ より小さくて、$\frac{3}{5}$ との積と差が同じになる分数をみつけましょう。
そして、次の□にあてはまる数をかいて、積と差が同じになることを確かめましょう。
各2点(8点)

$\frac{3}{5}$ × ［①　　］ − ［②　　］　　$\frac{3}{5}$ ［③　　］ − ［④　　］

1①～③がわからないときは、20ページの1にもどって確認(かくにん)してみよう。

付録の「計算せんもんドリル」5～10もやってみよう！

学習日 月 日

① 分数でわる計算ー(1)

教科書 56〜60ページ　答え 11ページ

次の□にあてはまる数をかきましょう。

ねらい 分数でわる計算のしかたを理解しよう。

練習 1→

分数÷分数

分数のわり算では、わる数の逆数をかけます。

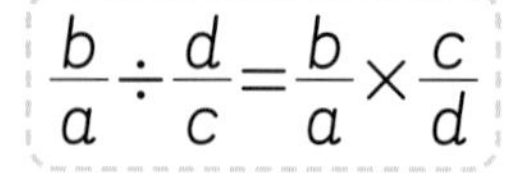

1 次の計算をしましょう。

(1) $\frac{4}{7} \div \frac{2}{3}$　　(2) $\frac{3}{10} \div \frac{9}{5}$

解き方 わる数の逆数をかけます。とちゅうで約分することに気をつけます。

(1) $\frac{4}{7} \div \frac{2}{3} = \frac{4}{7} \times$ □ $=$ □

（□は $\frac{2}{3}$ の逆数）

(2) $\frac{3}{10} \div \frac{9}{5} = \frac{3}{10} \times$ □ $=$ □

ねらい 帯分数や整数を仮分数になおして計算しよう。

練習 2 3 4→

帯分数のわり算

帯分数は、仮分数になおして計算します。

整数と分数のわり算

整数を、$2=\frac{2}{1}$、$3=\frac{3}{1}$ のように、分母が1の分数になおして計算します。

2 次の計算をしましょう。

(1) $\frac{3}{8} \div 1\frac{1}{5}$　　(2) $7 \div \frac{2}{9}$　　(3) $\frac{5}{6} \div 8$

解き方 (1) $\frac{3}{8} \div 1\frac{1}{5} = \frac{3}{8} \div$ □ $= \frac{3}{8} \times$ □ $=$ □

（帯分数を仮分数になおす）

(2) $7 \div \frac{2}{9} = \frac{7}{1} \div \frac{2}{9} = \frac{7}{1} \times$ □ $=$ □ $\left(31\frac{1}{2}\right)$

（分母が1の分数 $\frac{7}{1}$ と考える）

(3) $\frac{5}{6} \div 8 = \frac{5}{6} \div \frac{8}{1} = \frac{5}{6} \times$ □ $=$ □

（分母が1の分数 $\frac{8}{1}$ と考える）

分数のかけ算のときと、同じ考え方だね。

学習日　月　日

教科書 56～60ページ　答え 11ページ

1 次の計算をしましょう。 教科書 59ページ 4

① $\frac{1}{8} \div \frac{6}{7}$　② $\frac{5}{9} \div \frac{1}{4}$　③ $\frac{7}{2} \div \frac{10}{3}$

④ $\frac{3}{5} \div \frac{3}{4}$　⑤ $\frac{8}{15} \div \frac{4}{5}$　⑥ $\frac{9}{8} \div \frac{3}{16}$

2 次の計算をしましょう。 教科書 60ページ 6・8

① $1\frac{2}{3} \div \frac{4}{9}$　② $1\frac{5}{6} \div 2\frac{3}{4}$　③ $8 \div \frac{3}{2}$

④ $12 \div \frac{4}{5}$　⑤ $\frac{2}{5} \div 3$　⑥ $1\frac{1}{6} \div 14$

約分できるときは、とちゅうで
約分するほうがいいよ。

よくよんで

3 1Lあたりの重さが $\frac{7}{8}$ kgの油があります。 教科書 60ページ 10

この油 $2\frac{1}{3}$ kgでは、何Lになりますか。

式

答え（　　）

4 長さが $\frac{8}{5}$ mで、重さが4kgの鉄パイプがあります。

この鉄パイプ1mの重さは何kgですか。 教科書 60ページ 8

式

答え（　　）

ヒント ③ 1あたりの量を求める問題ではありません。図をかいて考えましょう。

学習日 月 日

① 分数でわる計算ー(2)

教科書 61～62ページ　答え 12ページ

次の□にあてはまる数や記号をかきましょう。

ねらい 整数、小数、分数が混じったわり算をしよう。

練習 1 2 3 →

分数と小数・整数のわり算

✪整数、小数、分数が混じったわり算は、分数だけの式にして計算します。

✪$\div\frac{b}{a}$は、$\times\frac{a}{b}$になおして、かけ算だけの式にして計算します。

1 次の計算をしましょう。

(1) $\frac{5}{8}\div0.7$　(2) $\frac{3}{7}\div2\times1.2$

解き方 (1) $0.7=\frac{7}{10}$だから、

$\frac{5}{8}\div0.7=\frac{5}{8}\div\square=\frac{5}{8}\times\square=\square$

小数を分数になおす

(2) $\frac{3}{7}\div2\times1.2=\frac{3}{7}\div\frac{2}{1}\times\frac{6}{5}=\frac{3}{7}\times\square\times\frac{6}{5}=\square$

かけ算だけの式にする

分数のかけ算だけの
式にすると、
計算しやすくなるね。

ねらい わる数と商の大きさの関係を理解しよう。

練習 4 →

わる数と商の大きさ

わる数が分数のときも、わる数と商の大きさの関係は、次のようになります。

わる数＞1のとき、商＜わられる数
わる数＝1のとき、商＝わられる数
わる数＜1のとき、商＞わられる数

2 次のわり算の式をあ、い、うに分けましょう。

(1) $80\div\frac{4}{3}$　(2) $80\div\frac{2}{5}$　(3) $80\div1$　(4) $80\div1\frac{1}{4}$

あ 商＞80	い 商＝80	う 商＜80

解き方 (1) $\frac{4}{3}>1$だから、□　(2) $\frac{2}{5}<1$だから、□

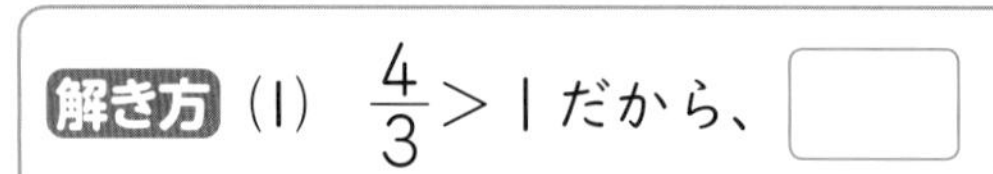

(3) わる数＝1だから、□　(4) $1\frac{1}{4}>1$だから、□

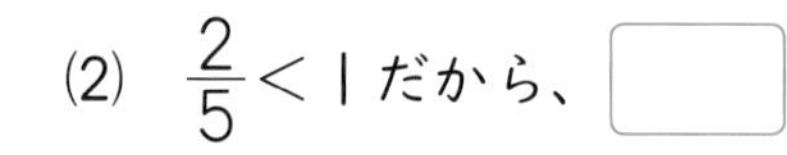

練習

★できた問題には、「た」をかこう！★

できた 1 2 3 4

学習日　月　日

教科書 61〜62ページ　答え 12ページ

1 次の計算をしましょう。 教科書 61ページ 1

① $0.5 \div \frac{5}{6}$　② $\frac{6}{7} \div 1.8$　③ $1\frac{7}{9} \div 2.4$

! まちがい注意

2 次の計算をしましょう。 教科書 61ページ 3

① $\frac{2}{3} \div \frac{4}{7} \div \frac{7}{9}$　② $\frac{3}{8} \div 6 \times \frac{4}{5}$

③ $\frac{4}{9} \times 12 \div 3.2$　④ $0.75 \div \frac{15}{7} \div 1.4$

3 かけ算だけの式になおしてから計算しましょう。 教科書 61ページ 5

① $1.75 \div 5 \div 2.1$　② $12 \div 18 \times 24$

4 次のわり算の式を、商の大きい順に並べましょう。 教科書 62ページ 2

㋐ $140 \div \frac{3}{5}$　㋑ $140 \div \frac{5}{3}$　㋒ $140 \div 1$　㋓ $140 \div \frac{2}{5}$

(　　　　　　　　)

ヒント　**4** 計算をしなくても並べられます。

② 割合を表す分数

教科書 64〜67ページ　答え 13ページ

次の□にあてはまる数をかきましょう。

ねらい 分数で表された割合(わりあい)について考えよう。 練習 1 2 3

割合を表す分数

右の図で、いの長さを1としたとき、あの長さは、$\frac{3}{5}$にあたる大きさになっています。

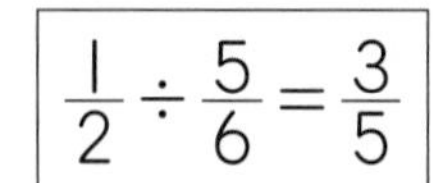
$\frac{1}{2}\div\frac{5}{6}=\frac{3}{5}$

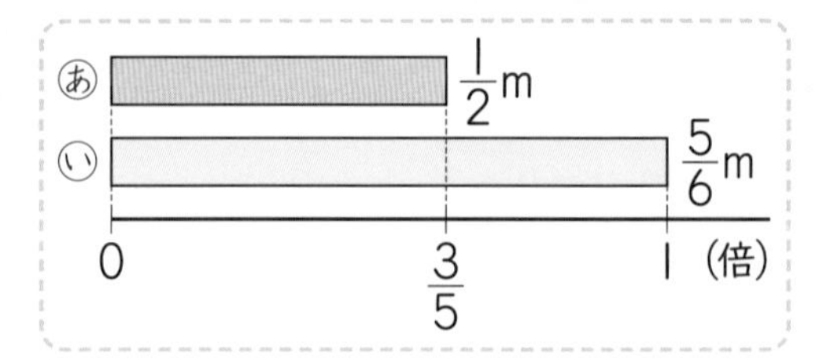

1 赤のテープの長さは$\frac{3}{5}$mです。

(1) 白のテープは赤のテープの$\frac{2}{3}$倍の長さです。白のテープの長さは何mですか。

(2) 青のテープの長さは$\frac{9}{10}$mです。青のテープは、赤のテープの長さの何倍ですか。

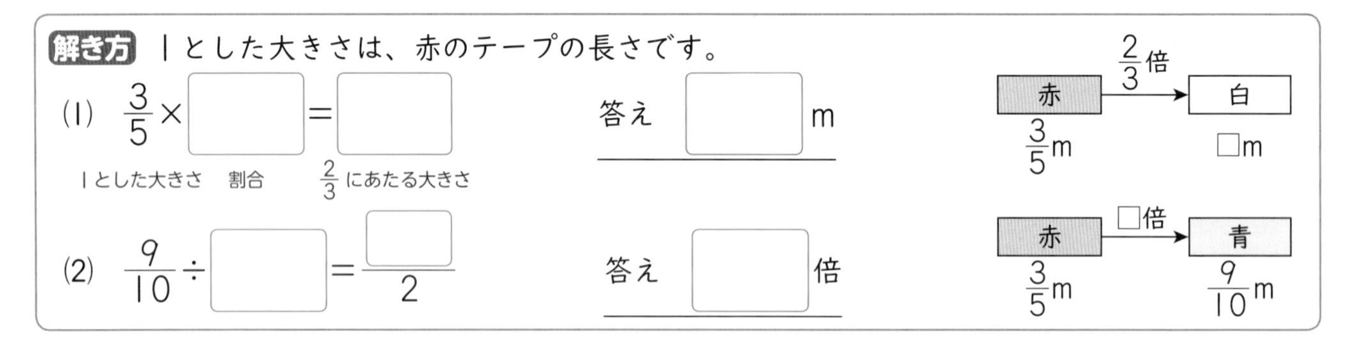

ねらい 割合を表す分数を使って全体の量を求めよう。 練習 4 5

割合が分数のときも、わり算を使って全体の量を求めることができます。

2 びんにジュースが720 mLはいっています。これは、びん全体の容積の$\frac{2}{5}$にあたります。びん全体では、何mLはいりますか。

学習日　　月　　日

★できた問題には、「た」をかこう！★

できき ❶　できき ❷　できき ❸　できき ❹　できき ❺

教科書 64〜67ページ　答え 13ページ

❶ はるとさんの身長は 150 cm で、弟の身長は、はるとさんの身長の $\frac{4}{5}$ 倍です。弟の身長は何 cm ですか。 教科書 64ページ 1

式

答え（　　　　）

❷ 赤、白の2本のテープがあります。

赤のテープは $\frac{3}{4}$ m、白のテープは $\frac{9}{2}$ m です。

赤のテープは、白のテープの長さの何倍ですか。 教科書 66ページ 3

式

答え（　　　　）

❸ 大、小2つの荷物があります。小さい荷物の重さは $\frac{8}{7}$ kg で、大きい荷物の重さは 4 kg です。

小さい荷物の重さを 1 としたとき、大きい荷物の重さはどれだけにあたりますか。

教科書 66ページ △4

式

答え（　　　　）

❹ 水とうにお茶が 450 mL はいっています。

これは、水とう全体の容積の $\frac{5}{6}$ にあたります。

水とう全体では、何 mL はいりますか。 教科書 67ページ 5

式

答え（　　　　）

❺ 次の□にあてはまる数をかきましょう。 教科書 67ページ △7

① □ L の $\frac{3}{7}$ は、90 L です。

② 100 人は、□人の $\frac{2}{3}$ です。

③ 1280 円は、□円の $\frac{8}{5}$ です。

×●　÷●

ヒント ❶ 150 cm を 1 としたときの、$\frac{4}{5}$ にあたる大きさを求めます。

5 分数÷分数

教科書 56～69ページ　答え 14ページ

知識・技能　／52点

1 よく出る 次の計算をしましょう。　各4点(36点)

① $\frac{5}{6}\div\frac{4}{5}$　② $\frac{5}{4}\div\frac{10}{3}$　③ $\frac{7}{10}\div\frac{14}{15}$

④ $\frac{20}{9}\div\frac{5}{18}$　⑤ $\frac{6}{7}\div2\frac{1}{4}$　⑥ $2\frac{1}{2}\div1\frac{7}{8}$

⑦ $8\div\frac{4}{5}$　⑧ $\frac{5}{3}\div10$　⑨ $21\div1\frac{5}{9}$

2 よく出る 次の計算をしましょう。　各3点(12点)

① $0.6\div\frac{3}{7}$　② $\frac{3}{5}\times1.25\div0.45$

③ $0.8\div1.4\times3$　④ $18\div4\div21$

3 次のわり算のうち、商がわられる数より大きくなるものをすべて選び、記号で答えましょう。　各2点(4点)

① あ $28\div\frac{6}{7}$　い $28\div1\frac{3}{5}$　う $28\div\frac{1}{6}$　え $28\div\frac{5}{4}$

(　　　　)

② あ $180\div1\frac{1}{2}$　い $180\div\frac{12}{13}$　う $180\div\frac{8}{9}$　え $180\div\frac{16}{7}$

(　　　　)

思考・判断・表現　　／48点

4 **次の問題に答えましょう。**　　式・答え 各4点(16点)

① $\frac{6}{5}$ dL のペンキで、板を $\frac{9}{4}$ m^2 ぬれました。
このペンキ1dL では、板を何 m^2 ぬれますか。

式

答え（　　　）

② 水を出しっぱなしにすると、0.6 分間で $\frac{5}{3}$ L の水が流れました。
1分間では何 L の水が流れることになりますか。

式

答え（　　　）

5 よく出る **4m のリボンがあります。**　　式・答え 各4点(16点)

① このリボンの $\frac{5}{6}$ 倍の長さは何 m ですか。

式

答え（　　　）

② $\frac{12}{7}$ m は、このリボンの長さの何倍ですか。

式

答え（　　　）

6 よく出る **次の□にあてはまる分数をかきましょう。**　　全部できて 1問4点(8点)

① □ kg の $\frac{4}{9}$ は $\frac{5}{12}$ kg です。

② $\frac{15}{7}$ m の 30％は、$\frac{15}{7}$ m の□で、□ m です。

できたらスゴイ！

7 ある広さの庭があります。
庭全体の $\frac{2}{3}$ が花だんになっていて、花だんの $\frac{2}{5}$ には
チューリップが植えてあります。
チューリップが植えてある広さは6 m^2 です。
庭全体の広さは何 m^2 ですか。　　式・答え 各4点(8点)

式

答え（　　　）

ふりかえり　1①〜④がわからないときは、28ページの1にもどって確認してみよう。

学習日　月　日

① 場合の数の調べ方

教科書 70～74ページ　答え 15ページ

次の□にあてはまる記号や数をかきましょう。

ねらい 組のつくり方を考えよう。

練習 1 2→

組み合わせの調べ方

- 順序よく整理して、落ちや重なりなく調べる。
- A－BとB－Aは、同じ組み合わせと考える。
- 図や表を使うとわかりやすい。

順番がちがっても、組としては同じだね。

1 A、B、Cの3人ですもうをとります。
どの相手とも１回ずつ取り組むようにします。
すもうの取り組みは、全部で何とおりありますか。

解き方 図や表にかくと、考えやすくなります。

組み合わせは、
A対B、A対□、
B対□の□とおり。

（図）

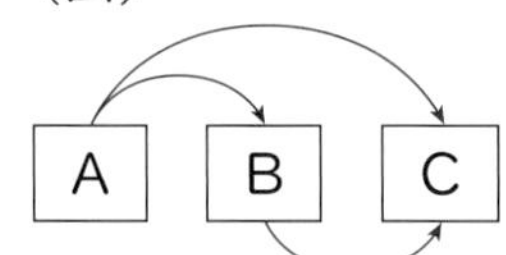

（表１）

A	B	C
○	○	
○		○
	○	○

（表２）

	A	B	C
A	＼	○	○
B		＼	○
C			＼

ねらい 並べ方を考えよう。

練習 3 4→

並べ方の調べ方

- 順序よく整理して、落ちや重なりなく調べる。
- A－BとB－Aは、ちがう並べ方と考える。
- 樹形図を使うとわかりやすい。

順番がちがうと、別の並べ方になるね。

2 [1] [3] [5] の3枚のカードがあります。
この3枚のカードを並べてできる3けたの整数をすべてかきましょう。
全部で何個できますか。

解き方 まず、百の位の数字をきめて、次に十の位、一の位の順にきめていきます。

百の位が１のときは、135、153
百の位が3のときは、□、351
百の位が5のときは、513、□
全部で□個できます。

（百の位）（十の位）（一の位）
1 ＜ 3 ― 5 / 5 ― 3
3 ＜ 1 ― 5 / 5 ― 1
5 ＜ 1 ― 3 / 3 ― 1

ぴったり2

練習

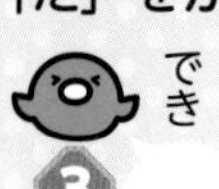

★できた問題には、「た」をかこう！★

でき 1　でき 2　でき 3　でき 4

学習日　月　日

教科書 70〜74ページ　答え 15ページ

1 A、B、C、Dの4チームで、ソフトボールの試合をします。
どのチームも1回ずつあたるように試合をします。
試合の組み合わせをすべてかきましょう。 教科書 71ページ 1

(　　　　)

2 赤、青、黄、緑、茶の5種類の絵の具から4種類を選んで組にします。
組み合わせは、全部で何とおりありますか。 教科書 72ページ 3

(　　　　)

3 A、B、C、Dの4人が縦(たて)に1列に並びます。
並び方は、全部で何とおりありますか。 教科書 73ページ 1

(　　　　)

! まちがい注意

4 [0]、[2]、[4]、[6]の4枚のカードのうち、3枚を並べて、3けたの整数をつくります。
全部で何個できますか。 教科書 74ページ 5

0は百の位に
こないよ。

(　　　　)

ヒント　3 まず、Aが先頭のときの樹形図をかいてみましょう。

ぴったり1 準備

6 場合を順序よく整理して

② いろいろな条件を考えて

学習日　　月　　日

教科書 76〜79ページ　答え 16ページ

次の□にあてはまる数や記号をかきましょう。

ねらい 全部を調べ、条件にあう場合をみつけよう。　練習 1→

条件にあう場合をみつけるために、
- ✪すべての場合について、どうなるかを調べる。
- ✪条件にあうものを選ぶ。（1つでないこともある。）

1 A、B、C、Dの4つの地点が、右の図のような位置にあります。

点Aから出発して、点B、C、Dを全部まわって点Aに帰ってくるのに、どんな順に歩くと、道のりがいちばん短くなりますか。

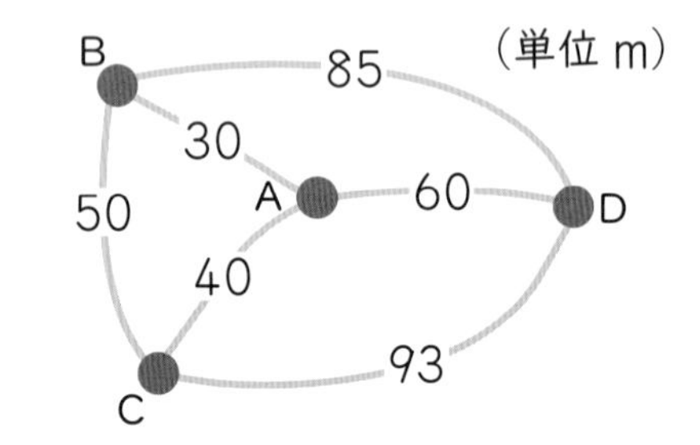

解き方 歩き方は、下の6とおりあります。

A－B－C－D－Aは 233 m　　A－B－D－C－Aは 248 m

A－C－B－D－Aは ① □ m　　A－C－D－B－Aは ② □ m

A－D－B－C－Aは ③ □ m　　A－D－C－B－Aは ④ □ m

このうち、いちばん短いのは、A－B－C－D－Aと ⑤ □ です。

ねらい なかまに分けて考えよう。　練習 2→

なかまに分けて考えるために、
- ✪図にかいて考える。
- ✪重なりの部分に注意する。

2 子ども会で、かきとりんごを配るために、ほしい人に手をあげてもらったら、右のようになりました。

かきだけに手をあげた人にはかき2個、りんごだけに手をあげた人にはりんご2個、両方に手をあげた人にはそれぞれ1個ずつ配ります。かきとりんごは、それぞれ何個いりますか。

かきに手をあげた人	12人
りんごに手をあげた人	18人
このうち、	
両方に手をあげた人	7人

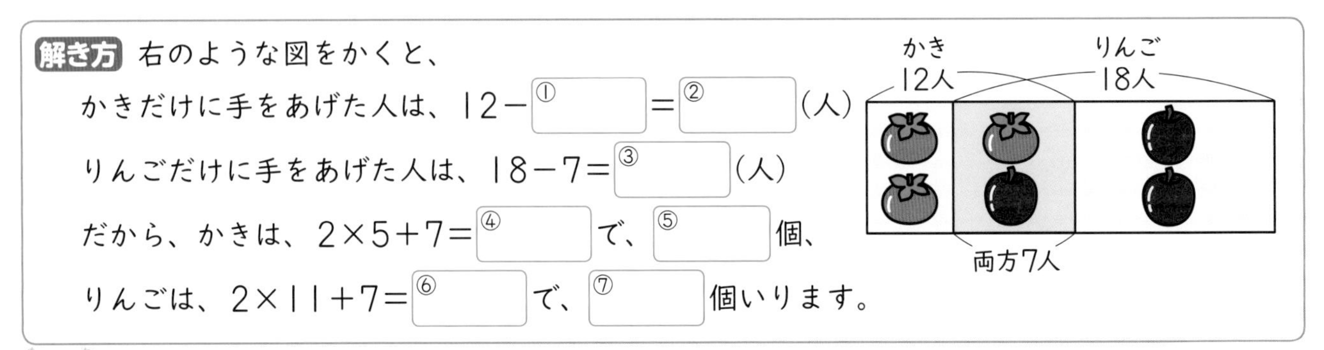

解き方 右のような図をかくと、

かきだけに手をあげた人は、12－① □ ＝② □（人）

りんごだけに手をあげた人は、18－7＝③ □（人）

だから、かきは、2×5＋7＝④ □ で、⑤ □ 個、

りんごは、2×11＋7＝⑥ □ で、⑦ □ 個いります。

★できた問題には、「た」をかこう！★

できき ① できき ②

教科書 76〜79ページ　答え 16ページ

1 Ａ市からＢ市を通ってＣ市まで行きます。
Ａ市、Ｂ市、Ｃ市の間には、下の図のような乗り物があります。

教科書 76ページ 1

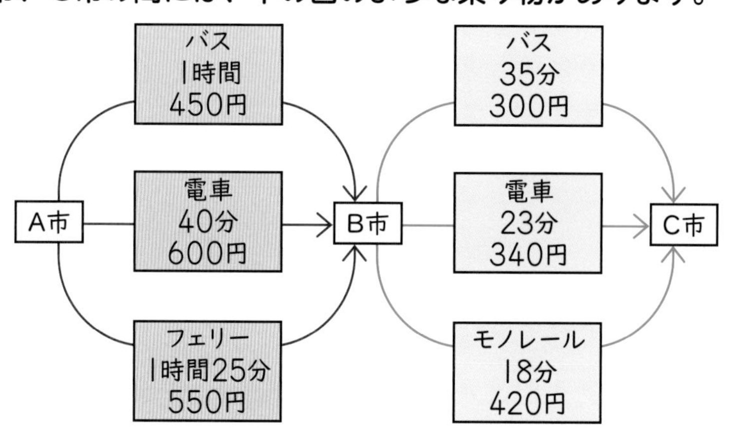

① 待つ時間を考えないことにすると、1時間20分未満で行けるのは、どんな行き方をしたときですか。すべてかきましょう。

（　　　　）

② 費用が900円未満で行けるのは、どんな行き方をしたときですか。すべてかきましょう。

（　　　　）

③ ①と②の両方の条件にあっているのは、どんな行き方をしたときですか。

（　　　　）

よくよんで

2 子ども会で、人形劇と映画を見に行きます。
参加を申しこんだ人は全部で60人で、そのうち人形劇は30人、映画は35人でした。
両方に行く人には250円、一方だけに行く人には150円を、子ども会から出すことになりました。

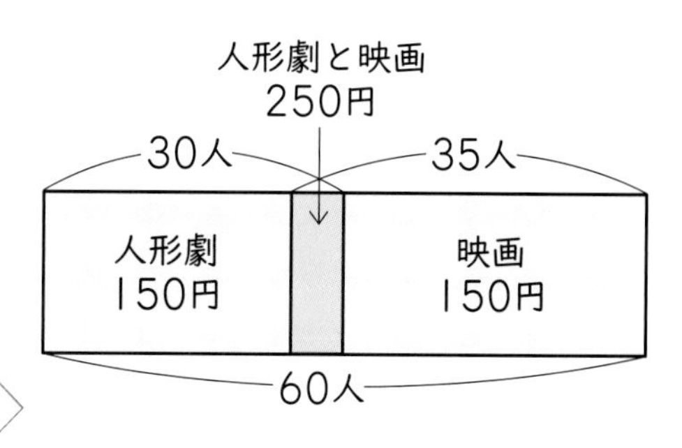

教科書 79ページ 1・2

① 人形劇だけ申しこんだ人は何人ですか。また、映画だけ申しこんだ人は何人ですか。

人形劇（　　　　）　映画（　　　　）

② 両方申しこんだ人は何人ですか。

（　　　　）

③ 子ども会が出すおかねは、全部で何円ですか。

式

答え（　　　　）

ヒント

2 ① 人形劇だけの人の数は、全体の60人から映画に申しこんだ人の数をひいて求めます。

⑥ 場合を順序よく整理して

教科書 70〜81ページ　答え 17ページ

知識・技能　／45点

1 よく出る　A、B、C、D、E、Fの6チームで、サッカーの試合をします。
どのチームとも1回ずつあたるように試合をします。
試合の数は、全部で何試合になりますか。　(5点)

(　　　　)

2 よく出る　**給食係のメンバーは、1班(ぱん)3人、2班(はん)2人です。**
この中から毎日2人が組になって、係の仕事をします。　各10点(20点)

① 1班と2班から、それぞれ1人ずつで組をつくると、2人の選び方は何とおりありますか。

(　　　　)

② 1班と2班を区別しないで組をつくると、2人の選び方は何とおりありますか。

(　　　　)

3 **やまとさんのクラスで、クイズゲームをしました。**
クイズは㋐、㋑の2問あり、㋐ができた人は24人、㋑ができた人は26人で、このうち両方ともできた人は17人でした。
両方まちがえた人はいませんでした。
賞品として、1問できた人にはえん筆を3本、両方できた人にはえん筆を5本配りました。

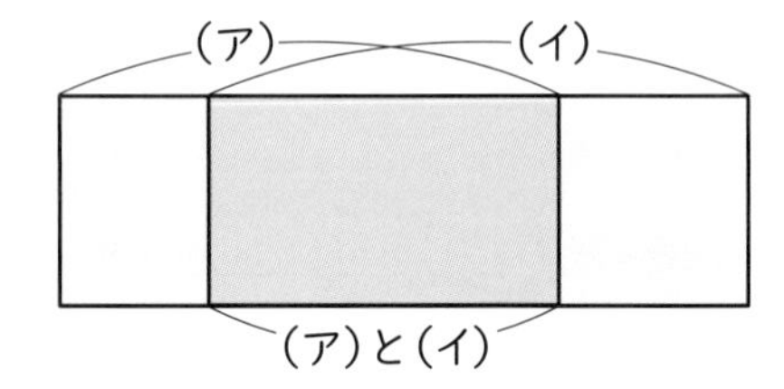

式・答え 各5点(20点)

① クラスの人数は何人ですか。

(　　　　)

② えん筆を3本もらった人は、何人ですか。

(　　　　)

③ 配ったえん筆は、全部で何本ですか。

式

答え (　　　　)

思考・判断・表現　／55点

4 よく出る [0]、[1]、[2]、[3] のカードが1枚(まい)ずつあります。
この4枚のカードを並(なら)べて、4けたの整数をつくります。　各10点(30点)

① 全部で何個の整数ができますか。

（　　）

② 全部で何個の偶数(ぐうすう)ができますか。

（　　）

③ もっとも小さい4けたの整数は何ですか。

（　　）

5 右のように、駅と休けい所を結ぶ道は4本、休けい所と湖を結ぶ道は5本あります。
駅を出発して、休けい所を通り、湖まで行くとき、行き方は何とおりありますか。(5点)

（　　）

できたらスゴイ！

6 右の旗を、赤、緑、黄の3色全部を使ってぬり分けます。
ただし、同じ色は何度使ってもよいですが、となりあった部分には同じ色をぬらないことにします。　各10点(20点)

① Aの部分を赤でぬると、ぬり方は何とおりありますか。

（　　）

② ぬり方は、全部で何とおりありますか。

（　　）

この本の終わりにある「夏のチャレンジテスト」をやってみよう！

ふりかえり　1がわからないときは、36ページの1にもどって確認(かくにん)してみよう。

7 円の面積

教科書 88～95 ページ　答え 18 ページ

次の□にあてはまる数をかきましょう。

ねらい 円の面積の求め方を理解しよう。 練習 1 →

円の面積の公式

円の面積＝半径×半径×円周率(3.14)

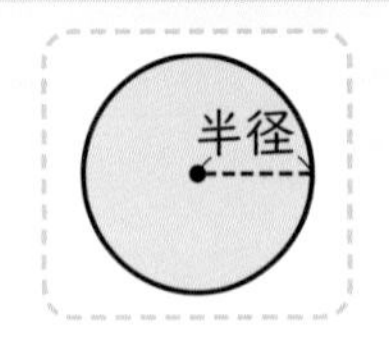

1 次の円の面積を求めましょう。

(1) 半径5cm の円　　(2) 直径 16 cm の円

半径×半径と
半径×2 とは
ちがうよ。

解き方 上の公式にあてはめます。

(1) ①□(半径)×②□(半径)×3.14＝③□　答え ④□ cm²

(2) 直径が 16 cm だから、半径は ①□ cm です。

②□×③□×3.14＝④□　答え ⑤□ cm²

ねらい 円の面積の公式を使って、いろいろな形の面積が求められるようにしよう。 練習 2 3 →

いろいろな形の面積

右のような図形の面積は、円の面積の何分の1になっているかを考えて求めます。

また、右のような図形の の部分の面積は、の面積から の面積をひいて求めることができます。

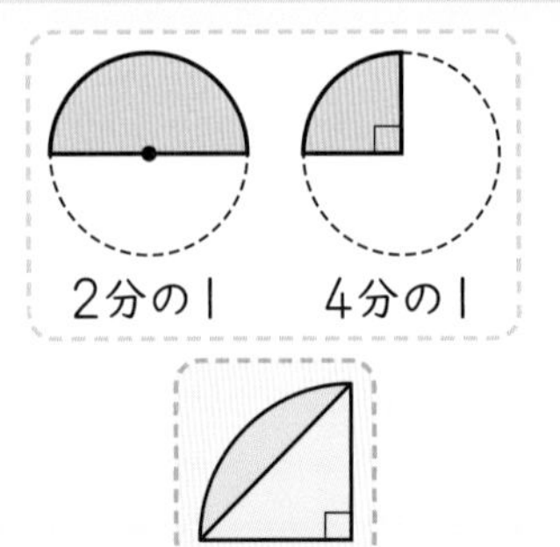

2 下の図形の色をぬった部分の面積を求めましょう。

(1)

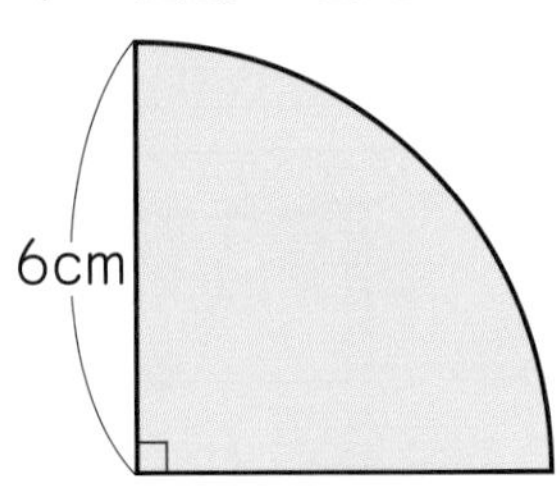

(2)

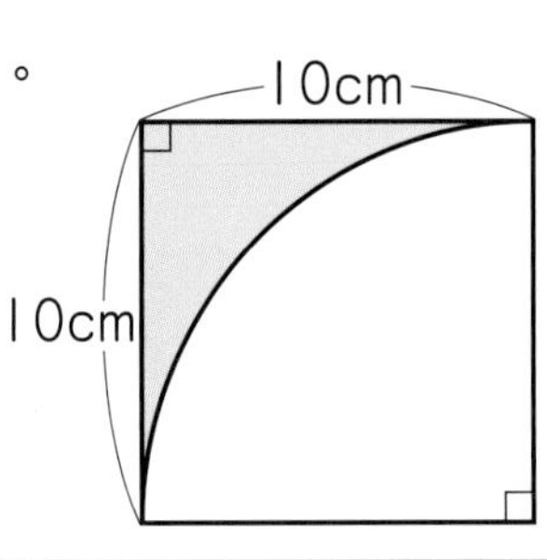

解き方 (1) この図形は、半径6cm の円の ①□ 分の1だから、面積は、

$6\times6\times3.14\div$ ②□＝③□　答え ④□ cm²

(2) 正方形の面積から、半径 10 cm の円の4分の1の面積をひきます。

❶ 正方形の面積は、$10\times10=100$ で、100 cm²

❷ の面積は、$10\times10\times3.14\div$ ①□＝②□ で、③□ cm²

❸ 求める面積は、④□－⑤□＝⑥□　答え ⑦□ cm²

ぴったり2
練習

★できた問題には、「た」をかこう！★

できた 1 　できた 2 　できた 3

学習日 月 日

教科書 88～95ページ　答え 18ページ

1 次の円の面積を求めましょう。

教科書 93ページ 3

① 半径3cmの円

式

答え（　　　）

② 半径9cmの円

式

答え（　　　）

③ 直径20cmの円

式

答え（　　　）

④ 直径14cmの円

式

答え（　　　）

2 次の図形の面積を求めましょう。

教科書 93ページ 3

①

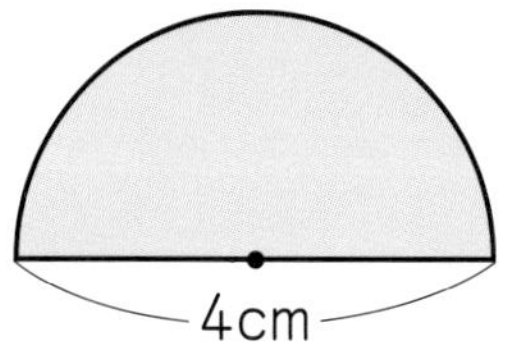

4cm

式

答え（　　　）

②

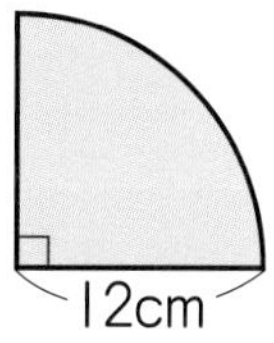

12cm

式

答え（　　　）

3 次の図形の色をぬった部分の面積を求めましょう。

教科書 94ページ 1

！まちがい注意

①

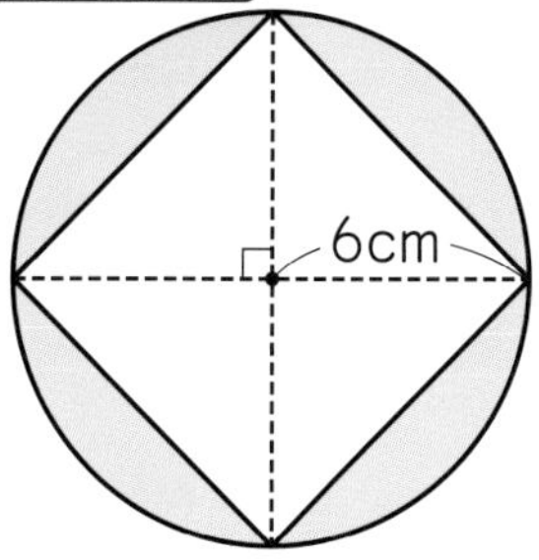

6cm

式

答え（　　　）

②

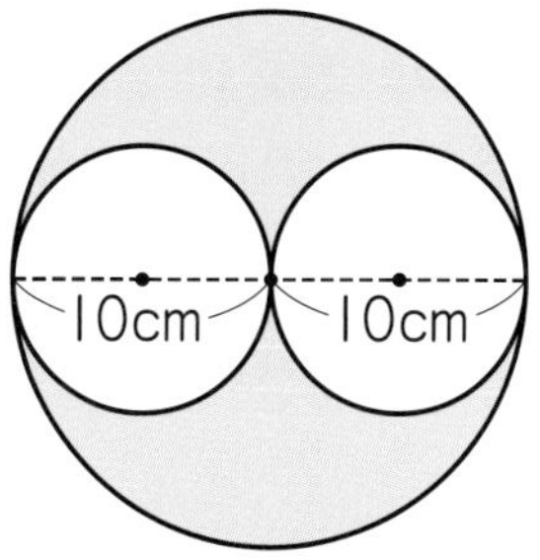

10cm　10cm

式

答え（　　　）

ヒント

3 ① 中の正方形を、対角線の長さが6×2＝12(cm)のひし形とみて、円の面積からその面積をひきます。

7 円の面積

教科書 88〜97 ページ　答え 19 ページ

知識・技能　／40点

1 よく出る 次の円の面積を求めましょう。　式・答え 各3点(18点)

① 半径 20 cm の円

式

答え (　　　)

② 直径 30 cm の円

式

答え (　　　)

③

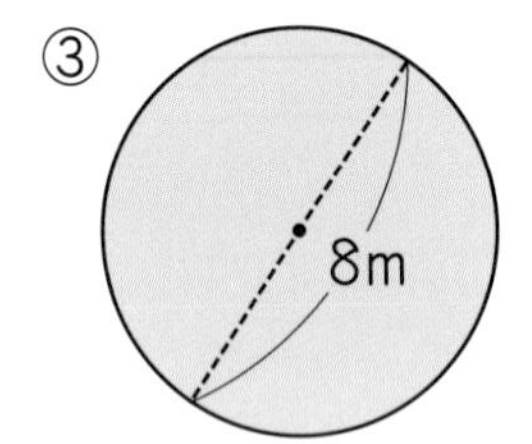

式

答え (　　　)

2 円周が 37.68 cm の円の面積を求めましょう。　式・答え 各5点(10点)

式

答え (　　　)

3 右のような図形があります。　式・答え 各4点(12点)

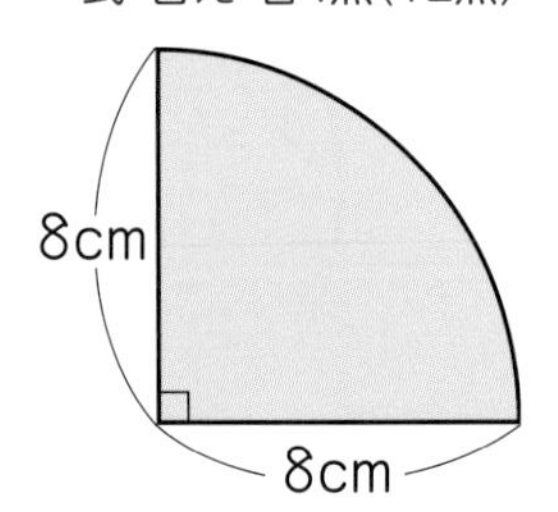

① この図形は、半径 8 cm の円の何分の1になっていますか。

(　　　)

② この図形の面積は何 cm^2 ですか。

式

答え (　　　)

思考・判断・表現　／60点

4 次の図形の色をぬった部分の面積を求めましょう。　式・答え 各5点(60点)

①

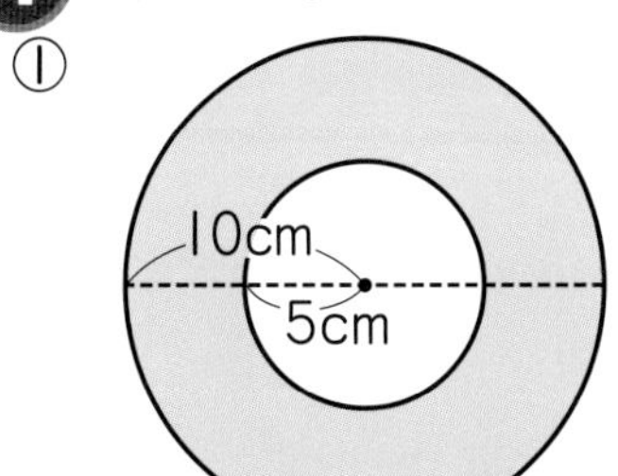

式

答え（　　　）

②

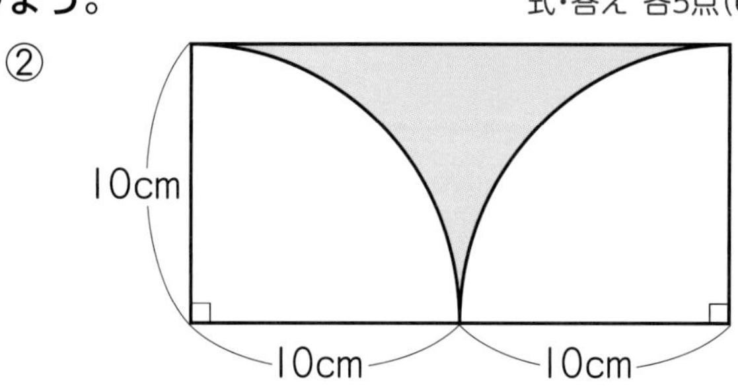

式

答え（　　　）

③

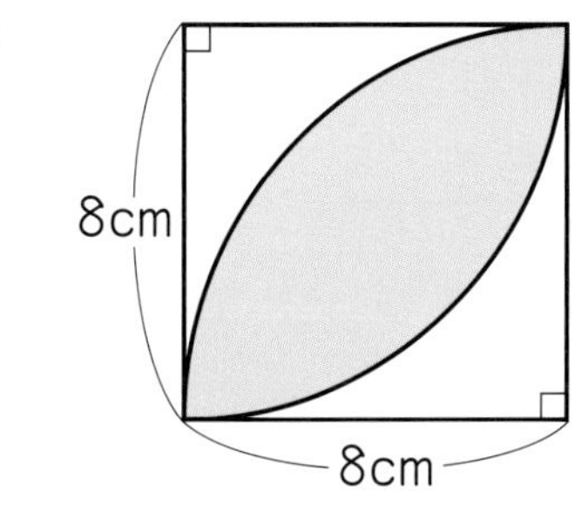

式

答え（　　　）

④

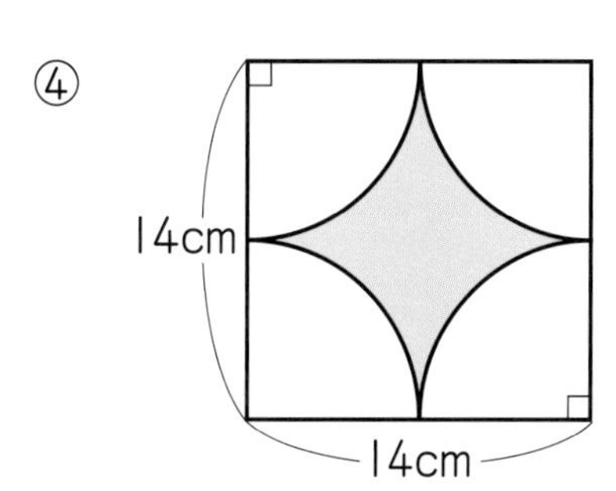

式

答え（　　　）

⑤

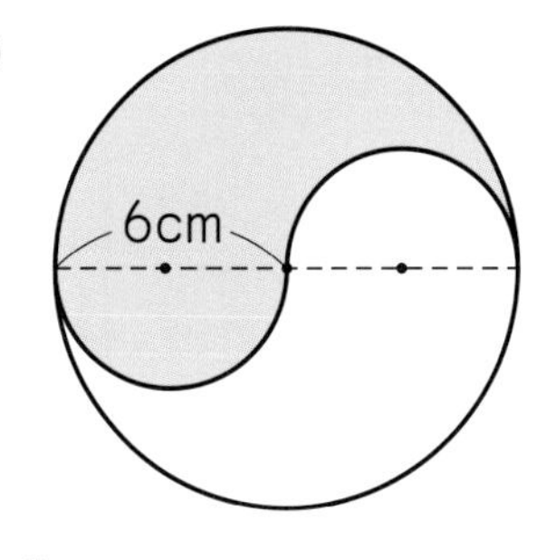

式

答え（　　　）

できたらスゴイ！

⑥

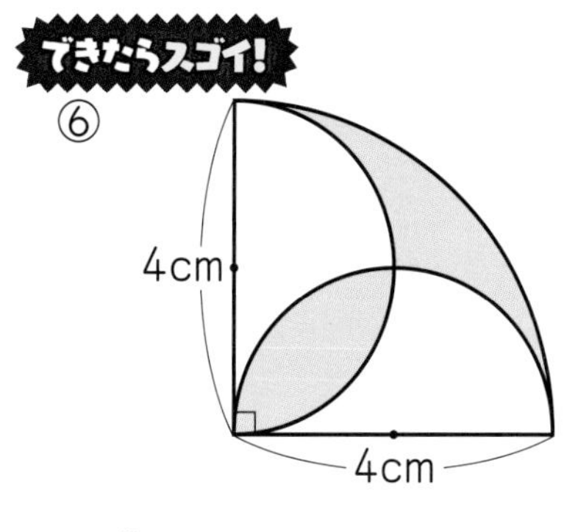

式

答え（　　　）

ふりかえり　❶がわからないときは、42ページの❶にもどって確認してみよう。

8 立体の体積

教科書 98～103ページ 答え 20ページ

 次の□にあてはまる数をかきましょう。

ねらい 角柱や円柱の体積の求め方を理解しよう。 練習 1 2→

角柱・円柱の体積の公式

底面の面積を、**底面積**（ていめんせき）といいます。

角柱、円柱の体積＝底面積×高さ

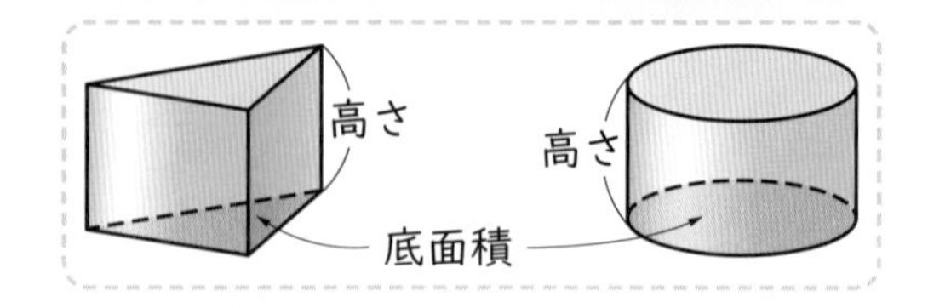

1 下の三角柱、円柱の体積を求めましょう。

(1)

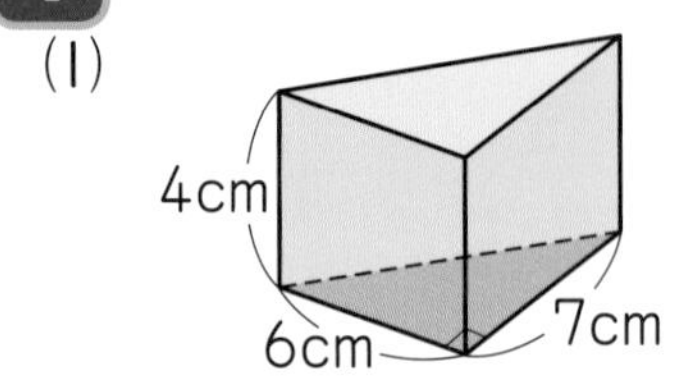

(2)

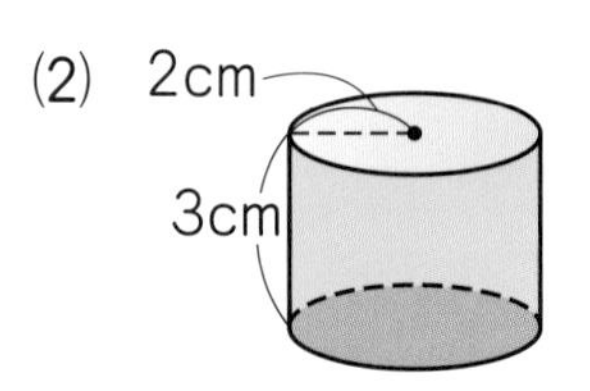

解き方 角柱、円柱の体積＝底面積×高さ を使って求めます。

(1) 底面は直角三角形です。

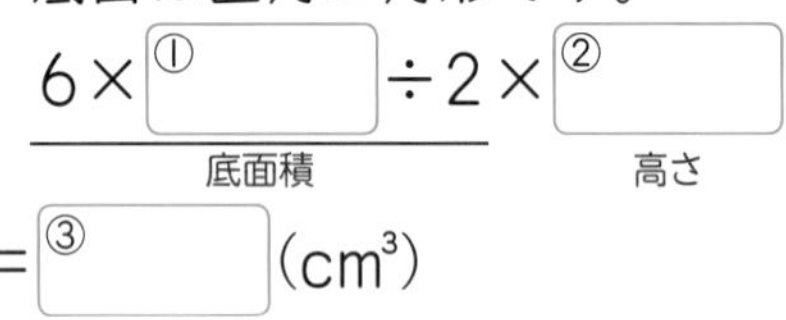

6×①□÷2×②□（底面積 6×①□÷2、高さ ②□）

＝③□(cm³)

(2)

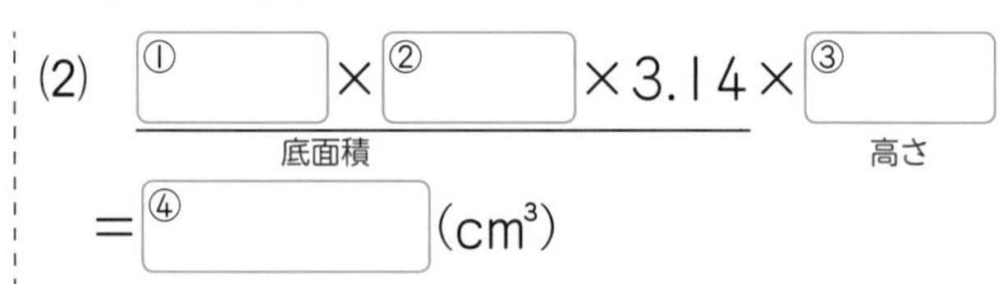

①□×②□×3.14×③□（底面積 ①□×②□×3.14、高さ ③□）

＝④□(cm³)

三角形の面積＝底辺×高さ÷2
円の面積＝半径×半径×円周率(3.14)
だよ。

ねらい いろいろな立体の体積を、底面積×高さ の式で求められるようにしよう。 練習 3→

右の図で、□を底面とみると、体積を
底面積×高さ で求めることができます。

例

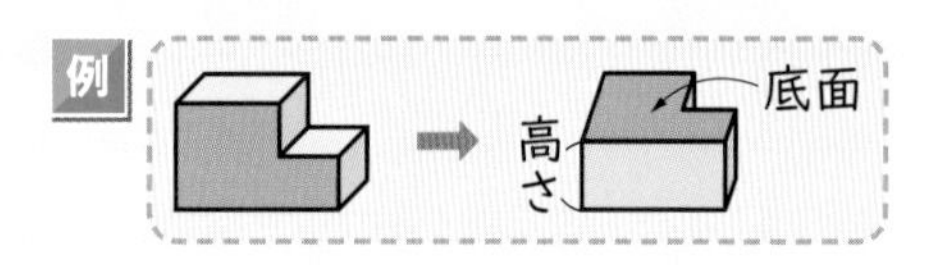

2 右の図のような立体の体積を求めましょう。

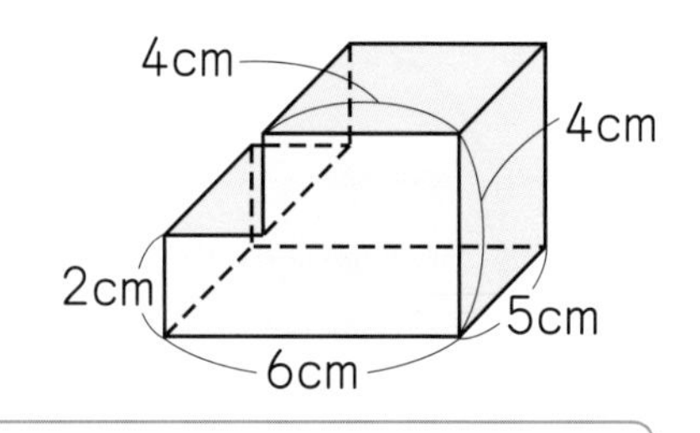

解き方  を底面とみて求めます。

底面積は、2×2＋4×4＝20(cm²)

体積は、①□×②□＝③□(cm³)（①底面積、②高さ）

平行で、合同な
面が底面だね。

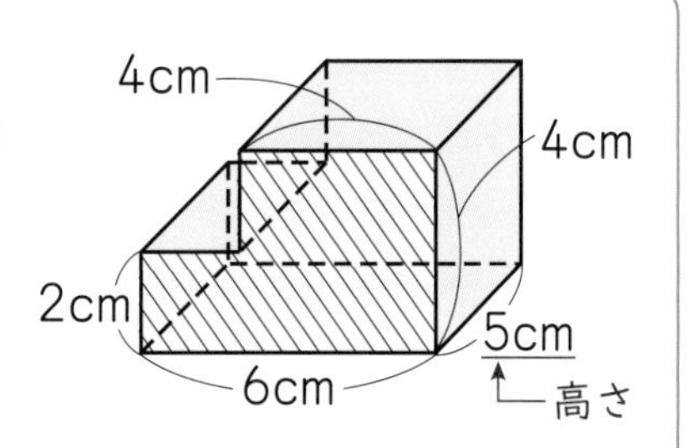

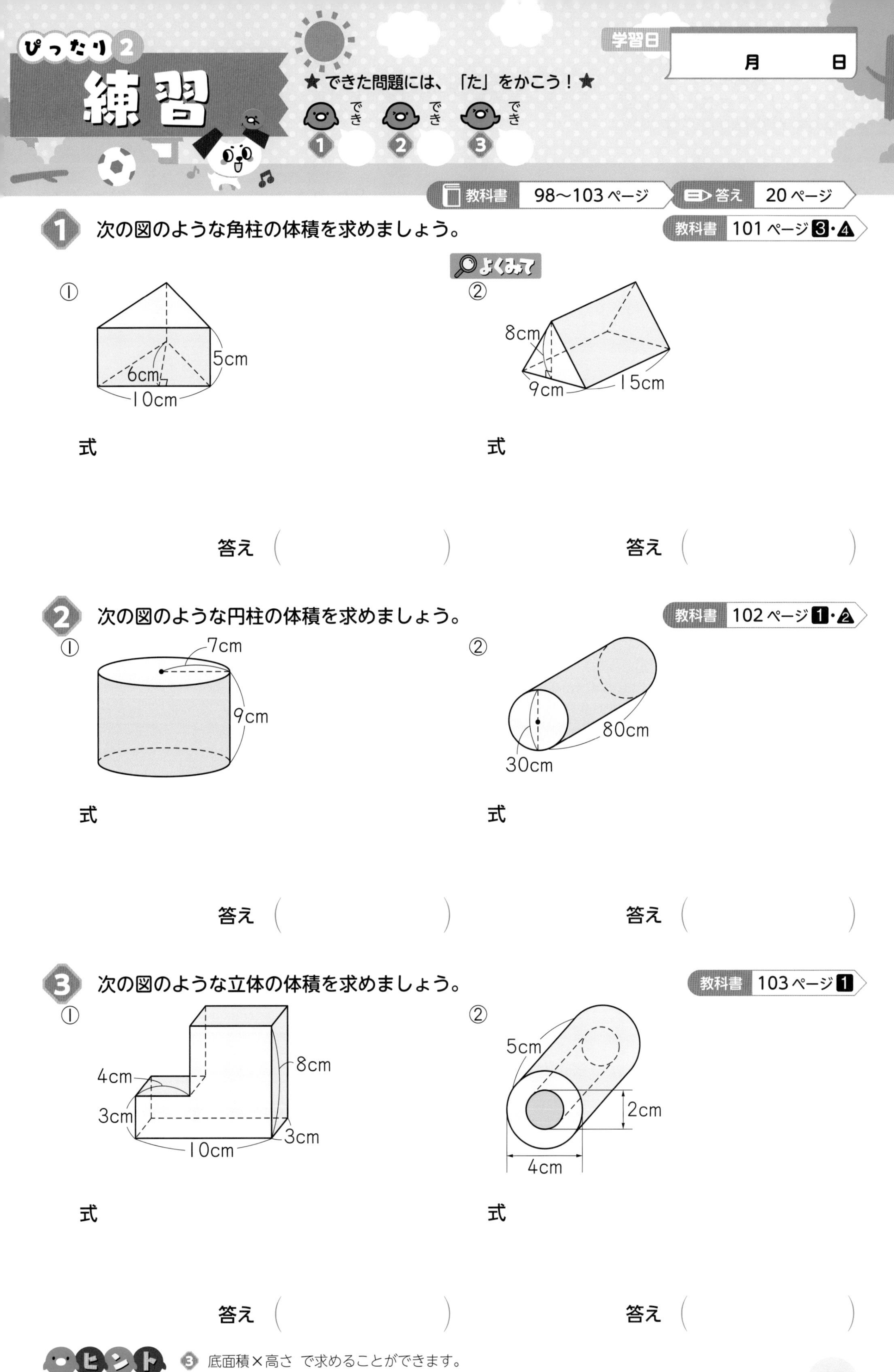
ぴったり2
練習
★できた問題には、「た」をかこう！★
でき
1
2
3
学習日
月 日
教科書 98〜103ページ
答え 20ページ
1 次の図のような角柱の体積を求めましょう。
教科書 101ページ 3・4
よくみて
①
5cm
6cm
10cm
②
8cm
9cm
15cm
式
答え
2 次の図のような円柱の体積を求めましょう。
教科書 102ページ 1・2
①
7cm
9cm
②
80cm
30cm
式
答え
3 次の図のような立体の体積を求めましょう。
教科書 103ページ 1
①
8cm
4cm
3cm
10cm
3cm
②
5cm
2cm
4cm
式
答え
ヒント
3 底面積×高さ で求めることができます。

8 立体の体積

教科書 98〜105ページ　答え 20ページ

知識・技能　／50点

1 よく出る 次の立体の体積を求めましょう。　式・答え 各5点(30点)

① 底面が底辺5cm、高さ4cmの三角形で、高さが8cmの三角柱

式

答え（　　　）

② 底面が直径6cmの円で、高さが5cmの円柱

式

答え（　　　）

③ 底面が面積120 cm^2 の五角形で、高さが18cmの五角柱

式

答え（　　　）

2 よく出る 次の立体の体積を求めましょう。　式・答え 各5点(20点)

①

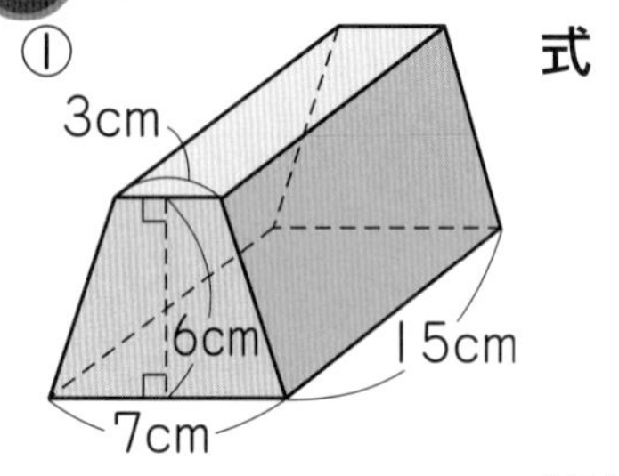

式

答え（　　　）

②

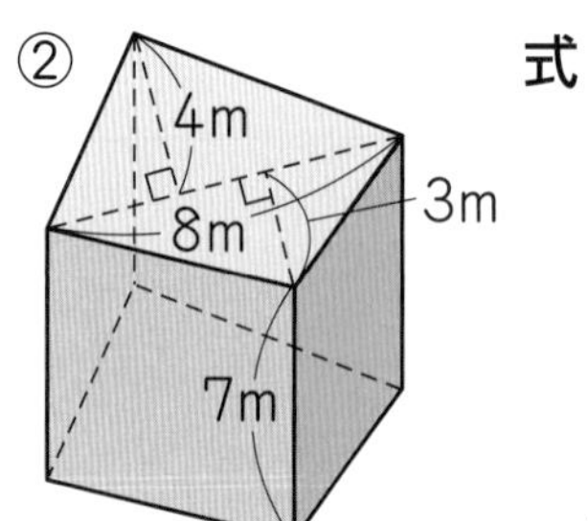

式

答え（　　　）

思考・判断・表現　／50点

3 次の展開図を組み立ててできる、立体の体積を求めましょう。　式・答え 各5点(20点)

① ②

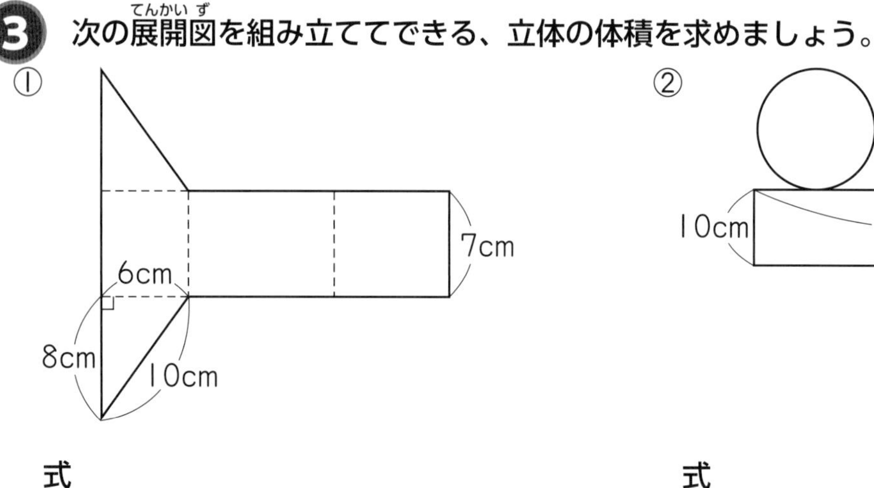

①式

答え（　　　）

②式

答え（　　　）

4 右の図のような立体の体積を、底面積×高さ の式を使って求めましょう。　式・答え 各5点(10点)

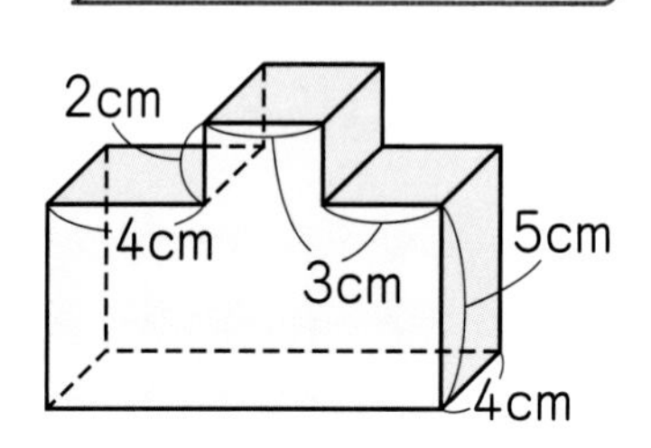

式

答え（　　　）

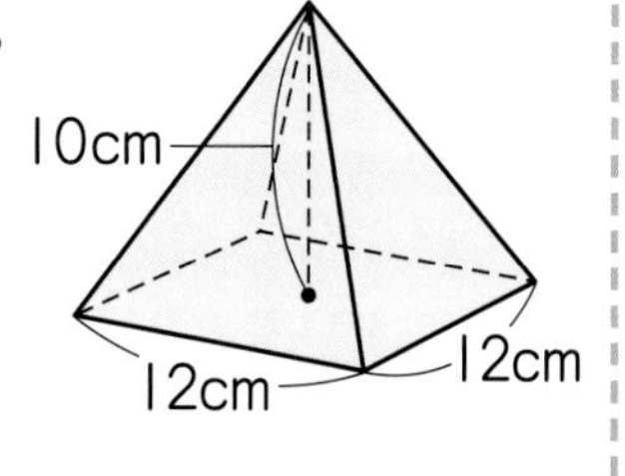

5 右の図は、四角柱から円柱の半分の形をくりぬいた立体です。この立体の体積を求めましょう。　式・答え 各10点(20点)

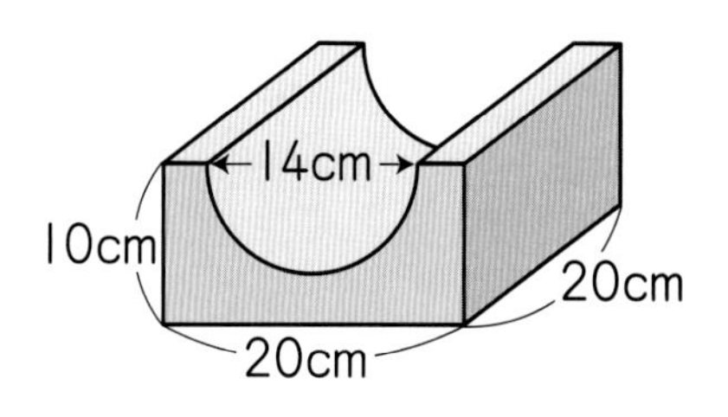

式

答え（　　　）

はってん　教科書 105ページ

1 右の図のような立体を「四角すい」といいます。
右の四角すいは、底面が1辺12cmの正方形で、高さは10cmです。
下のような、底面と高さが同じ四角すいと四角柱の形をしたいれものを使って、はいる水の量を調べたら、㋑のいれものには、㋐のいれものの3ばい分の水がはいりました。

㋐
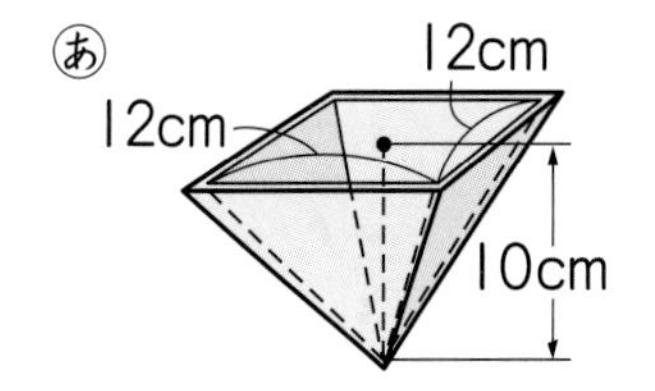

㋑
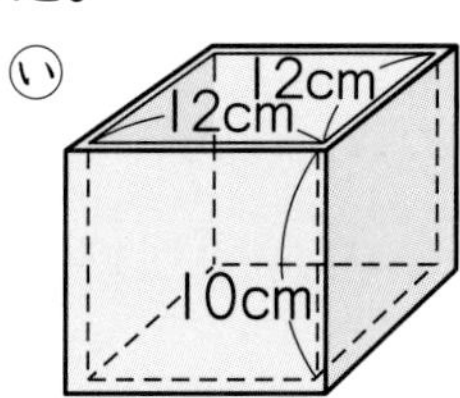

① ㋐の四角すいのいれものには、㋑の四角柱のいれものの何分の1の量がはいりますか。

（ $\frac{1}{3}$ ）

◀㋑の容積＝㋐の容積×3

② ㋐のいれものの容積を求めましょう。

式

答え（　　　）

◀四角すいの体積は、底面と高さが同じ四角柱の体積の $\frac{1}{3}$ になります。

1がわからないときは、46ページの1にもどって確認(かくにん)してみよう。

学習日　月　日

① データの整理

教科書 106～111ページ　答え 21ページ

次の□にあてはまる数をかきましょう。

ねらい　ドットプロットや平均値、中央値、最頻値について理解しよう。　練習 1 2

ドットプロット

ちらばりのようすをドット(点)を使って表した図を、**ドットプロット**といいます。

平均値

データの値の平均を**平均値**といいます。

平均値＝データの値の合計÷データの個数

中央値

データの値を大きさの順に並べたとき、ちょうど真ん中の値を**中央値**といいます。

データの個数が偶数のときは、真ん中の2つの値の平均を中央値とします。

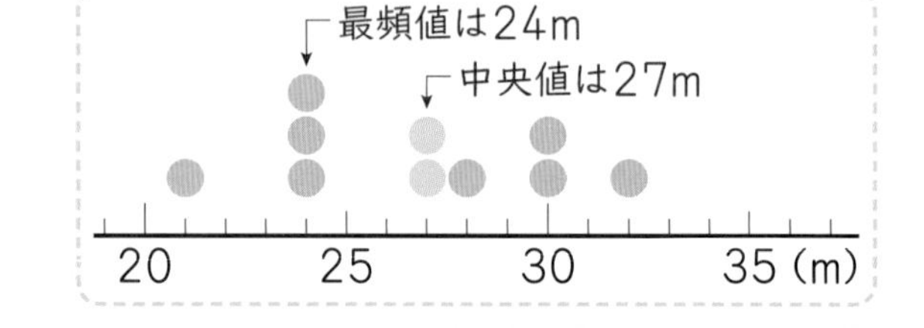

最頻値

データの値の中で、いちばん多く出てくる値を**最頻値**といいます。

最頻値は2つ以上あることもあります。

平均値、中央値、最頻値のように、データの特ちょうを表す値を代表値というよ。

1 下の図は、あるクラスのソフトボール投げの記録をドットプロットに表したものです。

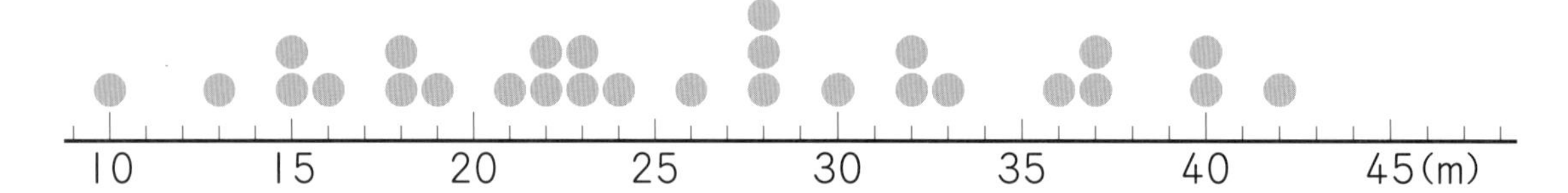

(1) このクラスの人数は28人で、投げたきょりの合計は728 mです。
平均値を求めましょう。

(2) 中央値を求めましょう。

(3) 最頻値を求めましょう。

解き方 (1) 平均値＝データの値の合計÷データの個数 の式を使って求めます。

728÷□＝□　答え □m

(2) 中央値は、14番目と15番目の記録の平均だから、

(24＋□)÷2＝□　答え □m

(3) 最頻値は、データの値の中で、いちばん多く出てくる値です。
●がいちばん多いところの目もりをよみます。　答え □m

★できた問題には、「た」をかこう！★

できき 1 できき 2

学習日 月 日

教科書 106～111ページ 答え 21ページ

1 次の表は、ある学校の6年生が、あきかん拾いで拾ったあきかんの個数を調べたものです。

教科書 107ページ 1

あきかんの個数

番号	個数(個)	番号	個数(個)	番号	個数(個)	番号	個数(個)
①	5	⑤	2	⑨	3	⑬	4
②	2	⑥	3	⑩	4	⑭	3
③	6	⑦	7	⑪	7	⑮	8
④	1	⑧	5	⑫	2	⑯	2

① 平均値を求めましょう。

( )

② いちばん多かった人の個数は何個ですか。

( )

③ いちばん少なかった人の個数は何個ですか。

( )

④ いちばん多かった人と、いちばん少なかった人の個数の差は何個ですか。

( )

2 1の表を見て、答えましょう。

教科書 109ページ 1、110ページ 1

① 上の表をドットプロットに表しましょう。

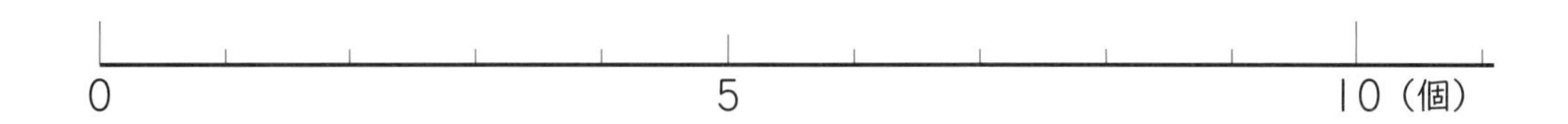

！まちがい注意

② 中央値を求めましょう。

( )

③ 最頻値を求めましょう。

( )

ヒント 2 ② 中央値は、大きさの順に並べたときの8番目と9番目の個数の平均です。

ぴったり1 準備

学習日　月　日

② ちらばりのようすを表す表・グラフ－(1)

教科書 112～116ページ　答え 21ページ

次の□や表、(　)にあてはまる数をかきましょう。

ねらい ちらばりのようすを表す表について理解しよう。 練習 1→

ちらばりのようすを表す表

データをある区間ごとに区切って表に整理すると、ちらばりのようすがわかりやすくなります。

このように区切った１つ１つの区間を**階級**(かいきゅう)といいます。

このような表を度数分布表(どすうぶんぷひょう)というよ。

きょり(m)	人数(人)
以上 5～10 未満	3
10～15	7
15～20	2
合計	12

1 右のⒶの表は、６年１組の学級菜園でとれたなすの重さを記録したものです。

(1) １組のなすの重さをⒷの表に整理しましょう。

(2) 重さが75g以上のなすは何個ですか。

(3) 重さが70g未満のなすは何個ですか。

(4) 個数がいちばん多い階級と、その個数を答えましょう。

Ⓐ １組のなすの重さ(g)

①	66	②	57	③	67	④	73	⑤	80
⑥	68	⑦	82	⑧	60	⑨	69	⑩	67
⑪	63	⑫	74	⑬	68	⑭	64	⑮	77

Ⓑ １組のなすの重さ

重さ(g)	個数(個)
55以上～60未満	
60　～65	
65　～70	
70　～75	
75　～80	
80　～85	
合計	

解き方 (1) Ⓑの表は、重さを□gごとに区切っています。

(2) 75g以上は、75g以上80g未満と80g以上85g未満をあわせるから、１＋□＝□　答え□個

(3) 70g未満は、55g以上から70g未満までの３つの階級をあわせるから、１＋□＋□＝□　答え□個

(4) 個数がいちばん多いのは□g以上□g未満の階級で、□個です。

ねらい ヒストグラム(柱状(ちゅうじょう)グラフ)について理解しよう。 練習 2→

ヒストグラム

整理した表を**ヒストグラム**に表すと、ちらばりの特ちょうがわかりやすくなります。

グラフのかき方(例)
❶表題をかく。
❷横軸(じく)に重さ、縦軸(たて)に個数を目もる。
❸重さの階級を横、個数を縦とする長方形をかく。

2 1のⒷの表をヒストグラムに表しましょう。

解き方 横軸の重さは、表の階級にあわせて①□gごとにします。

縦軸の個数は、いちばん多い階級で④□個だから、１目もりは１個です。

最後に、個数にあわせて長方形をかきます。

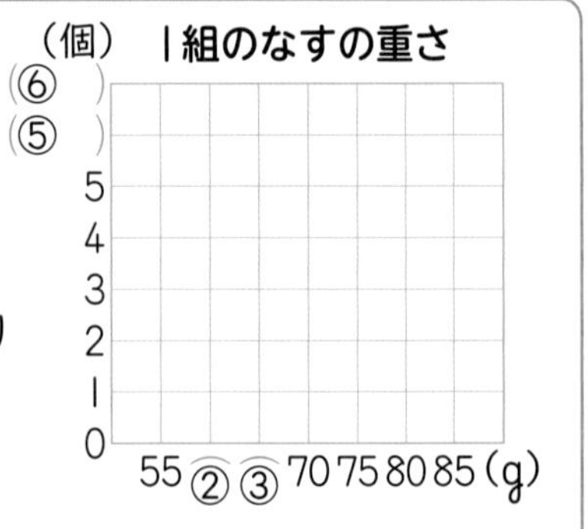

ぴったり2
練習

★できた問題には、「た」をかこう！★

できた ❶ できた ❷

学習日 月 日

教科書 112～116ページ 答え 22ページ

❶ 次の表は、6年1組と2組の学級菜園でとれたきゅうりの重さを記録したものです。

教科書 112ページ 1

1組のきゅうりの重さ(g)

① 100	② 95	③ 99	④ 91	⑤ 103
⑥ 95	⑦ 86	⑧ 107		

2組のきゅうりの重さ(g)

① 101	② 103	③ 97	④ 94	⑤ 100
⑥ 105	⑦ 90	⑧ 102	⑨ 92	⑩ 106

① 1組と2組のそれぞれのきゅうりの重さを、右の表に整理しましょう。

1組のきゅうりの重さ

重さ(g)	個数(個)
85以上～ 90未満	
90 ～ 95	
95 ～100	
100 ～105	
105 ～110	
合計	8

2組のきゅうりの重さ

重さ(g)	個数(個)
85以上～ 90未満	
90 ～ 95	
95 ～100	
100 ～105	
105 ～110	
合計	10

② 1組と2組で、重さが100g以上のきゅうりは、それぞれ何個ですか。

1組 (　　　)

2組 (　　　)

③ 1組と2組で、重さが95g未満のきゅうりは、それぞれの組全体の個数の何％ですか。

1組 (　　　)　2組 (　　　)

❷ 次の表をもとにして、それぞれの組のデータの特ちょうを調べます。

教科書 114ページ 1

① 1組と2組のそれぞれのきゅうりの重さを、ヒストグラムに表しましょう。

1組のきゅうりの重さ

重さ(g)	個数(個)
85以上～ 90未満	1
90 ～ 95	1
95 ～100	3
100 ～105	2
105 ～110	1
合計	8

② 1組と2組で、いちばん個数が多い階級を答えましょう。

1組 (　　　)

2組 (　　　)

2組のきゅうりの重さ

重さ(g)	個数(個)
85以上～ 90未満	0
90 ～ 95	3
95 ～100	1
100 ～105	4
105 ～110	2
合計	10

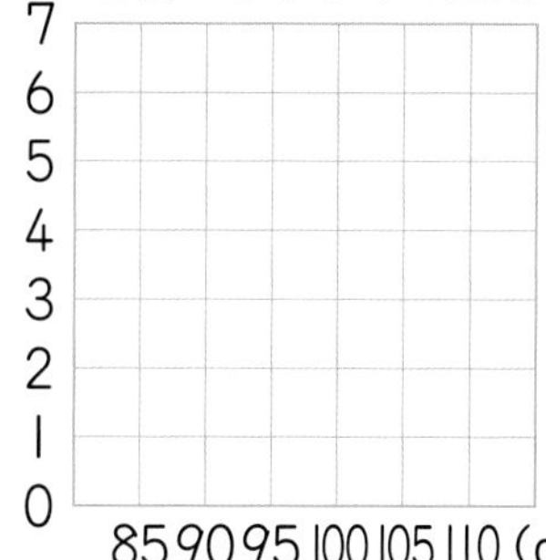

③ 1組と2組で、100g未満のきゅうりの個数が多いのはどちらですか。

(　　　)

④ ヒストグラムを見て、1組と2組のちらばりのようすの特ちょうを1つかきましょう。

(　　　)

❶ ③ ①の表の、95g未満のきゅうりの個数と合計の個数から求めます。

❷ ④ ヒストグラムの長方形の長さや並(なら)び方を見て考えましょう。

ぴったり1 準備

9 データの整理と活用

② ちらばりのようすを表す表・グラフー(2)

学習日 月 日

教科書 117〜121ページ　答え 22ページ

次の□にあてはまる数をかきましょう。

ねらい 調べた結果をもとに、データの特ちょうをまとめよう。 練習 1→

いくつかの集団のデータをくらべるとき、データの代表値（だいひょうち）やヒストグラムの特ちょうなどを表にまとめると、条件にあう集団を選んだりしやすくなります。

1 右の表は、6年1組と2組の学級菜園でとれたなすの重さを調べた結果を整理したものです。

重いなすがよくとれたといえるのは、どちらの組ですか。次の値（あたい）や階級をくらべて答えましょう。

(1) 平均値（へいきんち）

(2) 個数がいちばん多い階級

	1組	2組
平均値	69g	68.5g
いちばん重いなす	82g	84g
中央値（ちゅうおうち）	68g	70g
個数がいちばん多い階級	65g以上70g未満	70g以上75g未満

解き方 (1) 平均値でくらべると、1組は69gで、2組は□gです。 答え □組

(2) 個数がいちばん多い階級は、1組は65g以上70g未満で、2組は□g以上□g未満です。 答え □組

ねらい いろいろなグラフをよみとろう。 練習 2→

年れい別の人口を、縦軸（たてじく）に年れいの階級を目もって、男性の割合（わりあい）を左側、女性の割合を右側にヒストグラムで表すことがあります。このようなグラフを**人口ピラミッド**といいます。

2 下のあのグラフは、A（エー）市の人口について調べたものです。

あ **A市の男女別、年れい別の人口の割合**

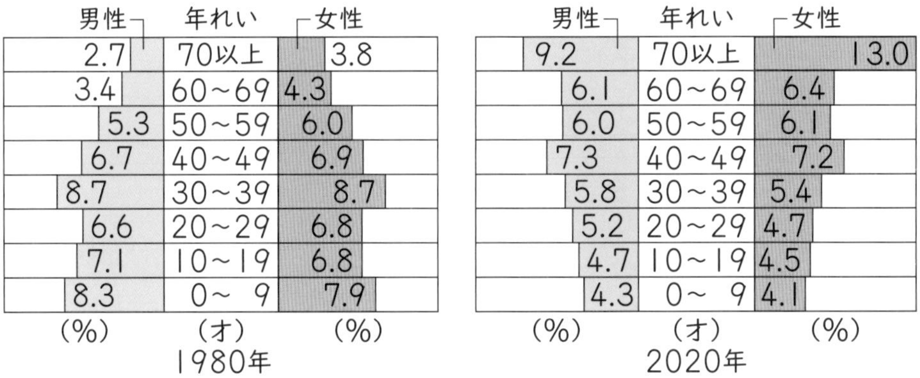

1980年

男性(%)	年れい(才)	女性(%)
2.7	70以上	3.8
3.4	60〜69	4.3
5.3	50〜59	6.0
6.7	40〜49	6.9
8.7	30〜39	8.7
6.6	20〜29	6.8
7.1	10〜19	6.8
8.3	0〜9	7.9

2020年

男性(%)	年れい(才)	女性(%)
9.2	70以上	13.0
6.1	60〜69	6.4
6.0	50〜59	6.1
7.3	40〜49	7.2
5.8	30〜39	5.4
5.2	20〜29	4.7
4.7	10〜19	4.5
4.3	0〜9	4.1

(1) 1980年と2020年で、人口がいちばん多いのは、それぞれどの階級ですか。

(2) 20〜29才の割合が多いのは、どちらの年ですか。

解き方 (1) 男性と女性の割合をあわせて考えます。

答え 1980年…□才〜□才、2020年…□才以上

(2) 1980年は、男性6.6％、女性6.8％、
2020年は、男性□％、女性□％です。 答え □年

★できた問題には、「た」をかこう！★

教科書 117〜121ページ　答え 22ページ

1 下の表は、53ページの1組と2組のきゅうりの重さを整理したものです。

	1組	2組
平均値	97g	99g
いちばん重いきゅうり	107g	106g
いちばん軽いきゅうり	86g	90g
中央値	97g	100.5g
100g以上の個数	3個	6個
個数がいちばん多い階級	95g以上100g未満	100g以上105g未満

重いきゅうりがよくとれたといえるのは、どちらの組ですか。次の値をくらべて答えましょう。

教科書 117ページ 1

① いちばん重いきゅうりの重さ　（　　　）

② 中央値　（　　　）

③ 100g以上の個数　（　　　）

2 下のいのグラフは、A市の5年ごとの人口の変わり方を表したものです。54ページのあのグラフとあわせて考えて、次の問題に答えましょう。

教科書 120ページ 1

① 2020年のA市の人口は、1980年の人口より多いですか、少ないですか。

（　　　）

② 2020年の70才以上の人口は、およそ何万人ですか。

（　　　）

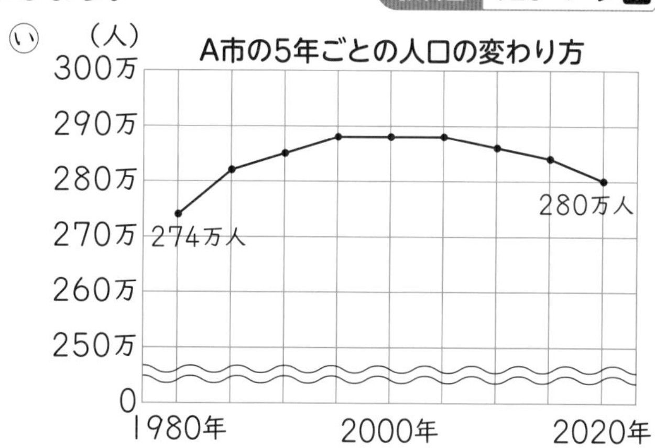

③ 次のア、イ、ウのことがらについて、「正しい」「正しくない」「このグラフからはわからない」のどれかで答えましょう。

ア 40〜49才の人口は、1980年より2020年のほうが多い。

（　　　）

イ 2000年の70才以上の人口は、2020年より多い。

（　　　）

ウ 1980年の0〜9才の人口は、約23万人である。

（　　　）

ヒント

2 ② いのグラフから2020年の人口をよみとり、あのグラフから70才以上の人口の割合をよみとって求めます。

9 データの整理と活用

教科書 106～123ページ　答え 23ページ

知識・技能　／60点

1 よく出る 次の図は、あるクラスの 24 人について、10 点満点の計算テストの結果をドットプロットに表したものです。　各7点(21点)

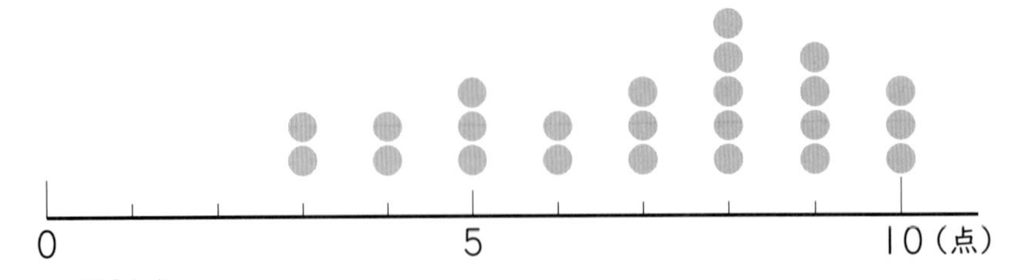

① 平均値を求めましょう。　(　　　)

② 中央値を求めましょう。　(　　　)

③ 最頻値を求めましょう。　(　　　)

2 よく出る 右の表は、あるクラスの 20 人について、片道の通学時間を調べて整理したものです。　各6点(18点)

片道の通学時間

時間(分)	人数(人)
以上　未満 0～10	6
10～20	7
20～30	4
30～40	3
合計	20

① 30 分以上かかる人は、何人いますか。　(　　　)

② 20 分未満の人は、何人いますか。　(　　　)

③ 20 分以上 30 分未満の人は、クラス全体の何 % ですか。　(　　　)

3 右のヒストグラムは、6年1組の人が1か月に借りた本の冊数を表したものです。　各7点(21点)

(人)借りた本の冊数(6年1組)

10, 5, 0

5 10 15 20 25 30 35 40(冊)

① いちばん人数が多い階級は、何冊以上何冊未満ですか。　(　　　)

② そうまさんが借りた冊数は、冊数の多いほうから数えて7番目です。どの階級にはいっていますか。　(　　　)

③ 20 冊未満の人は、クラス全体の何 % ですか。　(　　　)

学習日　月　日

思考・判断・表現　／40点

できたらスゴイ!

4 下のあ、いのグラフは、2022 年の日本の人口について調べたものです。　各10点(40点)

あ 2022 年の日本全国の男女別、年れい別の人口の割合（総人口 1 億 2495 万人）

男性	年れい	女性
9.7	70以上	13.3
5.9	60～69	6.1
7.0	50～59	7.0
7.1	40～49	6.9
5.6	30～39	5.4
5.2	20～29	4.9
4.4	10～19	4.2
3.8	0～ 9	3.5
(%)	(才)	(%)

2022年

い 2022年の都道府県別の人口の割合（%）

東京都	神奈川県	大阪府	愛知県	埼玉県	千葉県	兵庫県	北海道	福岡県	その他
11.2	7.4	7.0	6.0	5.9	5.0	4.3	4.1	4.1	45.0

① 70 才以上の男性と女性では、どちらのほうが人口が多いですか。（　　　）

② 30～39 才の人口はおよそ何人ですか。上から2けたの概数で求めましょう。（　　　）

③ 愛知県の人口はおよそ何人ですか。上から2けたの概数で求めましょう。（　　　）

④ 次のことがらについて、「正しい」か「正しくない」のどちらかで答え、そのわけも説明しましょう。

・2022 年の0～19 才の人口は、神奈川県と大阪府をあわせた人口より多い。

正しいか正しくないか（　　　）

わけ（　　　）

はってん　教科書 108 ページ

1 データの値の中でいちばん大きい値のことを「最大値」、いちばん小さい値のことを「最小値」といいます。また、最大値と最小値の差を、ちらばりの「範囲」といいます。
次のデータについて答えましょう。

2 2 2 2 3 3 3 3 3 4 7 9 9 9 10 10 （点）

① 最大値、最小値は何点ですか。

最大値（ 10点 ）　最小値（　　　）

↑うすい字はなぞりましょう。

② 範囲は何点ですか。（　　　）

範囲が大きいと、データがちらばっていると考えられるよ。

◀範囲＝最大値－最小値です。

ふりかえり　1がわからないときは、50 ページの1にもどって確認してみよう。

学習日　　月　　日

見方・考え方を深めよう(1)

子ども会の準備

教科書 124～125ページ　答え 24ページ

〈順序よく調べ、ちょうどよい場合をみつけて〉

1　１箱２個入りのプリンと３個入りのプリンが売られています。
子ども会でプリンを 31 個買います。

プリン2個入り

プリン3個入り

①　それぞれ何箱ずつ買えば 31 個になるかを、表にかいて調べましょう。

3個入りの箱	箱の数(箱)	1	2	3	4	5	6	
	プリンの数(個)	3	6					
残りのプリンの数(個)		28	25					
2個入りの箱の数(箱)		14	×					

残りのプリンの数が２の倍数でないときは×をかくよ。

②　箱の数の合計が 13 箱になるのは、それぞれ何箱ずつ買ったときですか。

2個入り（　　　　）　　3個入り（　　　　）

よくよんで

2　100 cm のリボンを切って、6 cm のリボンを何本かと、11 cm のリボンを何本かつくります。

①　余りのないように切るには、6 cm のリボンを何本、11 cm のリボンを何本つくるとよいかを、表にかいて調べましょう。

11 cm のリボン	リボンの数(本)	1	2	3	4	5	6	7	8	9
	リボンの長さ(cm)									
残りのリボンの長さ(cm)										
6 cm のリボンの数(本)										

②　余りがないのは、それぞれ何本ずつつくったときですか。
　すべて答えましょう。

（　　　　　　　　）

1の３個入り、2の 11 cm のように、大きいほうを基準にして調べたほうが簡単(かんたん)なんだよ。

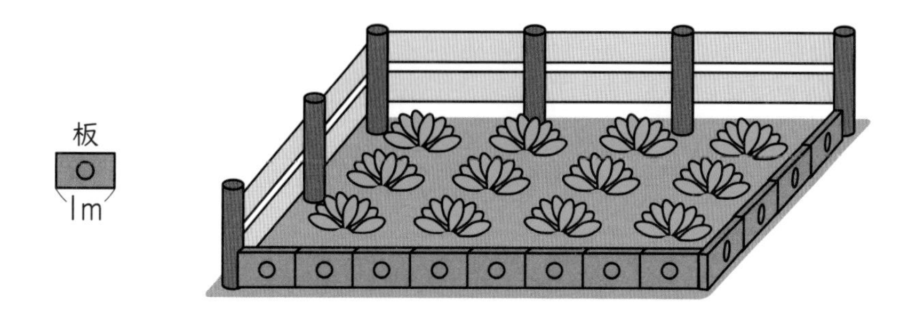

3 畑のふちどりに使う長さ 1 m の板が 12 枚あります。
この板を、上の絵のように＿|の形に並べて、畑をつくろうと思います。

① 縦の板の数を 1 枚、2 枚、3 枚、……としたときの畑の面積を、表にかいて調べましょう。

縦(m)	1	2	3	4	5	6	7	
横(m)	11	10						
面積(m^2)	11	20						

② 畑の面積をできるだけ大きくするには、縦、横、それぞれ何枚並べればよいですか。
また、そのときの面積を答えましょう。

縦（　　　　）　横（　　　　）　面積（　　　　）

4 **3** で使う板の数を 13 枚にします。

① 縦の板の数を 1 枚、2 枚、3 枚、……としたときの畑の面積を、表にかいて調べましょう。

縦(m)	1	2	3	4	5	6	7	8	9	
横(m)										
面積(m^2)										

② 畑の面積が 40 m^2 になるようにするには、縦、横、それぞれ何枚並べればよいですか。
すべて答えましょう。

（　　　　　　　　）

次の□にあてはまる数やことばをかきましょう。

ねらい 比の意味について理解しよう。 練習 1

比の表し方

2つの量 a、b の大きさの割合を、

$a:b$ （a 対 b とよむ）

のように表すことができ、「a と b の**比**」といいます。

例

1 す 40 mL、サラダ油 70 mL を混ぜてドレッシングをつくりました。このドレッシングの、すの量とサラダ油の量の比をかきましょう。

解き方 す 40 mL の量を 40 とみると、サラダ油 70 mL の量は、

□ とみることができます。

すとサラダ油の量の比は、

□（す）:□（サラダ油） です。

ねらい 比の値について理解しよう。 練習 2 3 4

比の値

✪ $a:b$ で表される比で、a が b の何倍になっているかを表す数を**比の値**といいます。

$a:b$ の比の値は、$a \div b$ で求められます。

✪ 2つの比で、それぞれの比の値が等しいとき、2つの比は等しいといいます。

例

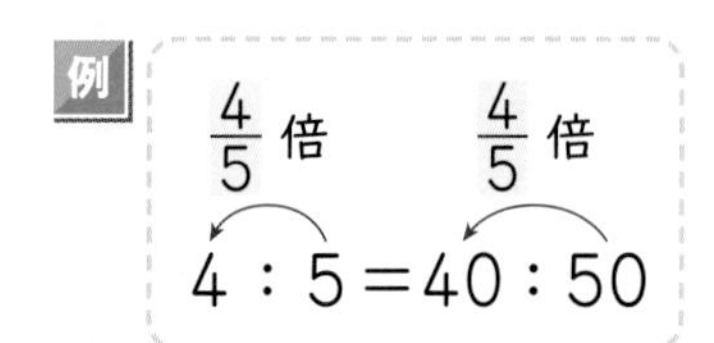

2 2つの比 4 : 6 と 6 : 9 が、等しいかどうかを調べましょう。

解き方 比の値をくらべて考えます。

4 : 6 の比の値は、$4 \div 6 = \frac{4}{6} =$ □ です。

6 : 9 の比の値は、$6 \div 9 = \frac{6}{9} =$ □ です。

だから、2つの比は □ です。

★できた問題には、「た」をかこう！★

① でき ② でき ③ でき ④ でき

学習日　月　日

教科書 128〜131ページ　答え 25ページ

1 右の図のような長方形があります。

教科書 129ページ 1

① 縦(AB)の長さと横(AD)の長さの比をかきましょう。

(　　　)

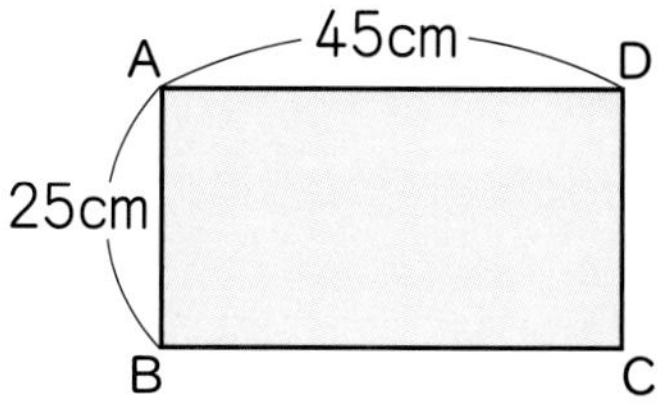

! まちがい注意

② 縦(AB)の長さと、長方形のまわりの長さの比をかきましょう。

(　　　)

2 次の比の値を求めましょう。

教科書 130ページ 1、131ページ 2

① 2：5　② 7：4　③ 15：5

(　　　)　(　　　)　(　　　)

④ 9：18　⑤ 12：15　⑥ 36：24

(　　　)　(　　　)　(　　　)

3 次の2つの比が、等しいかどうかを調べましょう。

教科書 130ページ 1、131ページ 3

① 12：42と16：56　② 20：25と25：30

(　　　)　(　　　)

4 3：4に等しい比はどれですか。すべて選び、記号で答えましょう。

教科書 131ページ 3

㋐ 8：12　㋑ 12：16　㋒ 40：30　㋓ 27：36

(　　　)

ヒント

2 比の前の数を、うしろの数でわれば求められます。約分も忘れないようにしましょう。

② 等しい比ー(2)

教科書 132〜134ページ 答え 25ページ

次の□にあてはまる数をかきましょう。

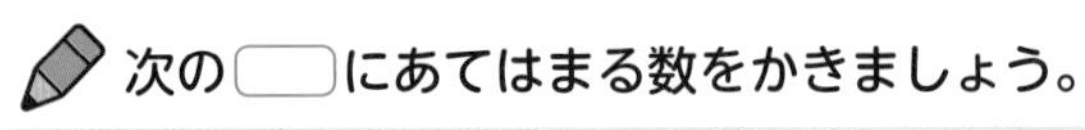

ねらい 等しい比の性質について理解しよう。 練習 ①②③→

等しい2つの比の関係

$a:b$ の両方の数に**同じ数をかけたり**、両方の数を**同じ数でわったり**してできる比は、すべて $a:b$ に等しくなります。

例
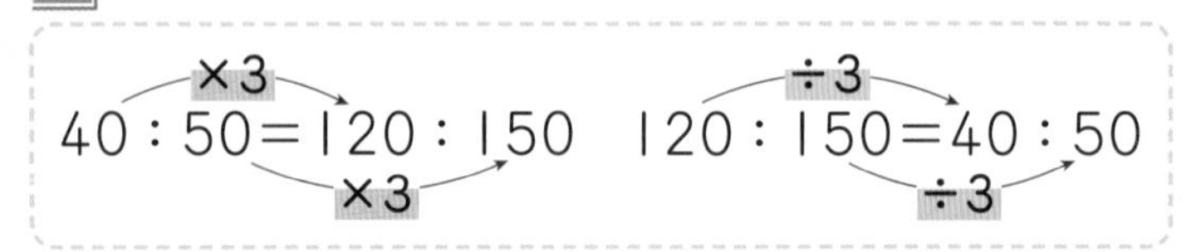

比を簡単にすること

等しい比で、できるだけ小さい整数の比になおすことを、比を簡単にするといいます。

最大公約数でわったり、比の値を利用したりして、比を簡単にすることができます。

例
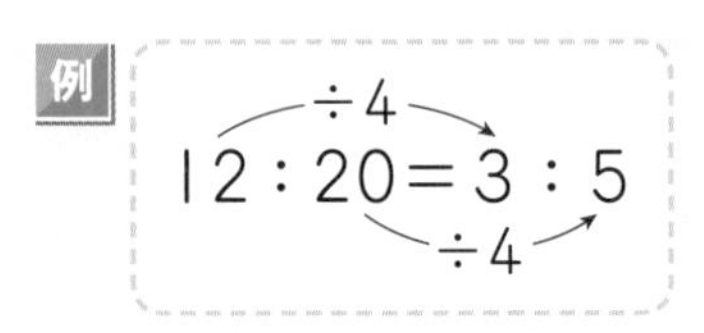

1 x にあてはまる数をかきましょう。

(1) $15:20=3:x$　　(2) $7:8=x:48$

解き方 (1) 15を□でわると3になるので、
x にあてはまる数は、20÷□で□です。

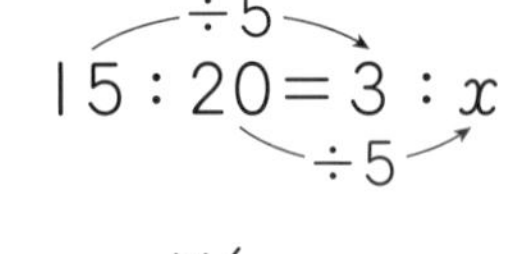

(2) 8に□をかけると48になるので、
x にあてはまる数は、7×□で□です。

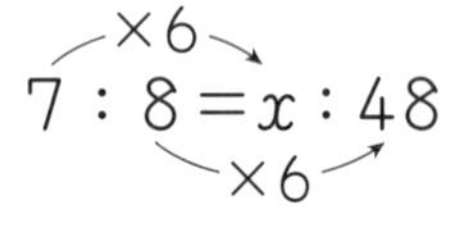

ねらい 小数・分数を使った比を簡単にするしかたを考えよう。 練習 ④→

小数・分数を使った比は、等しい比の性質を使って整数の比になおしてから考えます。

例

$$1.5:2.1=(1.5\times10):(2.1\times10)$$
$$=15:21$$
$$=(15\div3):(21\div3)$$
$$=5:7$$

$$\frac{1}{6}:\frac{2}{3}=\left(\frac{1}{6}\times6\right):\left(\frac{2}{3}\times6\right)$$
$$=1:4$$

2 2.4：3.6を簡単にしましょう。

解き方 $2.4:3.6=(2.4\times$ ①□$):(3.6\times$ ②□$)$
$=24:36$
$=(24\div$ ③□$):(36\div$ ④□$)$
$=$ ⑤□ $:$ ⑥□

ぴったり2

練習

学習日　月　日

★できた問題には、「た」をかこう！★

できでき 1　できでき 2　できでき 3　できでき 4

教科書 132～134ページ　答え 25ページ

1 xにあてはまる数をかきましょう。

教科書 133ページ 2

① $8:10=4:x$　( )

② $20:16=x:4$　( )

③ $6:5=x:30$　( )

④ $3:1=24:x$　( )

2 次の比を簡単にしましょう。

教科書 133ページ 3

① 8：18　( )

② 27：72　( )

③ 55：35　( )

④ 20：60　( )

⑤ 150：25　( )

⑥ 480：720　( )

! まちがい注意

3 次の比を、簡単な整数の比で表しましょう。

教科書 133ページ 3

① 姉のリボン 90 cm と妹のリボン 63 cm の長さの比　( )

② 兄の勉強時間 120 分と弟の勉強時間 45 分の比　( )

4 次の比を簡単にしましょう。

教科書 134ページ 1

① 0.9：1.8　( )

② 1.8：2.4　( )

③ 1：0.6　( )

④ $\frac{1}{2}:\frac{1}{3}$　( )

⑤ $\frac{4}{5}:\frac{3}{4}$　( )

⑥ $\frac{5}{6}:1$　( )

ヒント　1 ①　前の数が÷2になっているから、うしろの数も÷2になります。

③ 比を使った問題

学習日　　月　　日

教科書 136〜137ページ　答え 25ページ

次の□にあてはまる数をかきましょう。

ねらい 比の一方の数量を求めよう。　練習 1 2 3

比の一方の数量を求めるには、もう一方の数量の何倍になっているかで考えます。

例 縦(たて)と横の長さの比が5：3の長方形で、横の長さが24 mのときの縦の長さを求める

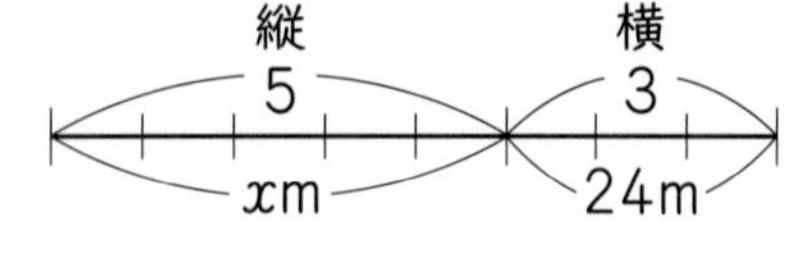

縦の長さは横の長さの $\frac{5}{3}$ 倍だから、$24\times\frac{5}{3}=40$

40 m

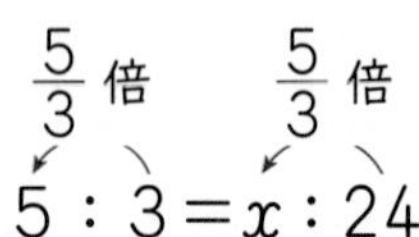

1 縦と横の長さの比が7：3の長方形で、縦の長さを21 mにすると、横の長さは何 mになりますか。

解き方 横の長さは縦の長さの□倍だから、

$21\times$□＝□

縦 7　横 3　21m　xm

答え □m

ねらい 全体をきまった比に分けよう。　練習 4 5

全体をきまった比に分けるときは、求めるものと全体の量の比を考えます。

例 210 cmのテープを、姉と妹で、長さの比が4：3になるように分けるときの姉の分を求める

姉の分と全体の長さの比は4：7

姉の分は全体の $\frac{4}{7}$ 倍だから、$210\times\frac{4}{7}=120$　120 cm

姉　$\frac{4}{7}$ 倍　全体
4 ： 7
x cm　210 cm
$\frac{4}{7}$ 倍

2 270 cmのテープを、ゆうさんとまきさんで、長さの比が5：4になるように分けます。ゆうさんのテープは何 cmになりますか。

解き方 右の図のように、ゆうさんが5、まきさんが4と考えると、全体は①□

ゆうさんの分は全体の②□倍だから、

$270\times$③□＝④□

全体9　ゆうさん5　まきさん4　270cm

答え ⑤□cm

ぴったり2

練習

★できた問題には、「た」をかこう！★

でき 1　でき 2　でき 3　でき 4　でき 5

学習日　月　日

教科書 136～137ページ　答え 26ページ

1 縦と横の長さの比が3：7の長方形があります。
横の長さは28 cmです。
縦の長さは何cmですか。 教科書 136ページ 1

28cm

$x$cm

式

答え（　　　）

2 とおるさんとあいりさんの持っているおかねの比は6：5で、あいりさんは450円持っています。
とおるさんは何円持っていますか。 教科書 136ページ 1

式

答え（　　　）

3 ゆきさんとお父さんの体重の比は4：7で、ゆきさんの体重は36 kgです。
お父さんの体重は何kgですか。 教科書 136ページ 1

式

答え（　　　）

よくよんで

4 108 m² の庭を、しばふと花だんに分けます。
しばふと花だんの面積の比を4：5にすると、それぞれの面積は何 m² になりますか。 教科書 137ページ 1

式

しばふ（　　　）　花だん（　　　）

5 8.4 Lのペンキを、大と小の2つのかんに、量の比が5：2になるように分けて入れます。
小のかんには、何Lのペンキを入れるとよいですか。 教科書 137ページ 1

式

答え（　　　）

ヒント　4 しばふが4、花だんが5と考えると、庭全体は9にあたります。

⑩ 比とその利用

教科書 128〜139ページ　答え 26ページ

知識・技能　／60点

1 よく出る 次の比の値(あたい)を求めましょう。　各3点(12点)

① 4：7　(　　)　② 9：5　(　　)

③ 1.8：2.4　(　　)　④ $\frac{2}{5}:\frac{4}{9}$　(　　)

2 4：6に等しい比はどれですか。記号で答えましょう。　(4点)

Ⓐ 1：3　Ⓘ 1.6：2.4　Ⓤ $\frac{1}{2}:\frac{1}{3}$

(　　)

3 □にあてはまる数をかきましょう。　各2点(4点)

① 6：9＝12：18 （6→12 は ×2、9→18 は ×□）

② 15：18＝5：6 （15→5 は ÷3、18→6 は ÷□）

4 x にあてはまる数をかきましょう。　各4点(16点)

① 49：21＝7：x　(　　)　② 8：15＝x：90　(　　)

③ 0.5：1.3＝5：x　(　　)　④ $\frac{2}{3}:\frac{1}{4}=x:3$　(　　)

5 よく出る 次の比を簡単(かんたん)にしましょう。　各4点(24点)

① 25：75　(　　)　② 720：240　(　　)　③ 1.6：4　(　　)

④ 50：12.5　(　　)　⑤ $\frac{5}{6}:\frac{3}{4}$　(　　)　⑥ $2.4:\frac{4}{5}$　(　　)

学習日　月　日

思考・判断・表現　／40点

6 砂糖(さとう) 60 g を、水 1.8 kg に混ぜます。
砂糖と水の重さの比を、簡単な整数の比で表しましょう。　(4点)

(　　　　)

7 よく出る 妹と兄の体重の比は4：7で、兄の体重は 56 kg です。
妹の体重は何 kg ですか。　式・答え 各4点(8点)

式

答え (　　　　)

8 よく出る まいさんとゆみさんは、12.5 kg のお米を分けることにしました。
まいさんの分とゆみさんの分の重さの比を2：3にするには、それぞれ何 kg に分けたらよいですか。　式・答え 各3点(12点)

まいさん　式

答え (　　　　)

ゆみさん　式

答え (　　　　)

できたらスゴイ！

9 長さ 96 cm の針金(はりがね)を使って長方形をつくります。
縦(たて)と横の長さの比を5：3にします。　式・答え 各4点(16点)

① 横の長さは何 cm になりますか。

式

答え (　　　　)

② この長方形の面積は何 cm^2 になりますか。

式

答え (　　　　)

ふりかえり　❶①②がわからないときは、60 ページの❷にもどって確認(かくにん)してみよう。

① 拡大図と縮図

教科書 140〜143ページ　答え 26ページ

次の□にあてはまることばや記号、数をかきましょう。

ねらい 拡大と縮小について理解しよう。

練習 1→

拡大と縮小

図形には、形が同じでも大きさのちがうものがあります。

ある図形を、その形を変えないで、大きくすることを**拡大する**、また、小さくすることを**縮小する**といいます。

例

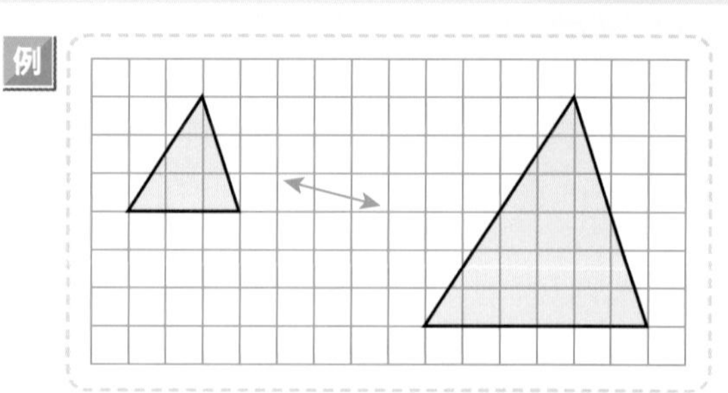

1 右の図形で、あを拡大したものを答えましょう。

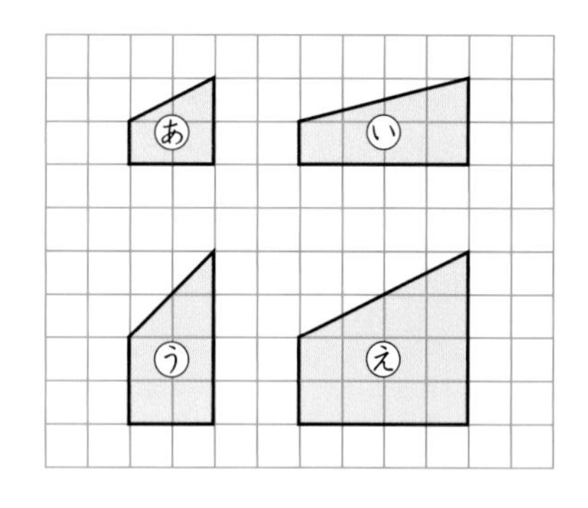

解き方 いは、あを縦はそのままで横にのばしたもので、大きさも①□もちがいます。

うは、あを横はそのままで②□にのばしたもので、③□も④□もちがいます。

あを、形を変えないで、大きくしたものは、⑤□です。

ねらい 拡大図と縮図について理解しよう。

練習 2 3→

拡大図と縮図

形が同じ2つの図形では、次のようになっています。

- 対応する辺の長さの比はすべて等しい。
- 対応する角の大きさはそれぞれ等しい。

拡大した図形を**拡大図**、縮小した図形を**縮図**といいます。

例

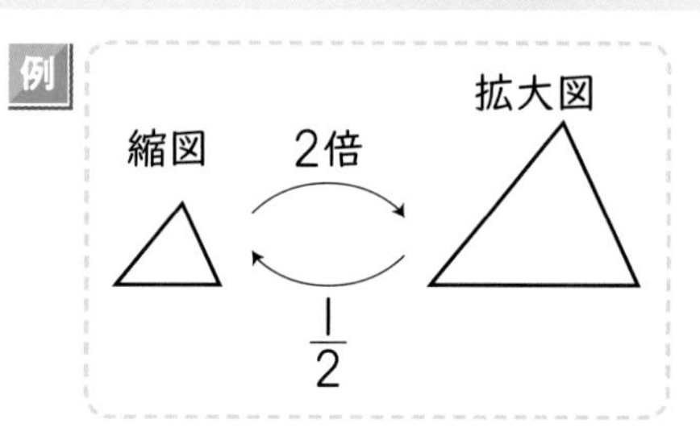

2 右の図で、三角形DEFは三角形ABCの拡大図です。

(1) 辺BCが2cmのとき、辺EFは何cmですか。

(2) 角Eの大きさが45°のとき、角Bの大きさは何度ですか。

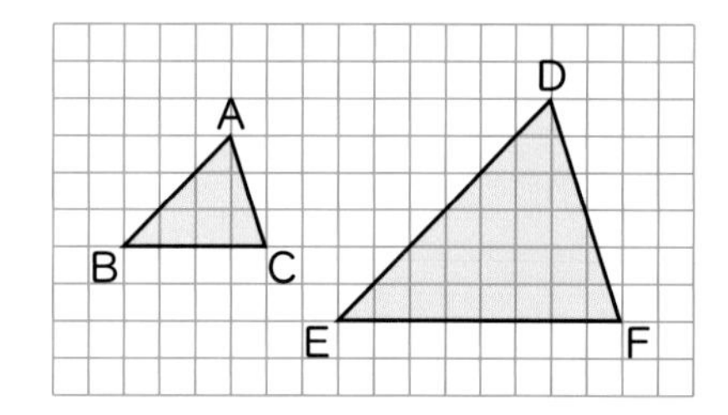

解き方 方眼のます目の数を数えると、三角形DEFは三角形ABCの2倍の拡大図であることがわかります。

(1) 辺EFは、辺BCに対応する辺で、三角形DEFは三角形ABCの2倍の拡大図だから、□cmです。

(2) 対応する角の大きさは等しいから、□°です。

★できた問題には、「た」をかこう！★

1 できた　2 できた　3 できた

教科書 140～143ページ　答え 27ページ

よくみて

1 右の図形の中で、形が同じ図形を、すべて選びましょう。 教科書 141ページ1、142ページ2

(　　　　)と(　　　　)
(　　　　)と(　　　　)
(　　　　)と(　　　　)

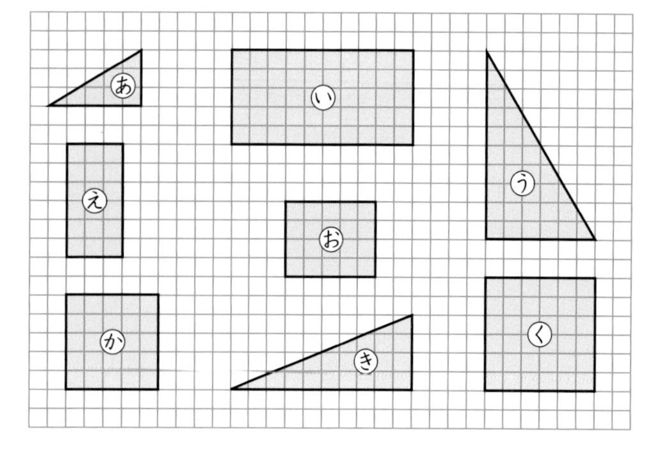

方眼のます目の数を数えて調べるといいよ。

2 **右の三角形ABCと三角形DEFは、形が同じです。** 教科書 142ページ2

① 辺BCに対応する辺はどれですか。

(　　　　)

② 角Aに対応する角はどれですか。

(　　　　)

A　7cm　40°　60°　B　8cm　C
D　40°　E　12cm　F

③ 角F、角Dの大きさは、それぞれ何度ですか。

角F(　　　　)　角D(　　　　)

④ 次の□にあてはまる数をかきましょう。

あ　三角形DEFは、三角形ABCの□倍の拡大図で、辺DEの長さは□cmです。

い　三角形ABCは、三角形DEFの□の縮図です。

3 下の2つの長方形について、形が同じかどうかを調べましょう。 教科書 143ページ3

あ　い

(　　　　)

ヒント　3 2つの長方形の縦の長さと横の長さをものさしではかって調べましょう。

学習日　月　日

②　拡大図と縮図のかき方

教科書 144〜149ページ　答え 27ページ

次の□にあてはまる数やことばをかきましょう。

ねらい 辺の長さや角の大きさを使った拡大図や縮図のかき方を考えよう。 練習 1→

三角形の拡大図や縮図は、合同な三角形のかき方と同じようにしてかくことができます。
✪対応する辺の長さの比はすべて等しい。
✪対応する角の大きさはそれぞれ等しい。

合同な三角形をかくとき、使う辺の長さや角の大きさは
・3つの辺
・2つの辺とその間の角
・1つの辺とその両はしの角

1 右の三角形ABCを2倍に拡大した三角形DEFをかきましょう。

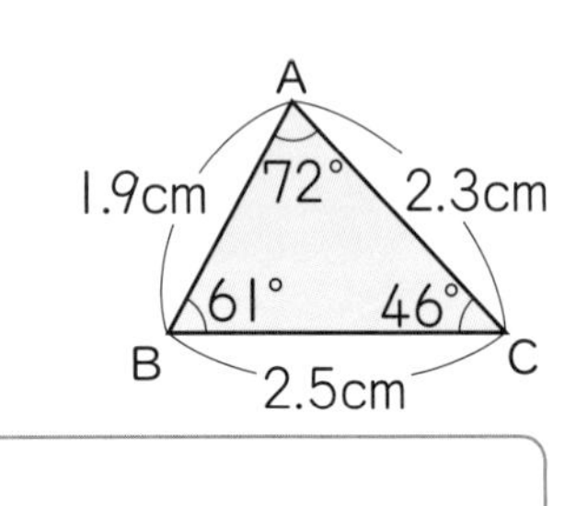

解き方 はじめに、辺BCに対応する辺をかきます。
辺EFの長さは□cm
辺DEの長さは□cm
辺DFの長さは□cm

E ―――――――― F

別のかき方
D 3.8cm 61° E 5cm F
D 61° 46° E 5cm F

ねらい 1つの点を中心にした、拡大図や縮図のかき方を考えよう。 練習 2→

図形の1つの点をきめて、その点からのきょりを●倍にのばしたり、●分の1に縮めたりしてかきます。

2 頂点Bを中心にして、右の四角形ABCDの2倍の拡大図をかきましょう。

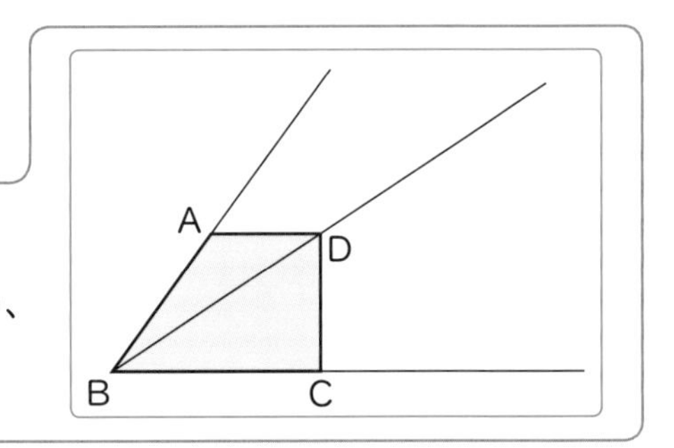

解き方 頂点Bを中心にして、辺BA、BC、対角線BDの長さを、それぞれ□倍にして、□する点をきめ、順に結びます。

ねらい いつでも拡大図と縮図の関係になっている図形がわかるようにしよう。 練習 3→

これまでに学んだ図形の中で、どんな大きさの図をかいても、いつでも拡大図と縮図の関係になっているものがあります。

3 正三角形は、必ず拡大図、縮図の関係になっていますか。

解き方 すべての辺の比やすべての角が等しいから、必ず拡大図、縮図の関係に□。

ぴったり2 **練習**

学習日　　月　　日

教科書 144～149ページ　答え 27ページ

1 次の拡大図や縮図をかきましょう。

教科書 144ページ1、145ページ1、146ページ1

① 三角形ABCの３倍の拡大図

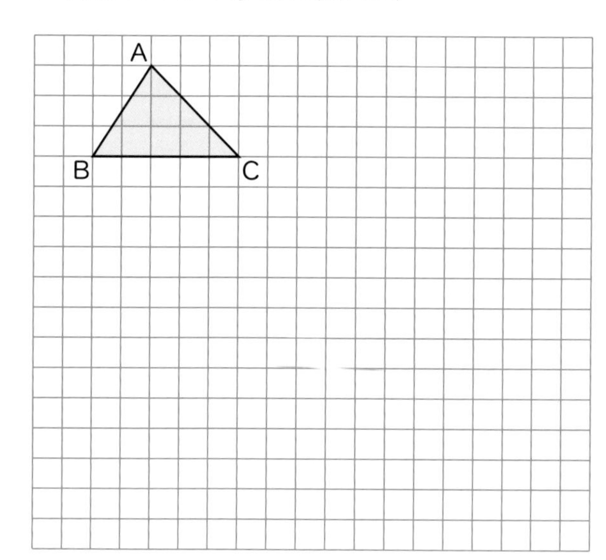

② 四角形ABCDの $\frac{1}{2}$ の縮図

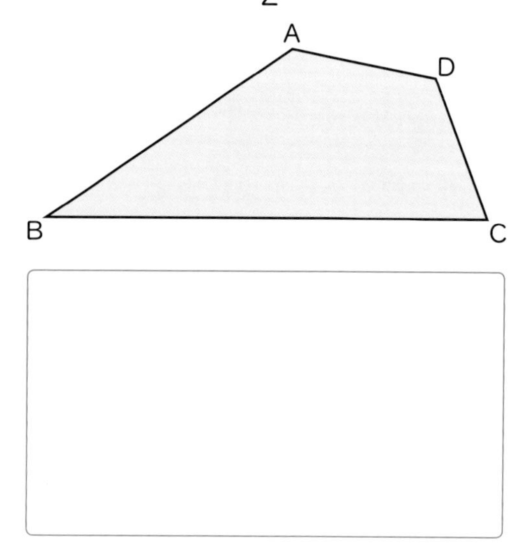

2 頂点Bを中心にして、下の三角形ABCと四角形ABCDの２倍の拡大図、$\frac{1}{2}$ の縮図をかきましょう。

教科書 147ページ1、148ページ2

①

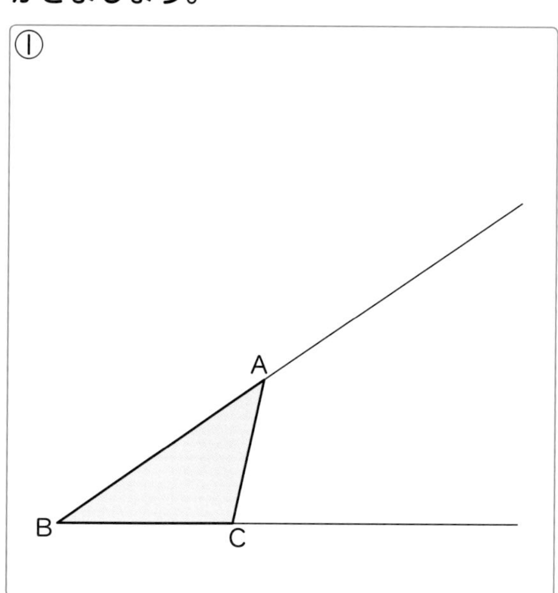

②

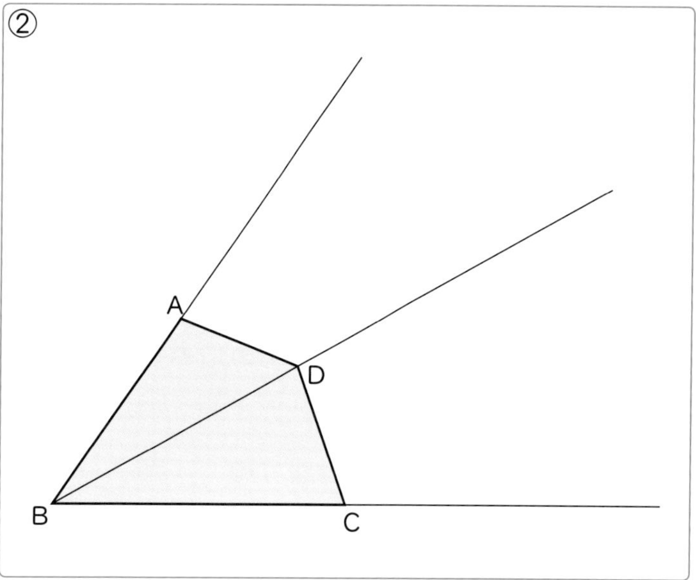

3 下のあ～くの図形の中で、必ず拡大図、縮図の関係になっている図形はどれですか。すべて選びましょう。

教科書 149ページ1

あ 直角三角形　い 二等辺三角形　う 平行四辺形　え 長方形
お ひし形　か 正方形　き 正八角形　く 円

（　　　　）

ヒント
1 ① 方眼のます目の数を数えて、３倍にします。
② 三角形に分けて、必要な角の大きさや辺の長さをはかります。

ぴったり1 準備

11 図形の拡大と縮小
③ 縮図の利用

学習日　月　日

教科書 150～151ページ　答え 28ページ

次の□にあてはまることばや数をかきましょう。

ねらい 縮図(しゅくず)をかいて、実際の直線きょりを求めよう。　練習 1 2 3

縮図の利用

例 右の $\dfrac{1}{20000}$ の縮図を使って、学校から駅までの実際の直線きょりを求めます。
（$\dfrac{1}{20000}$ ← 縮尺(しゅくしゃく)（縮(ちぢ)めた割合(わりあい)））

駅
学校
0　200　400　600m

❶ 縮図上で学校から駅までの長さをはかる。

❷ 縮尺は $\dfrac{1}{20000}$ だから、はかった長さを20000倍する。

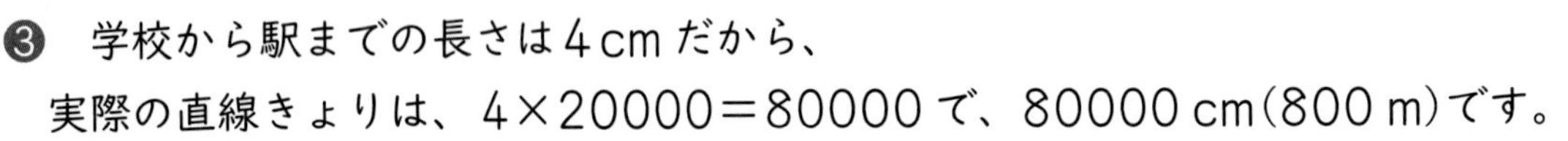

❸ 学校から駅までの長さは4cmだから、
実際の直線きょりは、4×20000＝80000で、80000cm(800m)です。

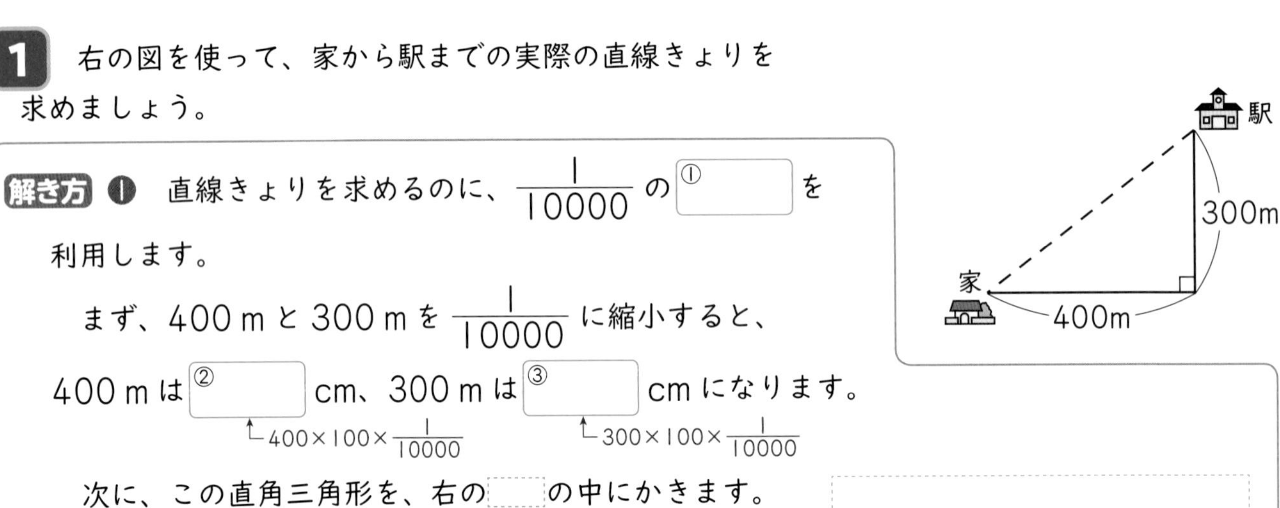

1 右の図を使って、家から駅までの実際の直線きょりを求めましょう。

駅
300m
家
400m

解き方 ❶ 直線きょりを求めるのに、$\dfrac{1}{10000}$ の① □ を利用します。

まず、400mと300mを $\dfrac{1}{10000}$ に縮小すると、

400mは② □ cm、300mは③ □ cmになります。
（②← $400\times100\times\dfrac{1}{10000}$　③← $300\times100\times\dfrac{1}{10000}$）

次に、この直角三角形を、右の□の中にかきます。

❷ かいた直角三角形のななめの辺の長さをはかると、④ □ cmになります。

この長さは、実際のきょりの $\dfrac{1}{⑤\ □}$ だから、

家から駅までの実際の直線きょりは、

⑥ □ × ⑦ □ ＝ ⑧ □

この単位はcmなので、mになおすと、⑨ □ mです。

実際の直線きょり $\overset{\times\frac{1}{10000}}{\underset{\times10000}{\rightleftarrows}}$ 縮図上の長さ
の関係があるんだね。

★できた問題には、「た」をかこう！★

できた ① できた ② できた ③

学習日 月 日

教科書 150〜151ページ 答え 28ページ

1 右の絵は、ある学校の校舎を真上から見た縮図をかいて、実際のきょりを示したものです。 教科書 150ページ 1

① 何分の１の縮図になっていますか。

（ ）

② ＡからＥまでの実際の直線きょりは何ｍですか。

（ ）

B 10m A、27m、36m、F、E、10m、C、D

2 下の図は、ある池を真上から見た図です。

$\frac{1}{3000}$ の縮図をかいて、ＡからＢまでの実際の直線きょりを求めましょう。

教科書 150ページ 1

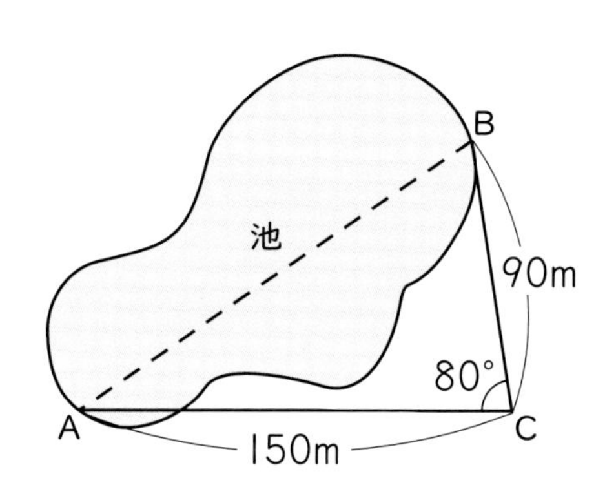

（ ）

3 下の図は、木の根もとから１０ｍはなれたところに立って、木のてっぺんＡを見上げているようすを表したものです。

三角形ABCの $\frac{1}{200}$ の縮図をかいて、実際の木の高さを求めましょう。目の高さは１４０cmとします。 教科書 150ページ 1

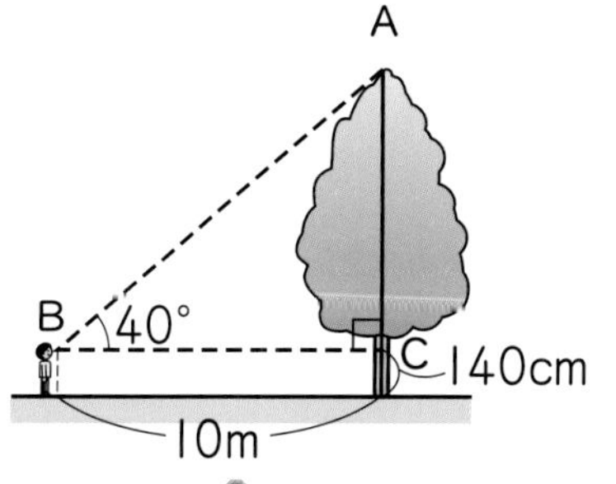

（ ）

ヒント

❶ 実際の直線きょりは、縮図上のＡＥの長さを１０００倍して求めます。

❸ 目の高さの分をたすのを忘(わす)れないようにしましょう。

⑪ 図形の拡大と縮小

教科書 140〜153ページ　答え 28ページ

知識・技能　／30点

1 右の図で、あの長方形の拡大図と縮図を1つずつ選んで、記号で答えましょう。　各5点(10点)

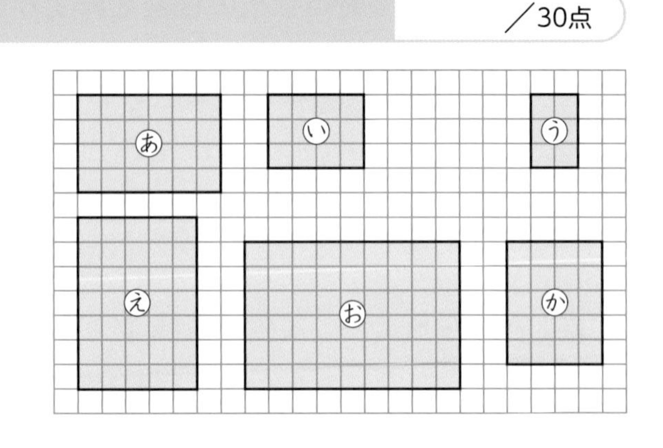

拡大図（　　　）
縮図（　　　）

2 よく出る 右の四角形ABCDの2倍の拡大図をかきましょう。　(10点)

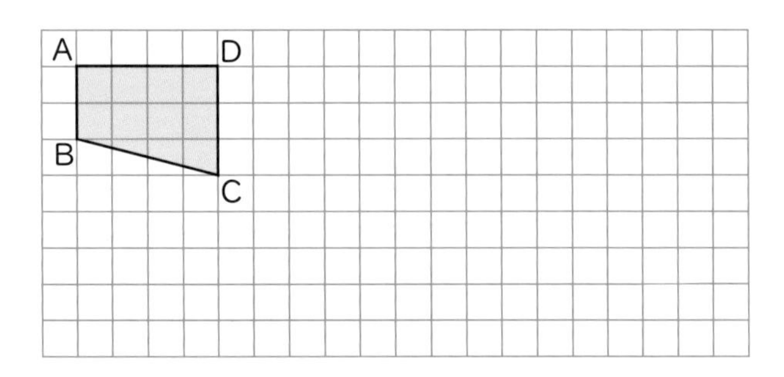

3 よく出る 右のような四角形ABCDの$\frac{1}{3}$の縮図をかきましょう。　(10点)

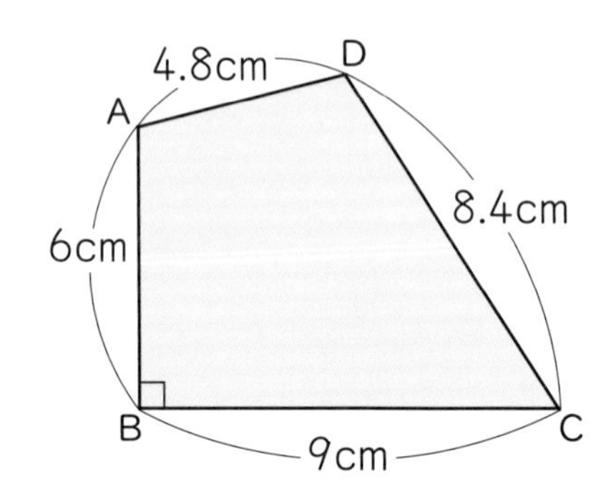

思考・判断・表現　／70点

4 右の図で、三角形ABCは三角形ADEを拡大したものです。　各5点(20点)

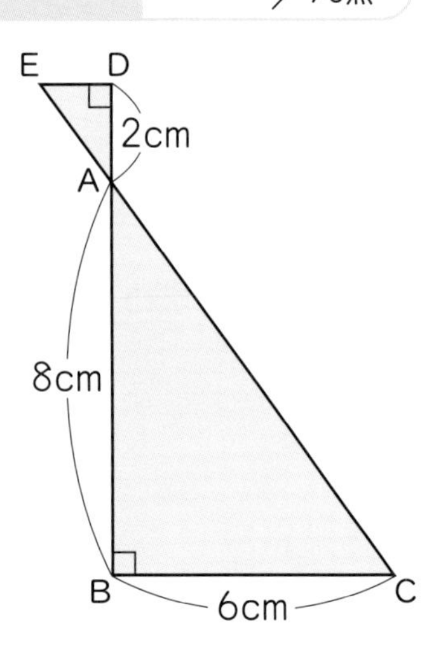

① 三角形ABCは三角形ADEの何倍の拡大図ですか。

（　　　）

② 辺BCに対応する辺はどれですか。
また、その長さは何cmですか。

辺（　　　）長さ（　　　）

③ 三角形ABCの面積は三角形ADEの面積の何倍ですか。

（　　　）

5 よく出る 頂点(ちょうてん)Bを中心にして、五角形ABCDEの2倍の拡大図をかきましょう。

とちゅうで使った線も、消さずに残しておきましょう。 (10点)

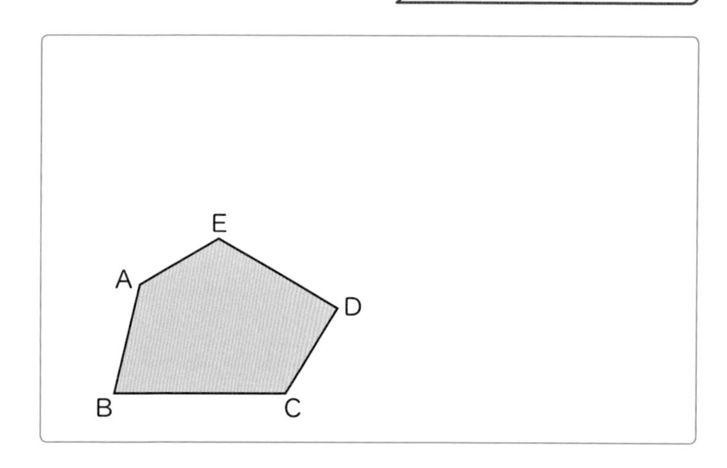

6 長方形の花だんの $\frac{1}{200}$ の縮図をかくと、縦(たて)が4cm、横が6cmになりました。
この花だんの実際の面積は何 m^2 ですか。 (10点)

(　　　　　　)

7 よく出る 三角形ABCの $\frac{1}{300}$ の縮図をかいて、実際の木の高さを求めましょう。
目の高さは1.5mとします。 (15点)

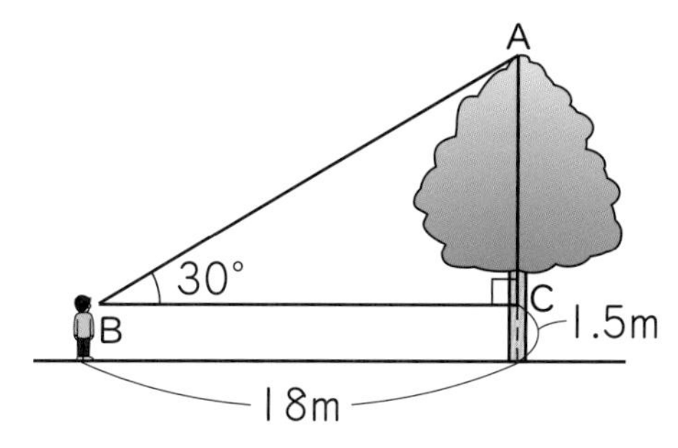

(　　　　　　)

できたらスゴイ!

8 右の三角形の拡大図で、まわりの長さが40cmの三角形をかきたいと思います。
3つの辺の長さは、それぞれ何cmにすればよいですか。 各5点(15点)

A
3.6cm　5.4cm
B　7cm　C

辺AB (　　　　)　辺BC (　　　　)　辺CA (　　　　)

ふりかえり ❶がわからないときは、68ページの❶にもどって確認(かくにん)してみよう。

① 比　例－(1)

次の□にあてはまる数やことばをかきましょう。

ねらい 比例する2つの数量の関係について調べよう。　練習 1 2

✪ともなって変わる2つの数量 x、y があって、x の値が2倍、3倍、……になると、y の値も2倍、3倍、……になるとき、y は x に**比例する**といいます。

✪比例する2つの数量 x、y では、対応する値の商がきまった数になります。

y の値 ÷ x の値 ＝ きまった数

✪比例する x と y の関係は、次のような式に表すことができます。

y＝きまった数×x

1 縦が6cmの長方形で、横の長さを x cm、面積を y cm² として、x と y の関係を次の表に表しました。
　あといの x の値と y の値の変わり方はどのようになっていますか。

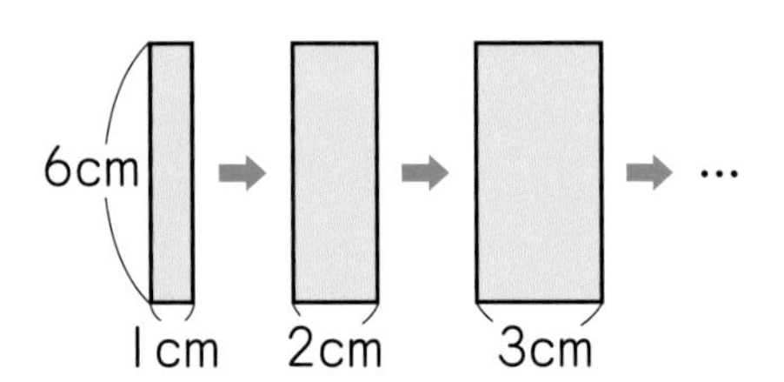

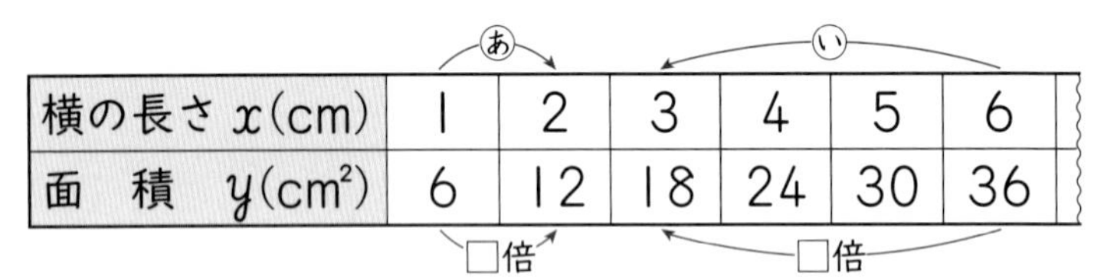

横の長さ x(cm)	1	2	3	4	5	6
面　積　y(cm²)	6	12	18	24	30	36

あ：□倍　い：□倍

解き方 あ…x の値の変わり方 2÷1＝2（倍）、y の値の変わり方 12÷6＝□（倍）

い…x の値の変わり方 3÷6＝□（倍）、y の値の変わり方 18÷36＝□（倍）

2 右の表は、ある針金の長さ x m と重さ y g の関係を表したものです。

長さ x(m)	0.5	1	1.5	2	2.5
重さ y(g)	30	60	90	120	150

(1) 針金の重さは長さに比例していますか。

(2) x と y の関係を式に表しましょう。

解き方 (1) y の値 ÷ x の値 がどれも□（きまった数）になります。

だから、針金の重さは長さに比例して□。

(2) きまった数 が□だから、

y＝□×x
（重さ　きまった数　長さ）

長さが2倍、3倍、……になると、重さが2倍、3倍、……になることからも、比例していることがいえるね。

★できた問題には、「た」をかこう！★

できた 1　できた 2

学習日　月　日

教科書 154～159ページ　答え 29ページ

1 水そうに水を入れたときの時間 x 分と水の深さ y cm の関係を調べると、下の表のようになりました。

教科書 155ページ 1、157ページ 2

時間 x（分）	1	2	3	4	5	6
水の深さ y(cm)	3	6	9	12	15	18

① x の値が2倍、3倍、……になると、y の値はどのように変わりますか。

（　　　　）

② 水の深さは時間に比例していますか。

（　　　　）

③ x の値が $\frac{1}{2}$ 倍、$\frac{1}{3}$ 倍、……になると、y の値はどのように変わりますか。

（　　　　）

④ 水の深さの値を時間の値でわった商は、いくつになっていますか。

（　　　　）

2 油の体積 x L と重さ y g の関係を調べると、下の表のようになりました。

教科書 157ページ 2、159ページ 1

体積 x(L)	0.5	1	1.5	2	2.5	3
重さ y(g)	450	900	1350	1800	2250	2700

① 重さは体積に比例していますか。

（　　　　）

② 重さの値を体積の値でわった商は、いくつになっていますか。

（　　　　）

③ x と y の関係を式に表しましょう。

（　　　　）

ヒント　2 ③ y＝［きまった数］×x の式に表します。

① 比　例ー(2)

教科書 160～167ページ　答え 29ページ

次の□にあてはまることばや文字、数をかきましょう。

ねらい 比例のグラフについて理解しよう。

練習 1→

比例のグラフ

比例する関係を表すグラフは、直線で、
横軸と縦軸の交わる点(x の値0，y の値0)を通ります。

1 針金の長さ x m と重さ y g の関係を表す式は $y=50\times x$ で、対応する x、y の値は右の表のようになりました。

x(m)	0	1	2	3	4	5
y(g)	0	50	100	150	200	250

このグラフを方眼紙にかきましょう。

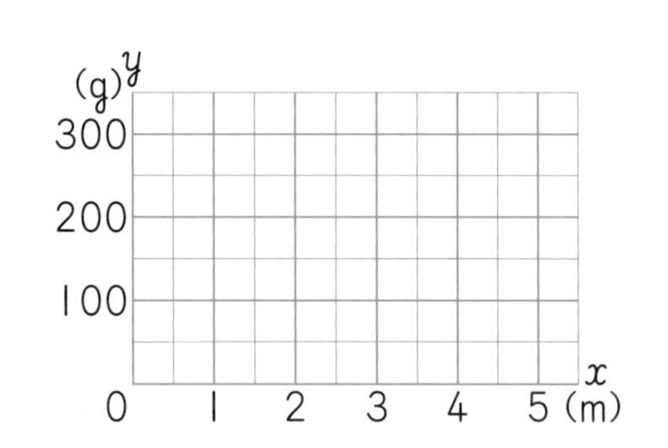

解き方 横軸に[①　　]を、縦軸に[②　　]を目もります。
次に、対応する[③　　]、[④　　]の値の組を表す点をとります。
そして、それらの点を直線でつなぎます。

ねらい 比例のグラフからいろいろなことをよみとろう。

練習 2→

グラフから、x の値に対応する y の値をよみとったり、y の値に対応する x の値をよみとったりすることができます。
また、x と y の関係を式に表したり、グラフからは直接よみとれない x の値や y の値を求めたりすることもできます。

2 ある速さで走るバスがあります。
このバスの走った時間を x 分、走った道のりを y km として、x と y の関係をグラフに表すと、右のようになりました。

(1) グラフから、走った時間が1分のときの道のりをよみとりましょう。

(2) 同じ速さで走り続けたとすると、10分間で走った道のりは何kmですか。

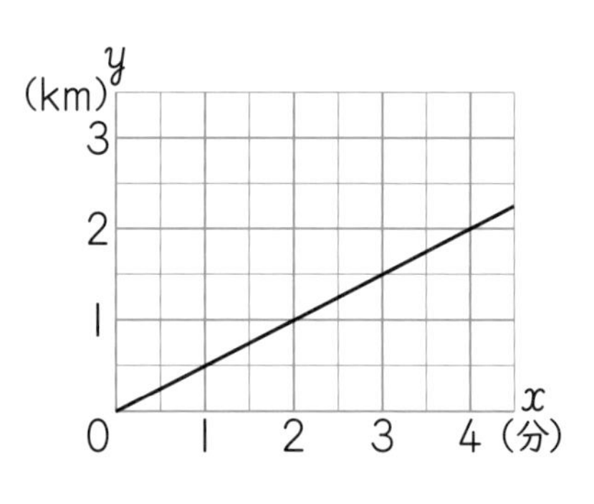

解き方 (1) グラフから x の値が1のときの y の値をよみとると[①　　]だから、
走った時間が1分のときの道のりは[②　　]kmです。

(2) x と y の関係を式に表すと、$y=$[①　　]$\times x$ です。x に10をあてはめて y の値を
→x の値が1のときの y の値(バスの分速)
求めると、$y=$[②　　]$\times 10=$[③　　]　10分間で走った道のりは[④　　]kmです。

1 あきらさんは分速 60 m で歩きます。
出発してからの時間 x 分と道のり y m の関係について答えましょう。

教科書 160ページ 1、164ページ 1

① x に対応する y の値を表にかきましょう。

x(分)	0	1	2	3	4
y(m)					

② x と y の関係を式に表しましょう。

(　　　　　)

③ x と y の関係をグラフに表しましょう。

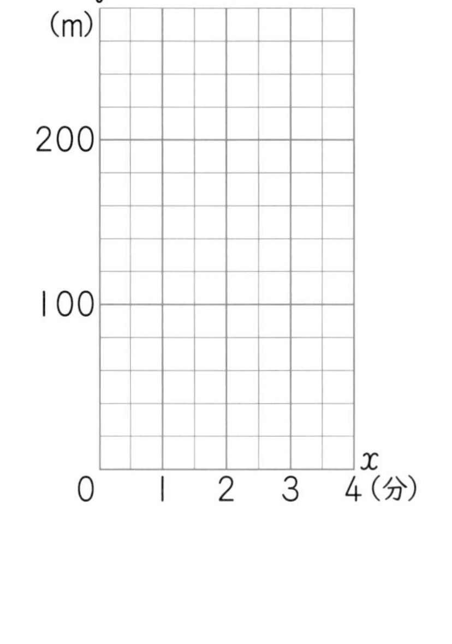

④ 次の□にあてはまることばや数をかきましょう。

・表をみると、x の値が2倍、3倍、……になると、□も2倍、3倍、……になります。

・式をみると、きまった数が□の、比例する関係を表す式です。

・グラフをみると、□で、横軸と縦軸の交わる点を通っています。

よくみて

2 右のグラフは、鉄のパイプの長さ x m とその重さ y kg の関係を表したものです。

教科書 166ページ 3

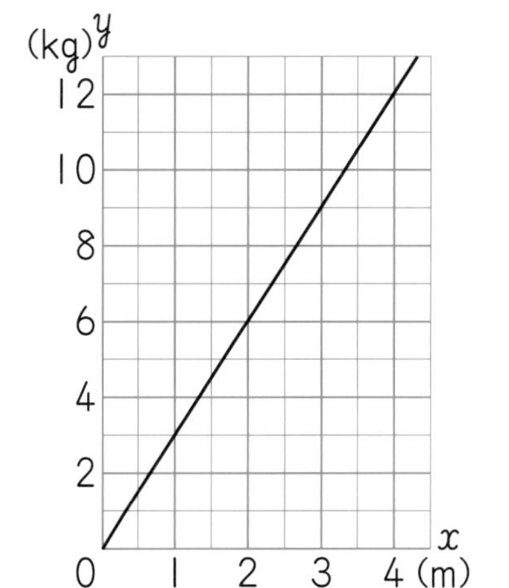

① グラフから、次のことをよみとりましょう。

㋐ 長さ3mの鉄のパイプの重さ

(　　　　　)

㋑ 重さ6kgの鉄のパイプの長さ

(　　　　　)

② x と y の関係を式に表しましょう。

(　　　　　)

③ 重さ 57 kg の鉄のパイプの長さは何 m ですか。

(　　　　　)

ヒント 2 ② きまった数は、1mあたりの鉄のパイプの重さになります。

次の□にあてはまる数をかきましょう。

ねらい 2本の比例のグラフから、いろいろなことをよみとろう。　練習 1→

2人の歩いた時間と道のりのグラフから、2人の速さ、道のり、時間のちがいなどをくらべることができます。

1 右のグラフは、兄と弟が家を同時に出発したときの、歩いた時間 x 分と道のり y m を表しています。

(1) 出発してから4分後には、2人は何 m はなれていますか。

(2) 弟が 150 m の地点を通過するのは、兄が 150 m の地点を通過してから何分後ですか。

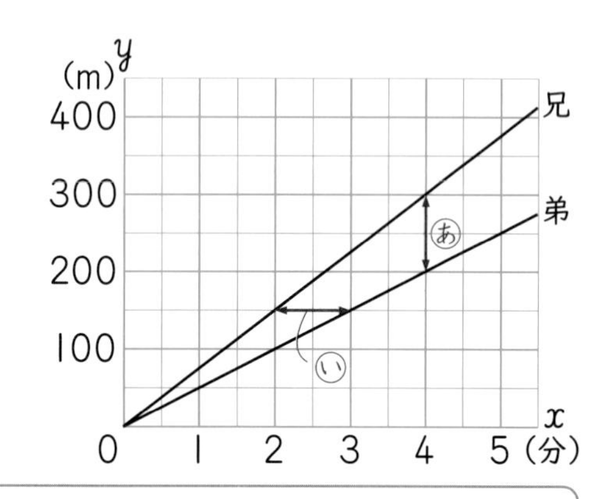

解き方 (1) グラフのあのところを見ると、4分後には、2人は□m はなれています。

(2) グラフのいのところを見ると、弟が 150 m の地点を通過するのは、兄が通過してから□分後です。

グラフを縦に見ると、2人の道のりの差がわかるね。

ねらい 比例の関係を利用して、数量を求められるようになろう。　練習 2→

比例を利用した問題

厚さが同じ板を積み重ねたときの全体の厚さはその枚数に比例するので、10 枚の厚さから、全体の板の枚数や厚さが予想できます。

枚数 x (枚)	10	20	30	40
厚さ y (cm)	3	6	9	12

2 板 10 枚の厚さをはかったら 5cm でした。
このことを使って、板 160 枚のおよその厚さを求めましょう。

解き方 厚さは枚数に比例します。
右のような表をかいて考えると、

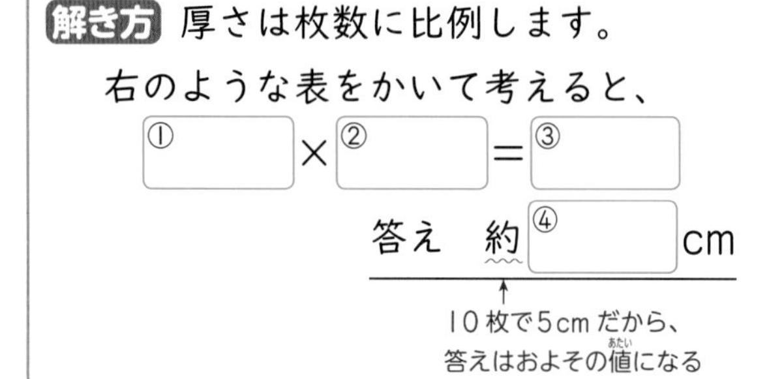

①□ × ②□ = ③□

答え　約 ④□ cm

10 枚で 5cm だから、答えはおよその値になる

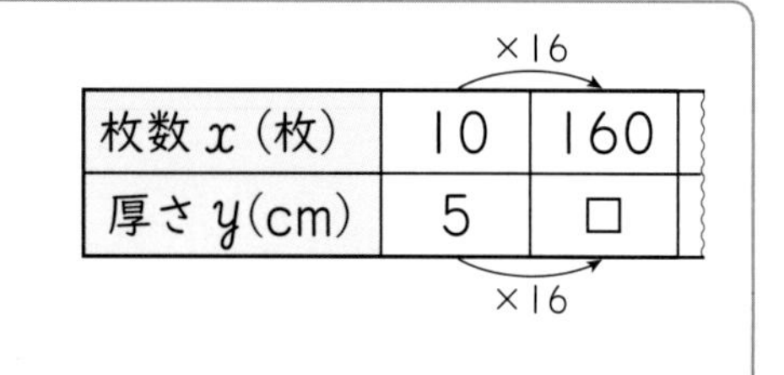

枚数 x (枚)	10	160
厚さ y (cm)	5	□

×16
×16

ぴったり2

練習

★できた問題には、「た」をかこう！★

1 でき　2 でき

教科書 168～171ページ　答え 30ページ

1 列車Aと列車Bは、駅を同時に出発して、同じ方向に走っています。
右のグラフは、そのときの2つの列車の走った時間 x 分と道のり y km を表しています。

教科書 168ページ5

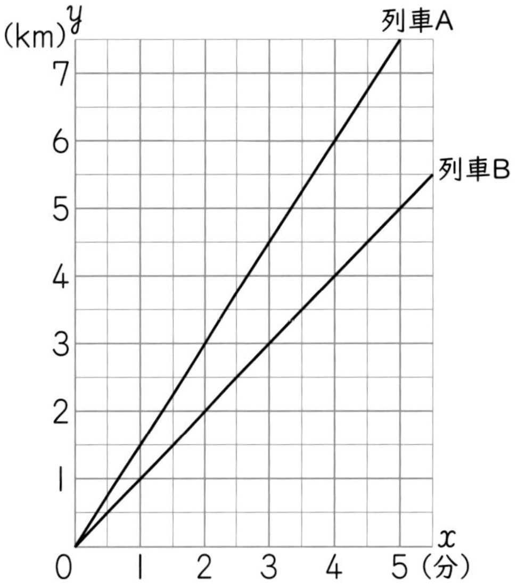

① 列車Aと列車Bでは、どちらのほうが速いといえますか。

(　　　　)

② 出発してから3分後には、2つの列車は何kmはなれていますか。

(　　　　)

③ 列車Bが3kmの地点を通過するのは、列車Aが3kmの地点を通過してから何分後ですか。

(　　　　)

④ 2つの列車ともこのままの速さで走り続けたとすると、駅から12kmはなれた地点には、列車Aは列車Bより何分早く着くことになりますか。

(　　　　)

(グラフ：縦軸 y (km) 0～7、横軸 x (分) 0～5、列車A、列車B)

2 画用紙がたくさんあります。
10枚の重さをはかったら、48gでした。

教科書 170ページ1、171ページ3

① この画用紙400枚のおよその重さを求めましょう。

式

答え (　　　　)

② 画用紙は、全部で、約2.4kgあります。
画用紙は、全部でおよそ何枚あるといえますか。

式

答え (　　　　)

ヒント 2 ② 表をかいて考えましょう。

枚数 x(枚)	10	□
重さ y(g)	48	2400

③ 反比例

次の□にあてはまる数やことばをかきましょう。

ねらい 反比例する2つの数量の関係について調べよう。　練習 1 2→

✪ともなって変わる2つの数量 x、y があって、x の値が2倍、3倍、……になると、y の値が $\frac{1}{2}$ 倍、$\frac{1}{3}$ 倍、……になるとき、y は x に**反比例する**といいます。

✪反比例する2つの数量 x、y では、対応する値の積がきまった数になります。

x の値 × y の値 ＝ きまった数

✪反比例する x と y の関係は、次のような式に表すことができます。

y ＝ きまった数 ÷ x

1 30 km の道のりを行くときの時速 x km と時間 y 時間の関係を調べると、右の表のようになりました。

時速 x(km)	1	2	3	4	5
時間 y(時間)	30	15	10	7.5	6

(1) 時間は時速に反比例していますか。
(2) x と y の関係を式に表しましょう。

時速が2倍、3倍、……になると、時間が $\frac{1}{2}$ 倍、$\frac{1}{3}$ 倍、……になることからも、反比例していることがいえるね。

解き方 (1) x の値 × y の値 がどれも □(きまった数) になります。
だから、時間は時速に反比例して □。

(2) きまった数 が □ だから、
y(時間) ＝ □(きまった数) ÷ x(時速)

ねらい 反比例のグラフについて理解しよう。　練習 3→

反比例のグラフ

反比例の関係を表すグラフは、直線になりません。

2 **1** の時速 x km と時間 y 時間の関係を表す式 $y=30\div x$ のグラフを、方眼紙にかいてみましょう。

解き方 x に対応する y の値を表にかき、方眼紙に点をとっていきます。

時速 x(km)	1	1.5	2	2.5	3	3.5	4	4.5	5
時間 y(時間)	30	20							

四捨五入して $\frac{1}{10}$ の位までの概数にしよう（3.5、4.5）

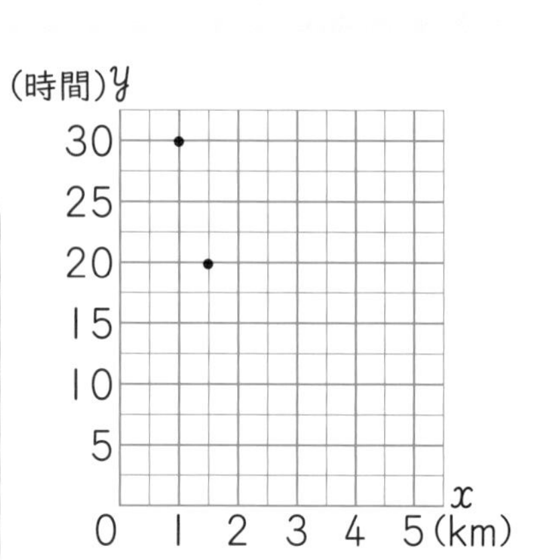

ぴったり2

練習

★できた問題には、「た」をかこう！★

できる ① できる ② できる ③

教科書 174～179ページ　答え 31ページ

1 次のことがらのうち、ともなって変わる２つの数量が反比例するものに○をつけましょう。

教科書 175ページ 1

㋐ 36 km の道のりを歩くときの、歩く速さ時速 x km とかかる時間 y 時間　(　　)

㋑ 底辺が 10 cm の三角形の高さ x cm と面積 y cm²　(　　)

㋒ 油が 20 L あったときの、使った油の量 x L と残りの油の量 y L　(　　)

㋓ 240 ページの本の、よんだページ数 x ページと残りのページ数 y ページ　(　　)

㋔ 面積が 18 cm² の平行四辺形の底辺 x cm と高さ y cm　(　　)

2 まほさんの家から公園までは 1200 m あります。

この道のりを分速 x m の自転車で走ったときにかかる時間を y 分として、x と y の関係を式に表しましょう。

教科書 177ページ 1

(　　)

3 48 L の水がはいる水そうに、水道から 1 分間に x L ずつ水を入れます。水そうがいっぱいになるまでにかかる時間を y 分とします。

教科書 178ページ 1

① x に対応する y の値を表にかきましょう。わり切れないときは、四捨五入して $\frac{1}{10}$ の位までの概数にしましょう。

x(L)	1	2	3	4	5	6	7	8	9	10
y(分)										

② x と y の関係を式に表しましょう。

(　　)

③ ①の表から、対応する x、y の値の組を表す点を右の方眼紙にとりましょう。

(分) y 40 30 20 10 0 5 10(L) x

よくみて

④ 15 分でいっぱいにするには、1 分間に何 L ずつ水を入れればよいですか。

(　　)

ヒント

① xの値 × yの値 = きまった数 となるものに○をつけましょう。

③ ④ ②で表した式の y の値に 15 をあてはめて考えます。

⑫ 比例と反比例

教科書 154～181ページ　答え 31ページ

知識・技能　／55点

1 よく出る 次の x と y の関係を式に表しましょう。
また、y が x に比例するものには○を、反比例するものには△を、どちらでもないものには×をかきましょう。
各4点(40点)

① 1日の昼の長さ x 時間と夜の長さ y 時間

式（　　　　　　）（　　　）

② 正六角形の1辺の長さ x cm とまわりの長さ y cm

式（　　　　　　）（　　　）

③ 58 cm の針金（はりがね）を折り曲げてつくった長方形の縦（たて）の長さ x cm と横の長さ y cm

式（　　　　　　）（　　　）

④ 時速 45 km の自動車が x 時間に進む道のり y km

式（　　　　　　）（　　　）

⑤ 秒速 x m で 200 m 泳ぐときにかかる時間 y 秒

式（　　　　　　）（　　　）

2 次の表は、厚紙の重さ y g が面積 x cm² に比例するようすを表したものです。
全部できて 1問5点(15点)

① 表のあいているところに、あてはまる数をかきましょう。

x(cm²)	10		30	40	50	
y(g)		160			400	480

② x と y の関係を式に表しましょう。

（　　　　　　）

③ x と y の関係をグラフに表しましょう。

(g) y
500
400
300
200
100
0　10　20　30　40　50　60 (cm²) x

思考・判断・表現　／45点

3 右のグラフは、マラソン大会に参加した兄と弟の、走った時間 x 分と道のり y km を表しています。　各5点(15点)

(km) y / 2 / 1 / 0 / 5 / 10 x (分) / 兄 / 弟

① スタートしてから4分後には、2人は何 m はなれていますか。

(　　　　)

② 2人が 400 m はなれるのは、スタートしてから何分後ですか。

(　　　　)

③ 弟が 1.8 km の地点を通過するのは、兄が 1.8 km の地点を通過してから何分後ですか。

(　　　　)

4 ふくろの中に、同じコインが6kg 分はいっています。ふくろの中から 10 枚(まい)取り出して、その重さをはかると、75 g でした。コインは全部で何枚ありますか。　式・答え 各5点(10点)

式

答え (　　　　)

できたらスゴイ！

5 右の方眼紙の点は、面積がきまっている平行四辺形の、底辺 x cm と高さ y cm の関係を表したものです。　各5点(20点)

(cm) y / 20 / 10 / 0 / 10 / 20 x (cm)

① この平行四辺形の面積は何 cm^2 ですか。

(　　　　)

② x と y の関係を式に表しましょう。

(　　　　)

③ x の値(あたい)が4のとき、対応する y の値を求めましょう。

(　　　　)

④ y の値が 20 のとき、対応する x の値を求めましょう。

(　　　　)

ふりかえり　2②がわからないときは、76 ページの2にもどって確認(かくにん)してみよう。

学習日　月　日

見方・考え方を深めよう(2)

ぴったりを探せ！

教科書 182～183 ページ　答え 32 ページ

〈変わり方のきまりをみつけて〉

1　1個150円のなしと1個120円のりんごを、あわせて10個買うと、代金は1320円でした。

① 10個全部がりんごのときと、りんごが9個でなしが1個のときの代金のちがいはいくらですか。

（　　　　）

② なしとりんごを、それぞれ何個買いましたか。表にかいて答えましょう。

なし　（個）	0	1	2		
りんご　（個）	10	9			
代金の合計（円）					1320

なしが1個、2個、……と増えたときの代金の変わり方について考えよう。

なし（　　　　）

りんご（　　　　）

2　1個80円のパンと1個150円のサンドイッチを、あわせて25個買うと、代金は2630円でした。

パンとサンドイッチを、それぞれ何個買いましたか。表にかいて考えましょう。

パン　（個）	0	1	2		
サンドイッチ　（個）	25	24			
代金の合計　（円）					2630

パン（　　　　）　サンドイッチ（　　　　）

3 **1個250円のケーキと1個120円のシュークリームを、あわせて20個買いました。ケーキの代金のほうが、シュークリームの代金よりも2780円高かったそうです。**

① ケーキとシュークリームをどちらも10個ずつ買ったときのケーキの代金とシュークリームの代金の差とくらべて、ケーキ11個とシュークリーム9個を買ったときのケーキの代金とシュークリームの代金の差はいくら多いですか。

（　　　　　）

② ケーキとシュークリームを、それぞれ何個買いましたか。表にかいて考えましょう。

ケーキ　（個）	10	11				
シュークリーム　（個）	10	9				
代金の差　（円）						2780

どちらも10個ずつ買ったときとくらべて、1個ずつ変えていったときの変わり方を考えよう。

ケーキ（　　　　　）

シュークリーム（　　　　　）

よくよんで

4 1本120円のボールペンと1本80円のえん筆を、あわせて30本買いました。えん筆の代金のほうが、ボールペンの代金よりも1200円安かったそうです。ボールペンとえん筆を、それぞれ何本買いましたか。表にかいて考えましょう。

ボールペン　（本）	15	16				
えん筆　（本）	15	14				
代金の差　（円）						1200

ボールペン（　　　　　）　えん筆（　　　　　）

学びをいかそう

見積もりを使って（食といのち）

教科書 184〜185ページ　答え 33ページ

〈切り上げ・切り捨てを使って〉

1 Ｉ個 430 円の電球のＩ週間の売上高は 35690 円でした。
Ｉ週間にどれくらいの電球が売れたかを見積もります。
□にあてはまる数をかきましょう。

430円

① わられる数を切り捨てて、わる数を切り上げて上からＩけたの概数にしてから見積もりました。

35690÷430
（切り捨て）（切り上げ）
Ⓐ 30000 ÷ Ⓘ □ ＝ Ⓤ □（見積もった商）

見積もった商は、もとの商よりも小さくなるので、
売れた個数は Ⓔ □ 個より多い。

② わられる数を切り上げて、わる数を切り捨てて上からＩけたの概数にしてから見積もりました。

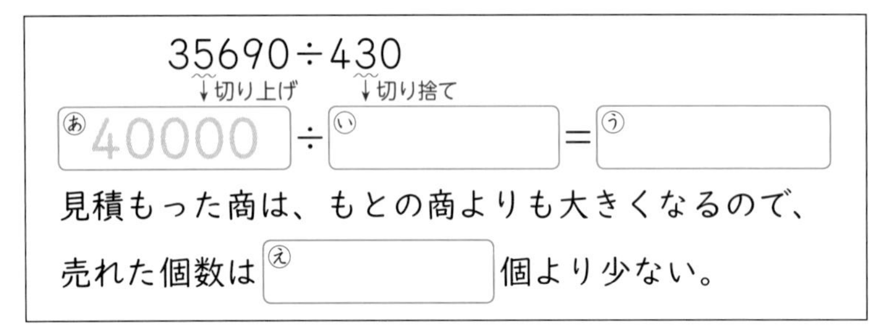
35690÷430
（切り上げ）（切り捨て）
Ⓐ 40000 ÷ Ⓘ □ ＝ Ⓤ □

見積もった商は、もとの商よりも大きくなるので、
売れた個数は Ⓔ □ 個より少ない。

2 Ｉ台 28000 円のカメラが 240 台売れました。
このカメラの売上高がどれくらいになるかを見積もります。

28000円

① 28000 と 240 を切り上げて上からＩけたの概数にしてから見積もりましょう。

式

答え（　　　　）

② 28000 と 240 を切り捨てて上からＩけたの概数にしてから見積もりましょう。

式

答え（　　　　）

③ ①と②の結果から、カメラの売上高について、どのようなことがいえますか。

（　　　　）

〈見積もりのくふう〉

1 **ある動物園にいる象の心臓(しんぞう)のこ動の回数は、１分間に 29 回だそうです。**
この象の一生の間のこ動の回数がどれくらいかを見積もります。
□にあてはまる数をかきましょう。

① １分間のこ動の回数を約 30 回、１日を約 20 時間、１年間を約 400 日、象の一生を約 70 年間と考えて、次のように見積もりました。

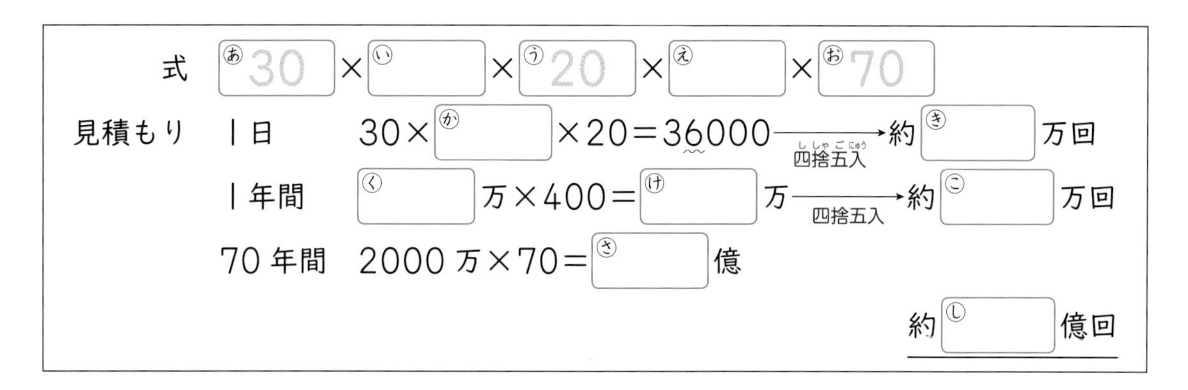

② １分間のこ動の回数を約 30 回、１日を約 25 時間、１年間を約 400 日、象の一生を約 100 年間と考えて、次のように見積もりました。

! まちがい注意

2 犬の心臓のこ動の回数が、１分間に 68 回ありました。
20 年間でこ動の回数は、どれくらいになりますか。
1①のようにして、見積もりましょう。

式

見積もり

答え (　　　　　　)

3 １分間に 18 L の水を使う工場があります。
この工場が、１日中止まることなく、年中無休で営業した場合、３年間ではおよそ何 L の水を使いますか。
1②のようにして、見積もりましょう。

式

答え (　　　　　　)

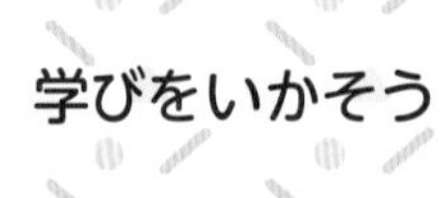

わくわくプログラミング

教科書 186〜187 ページ　答え 33 ページ

次のような命令を組み合わせて、1から100までの整数の表の中からいろいろな倍数をみつけるプログラムをつくっていきます。

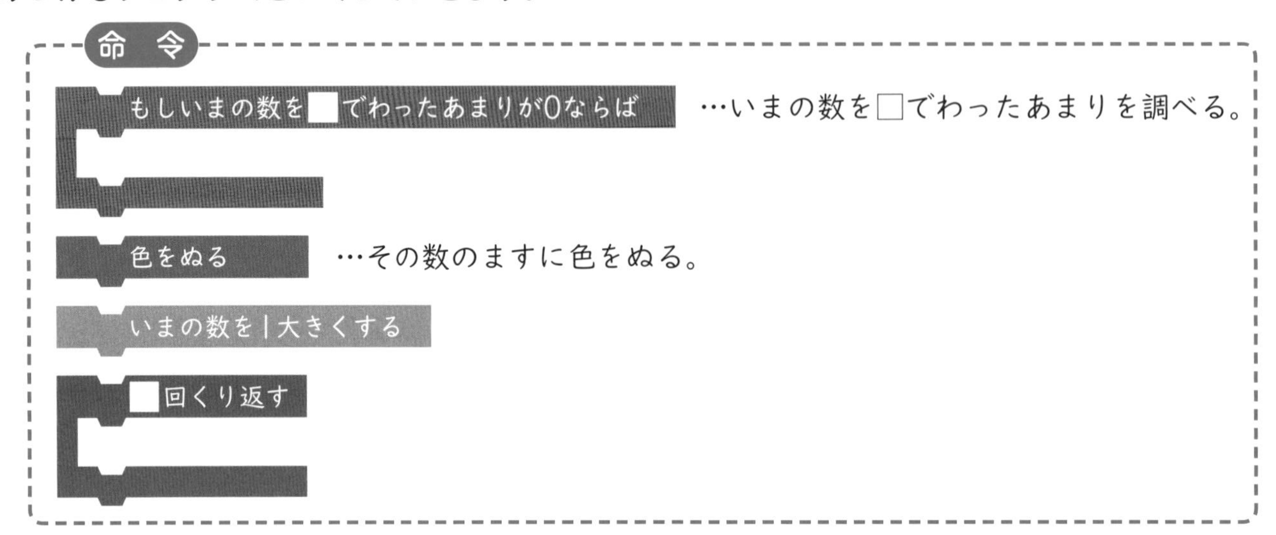

はじめ、「いまの数」は1になっているよ。

右のようなプログラムをつくりました。

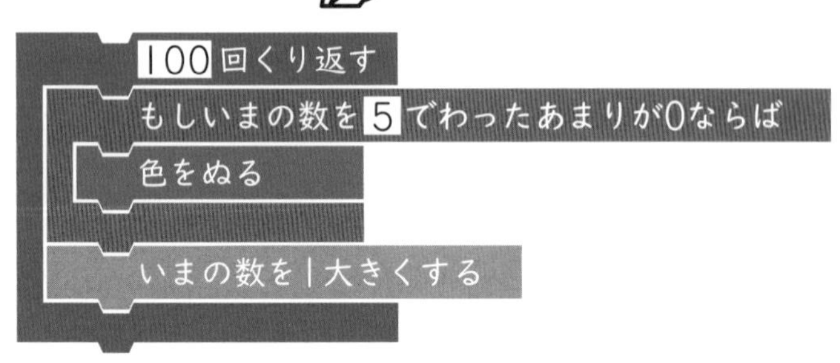

① このプログラムを実行したとき、ぬられるますに色をぬりましょう。

1	2	3	4	5	6	7	8	9	10
11	12	13	14	15	16	17	18	19	20
21	22	23	24	25	26	27	28	29	30
31	32	33	34	35	36	37	38	39	40
41	42	43	44	45	46	47	48	49	50
51	52	53	54	55	56	57	58	59	60
61	62	63	64	65	66	67	68	69	70
71	72	73	74	75	76	77	78	79	80
81	82	83	84	85	86	87	88	89	90
91	92	93	94	95	96	97	98	99	100

② このプログラムでは、何の倍数をみつけることができますか。

（　　　　　）

1から100までの整数の表の中から、4の倍数をみつけるプログラムをつくります。

① 下の□にあてはまる数をかいて、プログラムを完成させましょう。

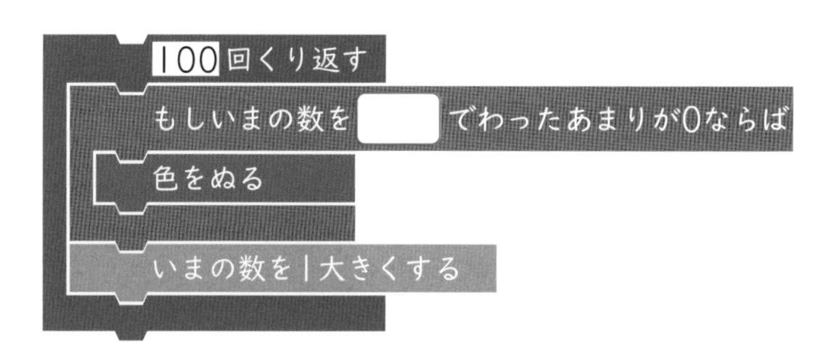

② このプログラムを実行したとき、ぬられるますに色をぬりましょう。

1	2	3	4	5	6	7	8	9	10
11	12	13	14	15	16	17	18	19	20
21	22	23	24	25	26	27	28	29	30
31	32	33	34	35	36	37	38	39	40
41	42	43	44	45	46	47	48	49	50
51	52	53	54	55	56	57	58	59	60
61	62	63	64	65	66	67	68	69	70
71	72	73	74	75	76	77	78	79	80
81	82	83	84	85	86	87	88	89	90
91	92	93	94	95	96	97	98	99	100

できたらスゴイ!

3 右のように色がぬられるプログラムをつくります。

下の□にあてはまる数をかいて、プログラムを完成させましょう。

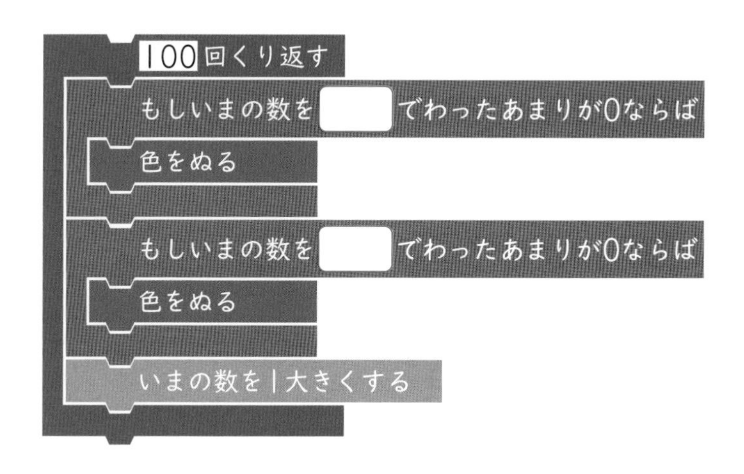

1	2	3	4	5	6	7	8	9	10
11	12	13	14	15	16	17	18	19	20
21	22	23	24	25	26	27	28	29	30
31	32	33	34	35	36	37	38	39	40
41	42	43	44	45	46	47	48	49	50
51	52	53	54	55	56	57	58	59	60
61	62	63	64	65	66	67	68	69	70
71	72	73	74	75	76	77	78	79	80
81	82	83	84	85	86	87	88	89	90
91	92	93	94	95	96	97	98	99	100

色がぬられている整数は、どのような整数になっているかな。

ぴったり1 **準備**

3分でまとめ

13 およその形と大きさ

① およその形と面積
② およその体積
③ 単位の間の関係

学習日　　月　　日

教科書 190～197ページ　答え 34ページ

 次の□にあてはまる数をかきましょう。

ねらい いろいろな形のおよその面積を求められるようにしよう。　練習 1→

身のまわりのいろいろな形のおよその面積は、その形に近い面積の求め方がわかっている図形とみて、求めることができます。
（→三角形や四角形）

1 北海道の形を右のような三角形とみて、およその面積を求めましょう。答えは上から2けたの概数（がいすう）で求めましょう。

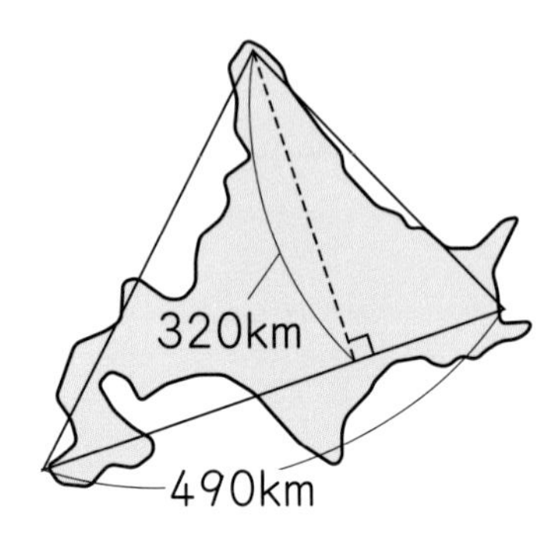

解き方 北海道の形を三角形とみて、およその面積を求めます。
三角形の面積の公式にあてはめると、

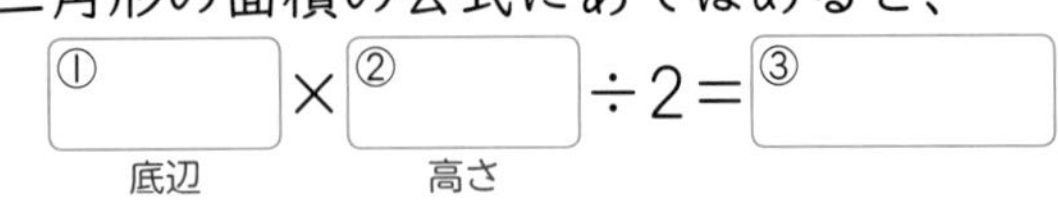

①□（底辺）×②□（高さ）÷2＝③□

答え　約④□ km^2

ねらい およその形をみつけ、その体積を求められるようにしよう。　練習 2 3→

いろいろな形のおよその体積についても、その形に近い体積の求め方がわかっている図形とみて、求めることができます。
（→角柱や円柱）

2 右のような形の水そうを直方体の形とみて、およその容積を求めましょう。（右の図の長さは内のりです。）

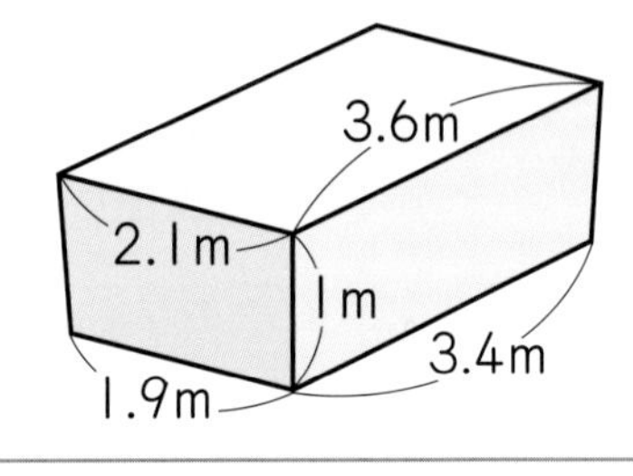

解き方 縦（たて）と横の長さは、上の面と下の面の平均を求めると、縦は3.5m、横は①□mになります。
このことから、この立体を、縦3.5m、横②□m、高さ③□mの直方体とみて、容積を求めます。
直方体の体積の公式にあてはめると、

3.5（縦）×④□（横）×⑤□（高さ）＝⑥□

答え　約⑦□ m^3

だいたい直方体の形とみることができるね。

ねらい 単位の間の関係について理解しよう。　練習 4→

✪ある単位の前にk（キロ）がつくと1000倍、h（ヘクト）がつくと100倍、da（デカ）がつくと10倍を表します。

✪ある単位の前にd（デシ）がつくと$\frac{1}{10}$倍、c（センチ）がつくと$\frac{1}{100}$倍、m（ミリ）がつくと$\frac{1}{1000}$倍を表します。

1km＝1000m、1ha＝100a
1dL＝$\frac{1}{10}$L、1cm＝$\frac{1}{100}$m
1mm＝$\frac{1}{1000}$m

学習日 月 日

教科書 190〜197ページ　答え 34ページ

1 四国の形を右のような台形とみて、およその面積を求めましょう。答えは上から2けたの概数で求めましょう。 教科書 191ページ 1

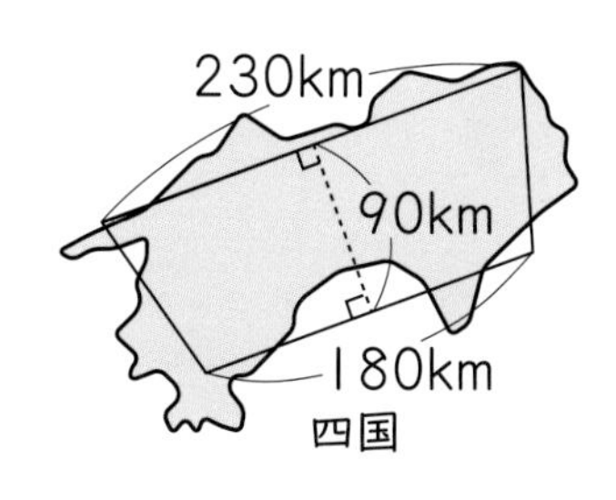

式

答え（　　　　　）

2 右のような形をしたかばんがあります。このかばんに入れることができるもののおよその体積は、何 cm^3 ですか。 教科書 192ページ 1

式

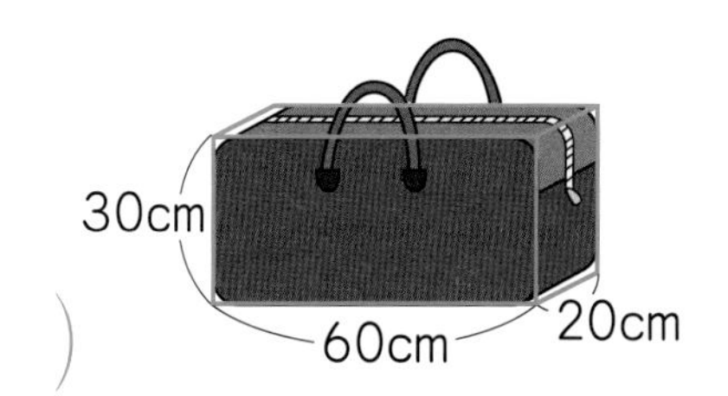

答え（　　　　　）

3 右のようなロールケーキを円柱の形とみて、およその体積を求めましょう。

式 教科書 192ページ 3

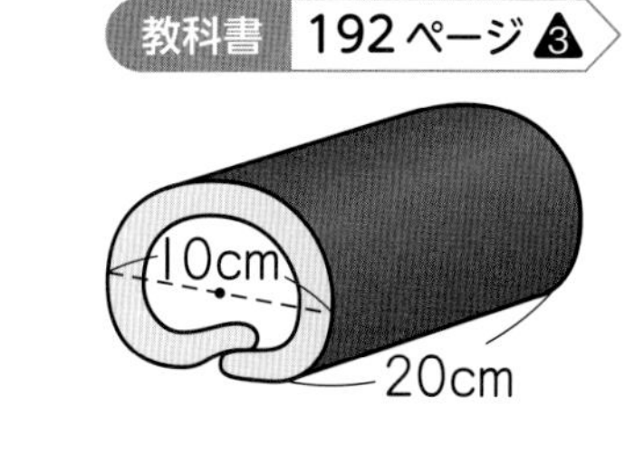

答え（　　　　　）

4 次の□にあてはまる数をかきましょう。 教科書 196ページ 1

① 正方形の面積は、1辺の長さが
100倍になると□倍、
1000倍になると□倍になります。

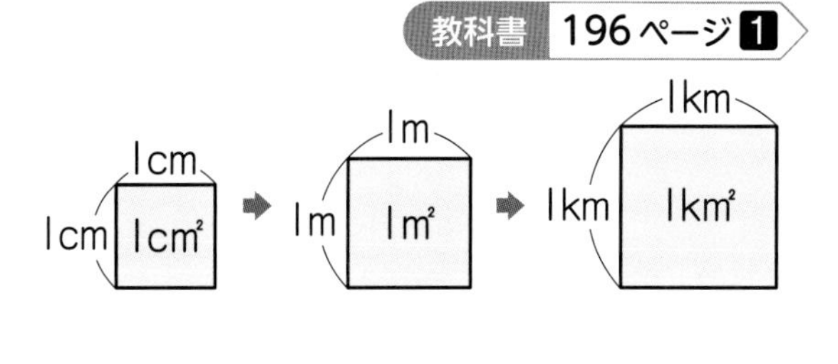

② 立方体の体積は、1辺の長さが
100倍になると□倍、
1000倍になると□倍になります。

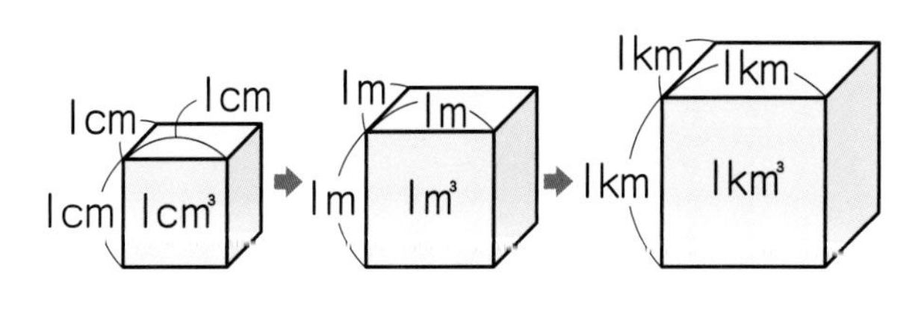

ヒント ② およそ直方体の形とみます。

⑬ およその形と大きさ

教科書 190〜197ページ　答え 34ページ

知識・技能　／80点

1 次の□にあてはまることばをかきましょう。　全部できて 1問6点(30点)

① 三角形の面積＝□×□÷2

② 平行四辺形の面積＝□×□

③ 台形の面積＝(□＋□)×□÷2

④ 直方体の体積＝□×□×□

⑤ 円柱の体積＝□×□×円周率×□

2 よく出る 次の形のおよその面積を求めましょう。
答えは上から2けたの概数(がいすう)で求めましょう。　式・答え 各5点(30点)

① 畑

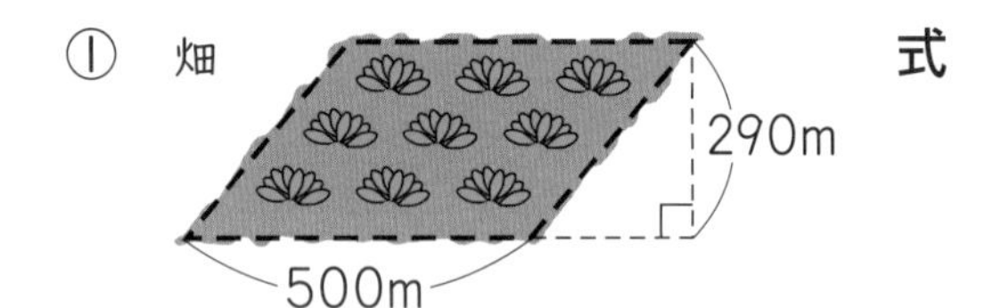

式

答え（　　　　）

② 池

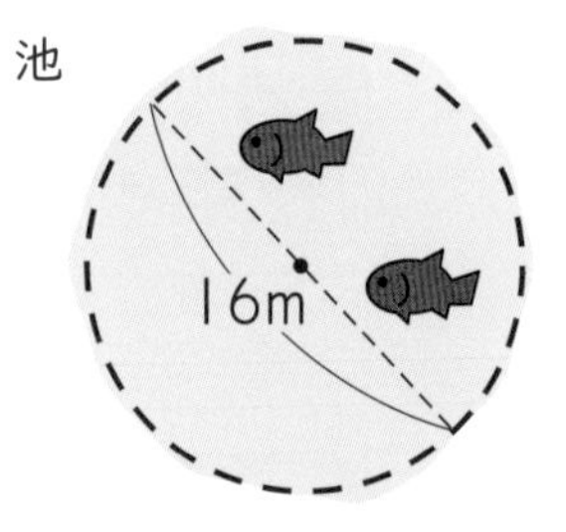

式

答え（　　　　）

③ 公園

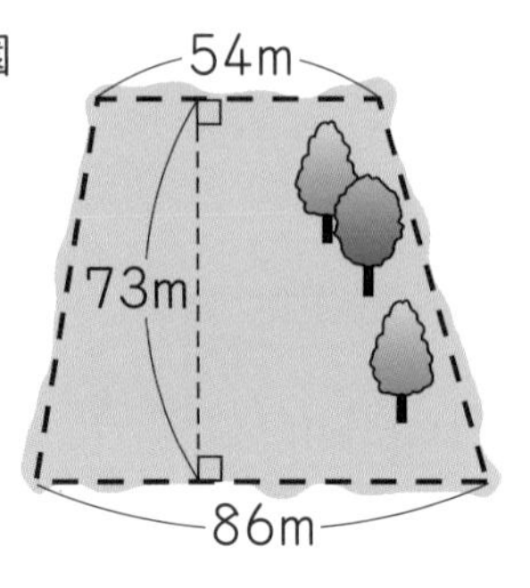

式

答え（　　　　）

3 よく出る 次のような乗り物を直方体の形とみて、およその体積を求めましょう。

式・答え 各5点(20点)

①

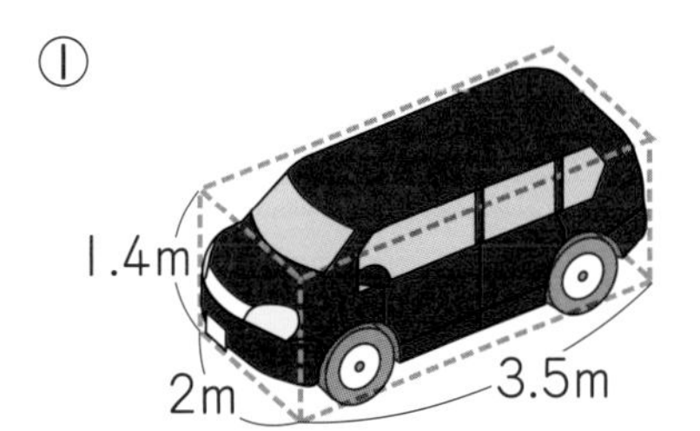

式

答え（　　　　）

②

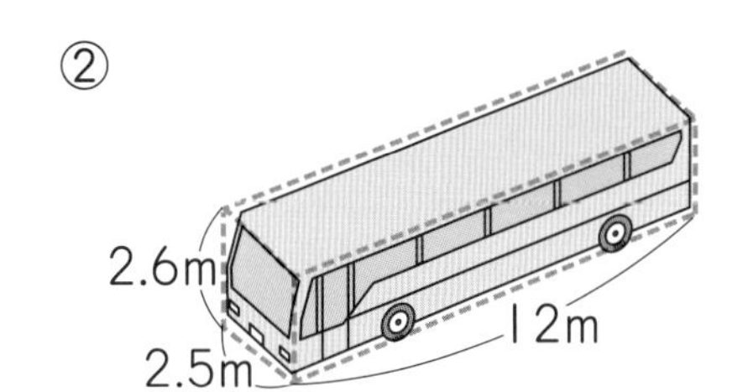

式

答え（　　　　）

思考・判断・表現　／20点

4 右のような形の水そうがあります。
この水そうを直方体の形とみて、およその容積を求めましょう。　式・答え 各5点(10点)

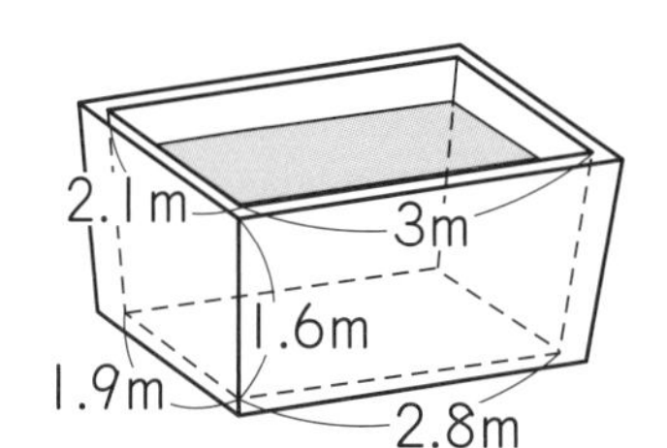

式

答え（　　　　）

5 右のような丸太を円柱の形とみます。およその体積は何 cm^3 ですか。
答えは上から3けたの概数で求めましょう。　式・答え 各5点(10点)

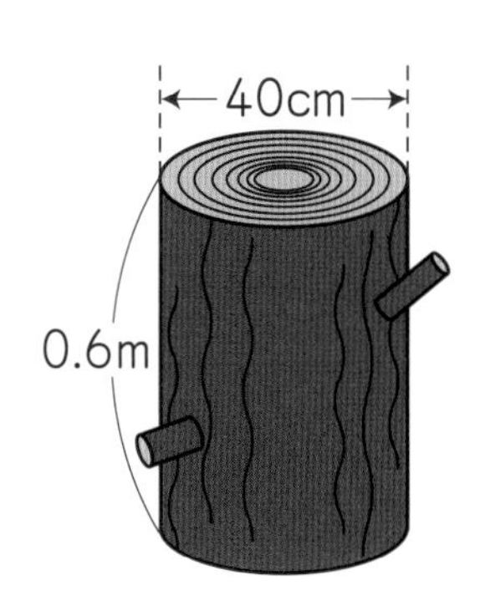

式

答え（　　　　）

❷がわからないときは、92ページの❶にもどって確認(かくにん)してみよう。

見方・考え方を深めよう(3)

ようい、スタート！

教科書 198～201 ページ　答え 34 ページ

〈全体を1とし、割合（わりあい）を考えて〉

1 プールいっぱいに水を入れるのに、A管とB管の2本を使います。
A管を使うと20時間、B管を使うと30時間かかります。
両方をいっしょに使うと、何時間でいっぱいになりますか。

① プール全体を1として考えます。
A管で1時間に入れられる水の量は、プール全体のどれだけにあたりますか。

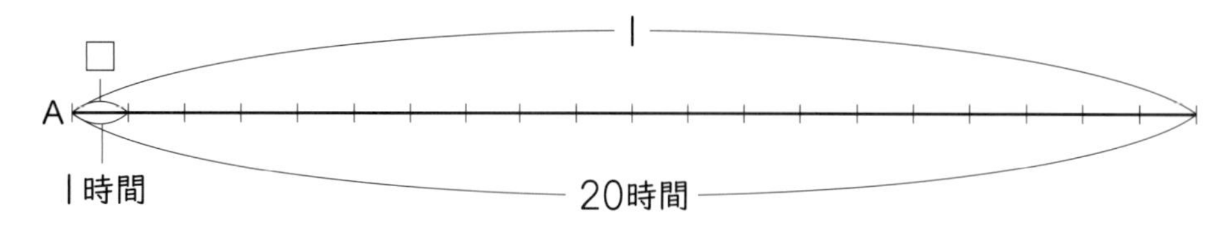

（ $\frac{1}{20}$ ）

② 両方をいっしょに使うと、1時間に入れられる水の量は、
プール全体のどれだけにあたりますか。

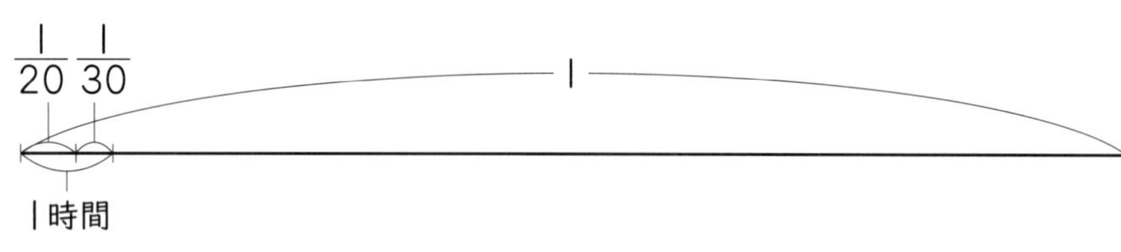

B管で1時間に入れられる水の量は、プール全体の $\frac{1}{30}$ の大きさにあたるね。

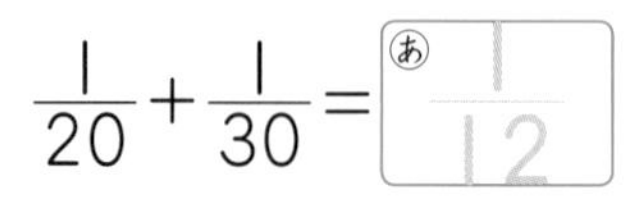

$\frac{1}{20}+\frac{1}{30}=$ あ $\frac{1}{12}$

答え い

③ 両方をいっしょに使って水を入れると、
何時間でいっぱいになりますか。

$1\div$ あ $\frac{1}{12}$ $=$ い

いっぱいになるまでの時間は、
プール全体に入る水の量 ÷ 1時間に入れられる水の量
だね。

答え う 時間

2 まみさんと先生の2人で、教室のそうじをします。
まみさん1人でそうじをすると1時間15分、先生1人ですると50分かかります。
2人でいっしょにすると、何分かかりますか。

式

答え（　　　　　）

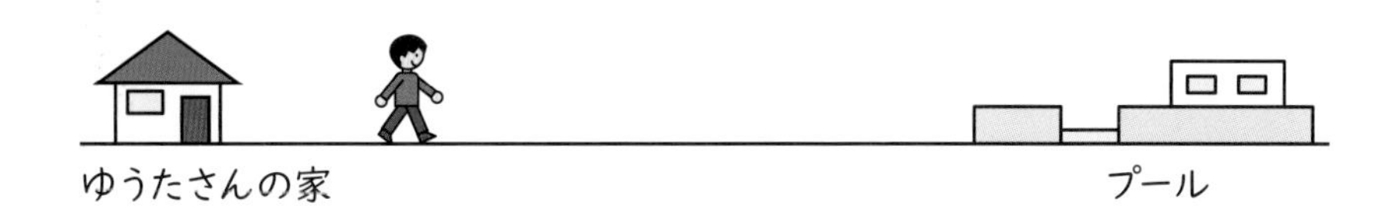

3 ゆうたさんは、家からプールまで行くのに、歩けば15分、走れば6分かかります。
ゆうたさんは、はじめ5分間歩き、そのあと走って、家からプールまで行きました。
走ったのは何分ですか。

① ゆうたさんが1分間に歩く道のりは、家からプールまでの道のりのどれだけにあたりますか。
また、1分間に走る道のりは、家からプールまでの道のりのどれだけにあたりますか。

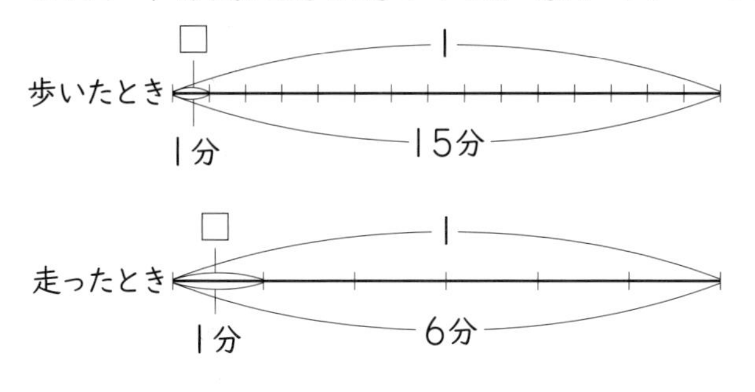

家からプールまでの
道のりを1として
考えるよ。

歩いたとき（　　　）　走ったとき（　　　）

② ゆうたさんが、はじめ5分間歩いた道のりは、
家からプールまでの道のりのどれだけにあたりますか。

○分間に進む道のりは、
（1分間に進む道のり）×○分
だよ。

式

答え（　　　）

③ 走った時間は何分ですか。

式

答え（　　　）

4 **3**で、はじめ2分間走り、そのあと歩いて、家からプールまで行きました。
歩いたのは何分ですか。

式

答え（　　　）

学習日　月　日

学びをいかそう

すごろく

教科書 202〜203ページ　答え 35ページ

1 あゆみさん、かのんさん、さおりさん、たかこさんの４人がすごろくをします。
ないとさんと、はやとさんは、４人の順位を、次のように予想しました。

ないとさんの予想	
１位	あゆみさん
２位	たかこさん
３位	さおりさん
４位	かのんさん

はやとさんの予想	
１位	かのんさん
２位	たかこさん
３位	あゆみさん
４位	さおりさん

結果を見ると、どちらの予想も１つの順位だけあっていて、
１位はどちらの予想ともあっていませんでした。
考えられる４人の順位を、すべて考えます。□にあてはまる名前をかきましょう。

① ないとさんの２位の予想があっていたとして考えます。
１位はどちらの予想ともあっていないことと、たかこさんは２位であることから、
１位は㋐□さんにきまります。
１位と２位の人がきまったことと、ないとさんの４位の予想はあっていないことから、
４位は㋑□さんにきまり、３位は㋒□さんにきまります。
このとき、２人の予想を見ると、問題の条件にあてはまっています。

② ないとさんの３位の予想があっていたとして考えます。
１位はどちらの予想ともあっていないことと、さおりさんは３位であることから、
１位は㋐□さんにきまります。
１位と３位の人がきまったことと、ないとさんの４位の予想はあっていないことから、
４位は㋑□さんにきまり、２位は㋒□さんにきまります。
このとき、はやとさんの予想を見ると、全部あっていないので、条件にあてはまりません。

③ ないとさんの４位の予想があっていたとして考えます。
ないとさんの２位の予想はあっていなくて、４位の予想はあっていることから、
はやとさんの予想は、２位も４位もあっていないことになります。
このことと、１位はどちらの予想ともあっていないことから、はやとさんの３位の予想が
あっていたことになるので、３位は㋐□さんにきまります。
３位と４位の人がきまったことと、ないとさんの２位の予想はあっていないことから、
２位は㋑□さんにきまり、１位は㋒□さんにきまります。
このとき、２人の予想を見ると、問題の条件にあてはまっています。

④ ４人の順位は、１位さおりさん、２位㋐□さん、３位㋑□さん、４位㋒□さん、
または、１位たかこさん、２位㋓□さん、３位㋔□さん、４位㋕□さんです。

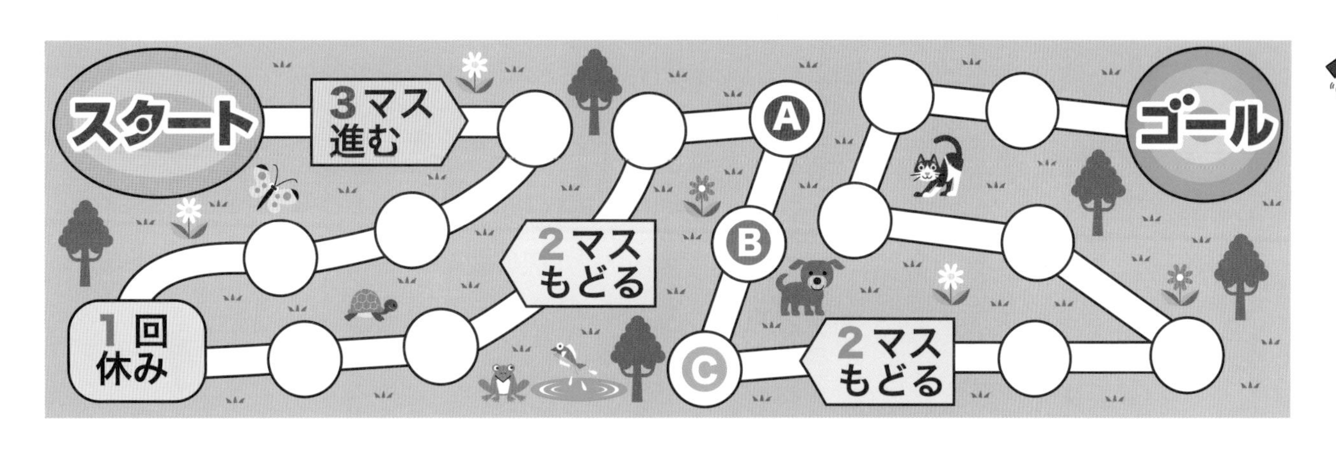

2 こんどは、ないとさん、はやとさん、まさきさんの3人がすごろくをしています。
サイコロをふって目の数だけ進んでいき、3回目が終わったときの3人のこまは、上の絵のⒶ、Ⓑ、Ⓒのようになりました。
3人は、出たサイコロの目について、次のようにいっています。

3回とも奇数(きすう)の目が出ました。

最初に5の目が出て、1回休んで、その次は偶数(ぐうすう)の目が出ました。

3回とも同じ目が出ました。

3人のこまは、それぞれ、どのように進んだと考えられますか。
□にあてはまる数や、Ⓐ、Ⓑ、Ⓒの記号をかきましょう。

① はやとさんのこまが、どのように進んだかを考えます。

はやとさんは、3回目に1回休みのマスからサイコロをふって、偶数の目が出たことになります。1回休みのマスから、2マス進んだマスと4マス進んだマスにはこまがないので、はやとさんは、3回目に あ□ の目を出したことになります。

だから、はやとさんのこまは い□ にきまります。

② まさきさんのこまが、どのように進んだかを考えます。

連続して1の目が出たとすると、2回目が終わったとき、1回休みのマスに止まるので、3回目はサイコロをふることができません。

連続して2の目が出たとすると、3回目が終わったとき、スタートから6番目のマスに止まることになりますが、そのマスにはこまがありません。

このようにして順に調べていくと、まさきさんは、3回連続して あ□ の目を出したことになり、まさきさんのこまは い□ にきまります。

③ ないとさんのこまが、どのように進んだかを考えます。

①と②の結果から、ないとさんのこまは あ□ にきまります。

ないとさんは3回とも奇数の目が出たことから、ないとさんの出した目を考えると、1回目は い□ の目を出し、2回目と3回目で う□ の目と え□ の目を1回ずつ出したことになります。

6年のまとめ　数と式

整数・小数・分数

学習日　　月　　日

時間 20 分　　／100　合格 80 点

教科書 210 ページ　答え 36 ページ

1 次の数を数直線に表しましょう。　各5点(20点)

1.8、$\frac{3}{5}$、0.2、$\frac{11}{5}$

2 下の数直線のあ、い、うにあたる数をかきましょう。　各6点(18点)

あ(　　　)　い(　　　)

う(　　　)

3 **次の問いに答えましょう。**　各6点(18点)

① 7400000は、1000を何個集めた数ですか。

(　　　)

② 16.7は、0.1を何個集めた数ですか。

(　　　)

③ 1.4は、0.01を何個集めた数ですか。

(　　　)

4 **次の問いに答えましょう。**　各5点(10点)

① 241の$\frac{1}{1000}$の数はいくつですか。

(　　　)

② 10.7の100倍の数はいくつですか。

(　　　)

5 **四捨五入(ししゃごにゅう)で、$\frac{1}{10}$の位までの概数(がいすう)で表しましょう。**　各5点(10点)

① 5.38

(　　　)

② 50.839

(　　　)

6 **次の問いに答えましょう。**　各6点(24点)

① 6の倍数を、小さい順に3個かきましょう。

(　　　)

② 6の約数をすべてかきましょう。

(　　　)

③ 15と20の最小公倍数をかきましょう。

(　　　)

④ 18と24の最大公約数をかきましょう。

(　　　)

学習日　　月　　日

時間 20 分　　/100　合格 80 点

6年のまとめ　数と式

分数と小数、式

教科書 211～212ページ　答え 36ページ

1 次の問いに答えましょう。　各6点(48点)

① 次の□にあてはまる数をかきましょう。

㋐ $\frac{2}{5}$ は $\frac{1}{5}$ の□個分

(　　　　)

㋑ $\frac{4}{7}=4\div\square$

(　　　　)

② 次の仮分数を帯分数に、帯分数を仮分数になおしましょう。

㋐ $\frac{25}{7}$　　㋑ $3\frac{2}{5}$

(　　　　)　(　　　　)

③ 約分しましょう。

㋐ $\frac{8}{24}$　　㋑ $\frac{6}{27}$

(　　　　)　(　　　　)

④ 通分しましょう。

㋐ $\frac{2}{3}$、$\frac{2}{7}$　　㋑ $\frac{4}{15}$、$\frac{5}{3}$

(　　　　)　(　　　　)

2 次の□にあてはまる数をかきましょう。　各5点(10点)

① $4=\frac{9}{\square}$　　② $4.8=\frac{48}{\square}$

3 次のことがらについて、x と y の関係を式に表しましょう。　各6点(18点)

① 1個 x g のかんづめ12個の重さ y g

(　　　　)

② 1個 x 円のもも8個を、300円の箱につめてもらったときの代金 y 円

(　　　　)

③ 底辺 x cm、面積 30 cm² の平行四辺形の高さ y cm

(　　　　)

4 右の図の面積の求め方をいろいろに考えて式に表しました。

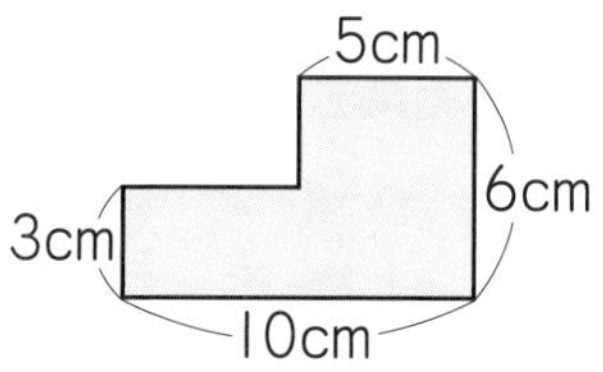

下の①～④の式は、どんな考え方を表していますか。あとの㋐～㋓から記号で答えましょう。　各6点(24点)

① $3\times5+6\times5$　(　　　)

② $3\times5+3\times10$　(　　　)

③ $6\times(5+2.5)$　(　　　)

④ $6\times10-3\times5$　(　　　)

あ (□の部分をひく)

い (縦に分ける)

う (□の部分をうつす)

え (横に分ける)

計　算

学習日　　月　　日

時間20分　　／100　合格80点

教科書 214ページ　答え 36ページ

1 次の計算をしましょう。　各3点(24点)

① $2.4+5.3$　② $6.7+0.08$

③ $7.8-1.5$　④ $4.5-3.7$

⑤ 4.3×6　⑥ 3.6×1.5

⑦ $6.3\div9$　⑧ $4.5\div0.6$

2 次の計算の整数の商と余りを求めましょう。
　また、答えの確かめをしましょう。　各4点(8点)

① $171\div8$　② $187\div26$

確かめ（　　　）　確かめ（　　　）

3 ①、②はわり切れるまで計算しましょう。
　③、④は商を四捨五入で、$\frac{1}{100}$の位まで求めましょう。　各3点(12点)

① $52\div16$　② $21\div2.4$

③ $24\div7$　④ $67.5\div13$

4 次の計算をしましょう。　各4点(40点)

① $\frac{1}{8}+\frac{5}{6}$　② $\frac{3}{4}+\frac{1}{20}$

③ $\frac{5}{6}-\frac{2}{9}$　④ $\frac{9}{10}-\frac{2}{5}$

⑤ $\frac{2}{5}\times\frac{7}{2}$　⑥ $\frac{4}{15}\times\frac{9}{8}$

⑦ $10\times\frac{5}{12}$　⑧ $\frac{4}{5}\div\frac{4}{9}$

⑨ $\frac{5}{6}\div\frac{20}{9}$　⑩ $\frac{7}{16}\div14$

5 次の計算をしましょう。　各4点(16点)

① $8\times13-24\div8$

② $(12+6)\div3-4$

③ $15-4.2\times(8-5)$

④ $\frac{4}{7}\div0.96\div\frac{5}{12}$

学習日　　月　　日

計算のきまりとくふう

時間 20 分　　／100　合格 80 点

教科書 215ページ　答え 37ページ

1 次の計算は、下の㋐～㋓のどのきまりを使っていますか。　各6点(18点)

① $48+12=40+(8+12)$　(　　　)

② $25\times28=(25\times4)\times7$　(　　　)

③ $35\times4=30\times4+5\times4$　(　　　)

㋐ $a+b=b+a$
㋑ $(a+b)+c=a+(b+c)$
㋒ $(a\times b)\times c=a\times(b\times c)$
㋓ $(a+b)\times c=a\times c+b\times c$

2 計算のきまりを使って、次の計算をしましょう。とちゅうの計算もかきましょう。　各8点(32点)

① $3.6+5.8+1.2$

② $8\times4\times3\times25$

③ $78\times6+78\times4$

④ $64\times3.14-54\times3.14$

3 $999=1000-1$、$25\times4=100$ などを使って、次の計算をしましょう。とちゅうの計算もかきましょう。　各10点(30点)

① $485+999$

② $2000-993$

③ 16×25

4 $48\times5=240$ を使って、次の計算をしましょう。　各5点(20点)

① 48万×5万

② 48億×5万

③ 240万÷5万

④ 240兆÷48万

計算の見積もり

学習日　月　日

時間 20 分　/100　合格 80 点

教科書 216ページ　答え 38ページ

1 次の和や差を、一万の位までの概数（がいすう）で見積もります。□にあてはまる数をかいて、答えを求めましょう。　式・答え 各4点(16点)

① 376152＋214098

式 □＋□

答え（　　）

② 6815374－597206

式 □－□

答え（　　）

2 次の和や差を、千の位までの概数で見積もります。□にあてはまる数をかいて、答えを求めましょう。　式・答え 各4点(16点)

① 24271＋55710

式 □＋□

答え（　　）

② 102921－60315

式 □－□

答え（　　）

3 次の積や商に近い数に○をつけましょう。　各5点(20点)

① 373×518

（2万　20万　200万　2000万）

② 71.7×8.25

（5.6　56　560　5600）

③ 253911÷5013

（5　50　500　5000）

④ 612.6÷6.18

（1　10　100　1000）

4 **3**と同じように考えて、次の積を見積もります。□にあてはまる数をかいて、答えを求めましょう。　式・答え 各4点(24点)

① 2173×998

式 □×□

答え（　　）

② 384.1×62

式 □×□

答え（　　）

③ 57.76×3.14

式 □×□

答え（　　）

5 **3**と同じように考えて、次の商を見積もります。□にあてはまる数をかいて、答えを求めましょう。　式・答え 各4点(24点)

① 8034÷39

式 □÷□

答え（　　）

② 298.5÷72

式 □÷□

答え（　　）

③ 48.97÷0.59

式 □÷□

答え（　　）

平　面

1 下の図で、点Aを通って直線あに平行な直線をかきましょう。

また、点Aを通って直線いに垂直(すいちょく)な直線をかきましょう。　各8点(16点)

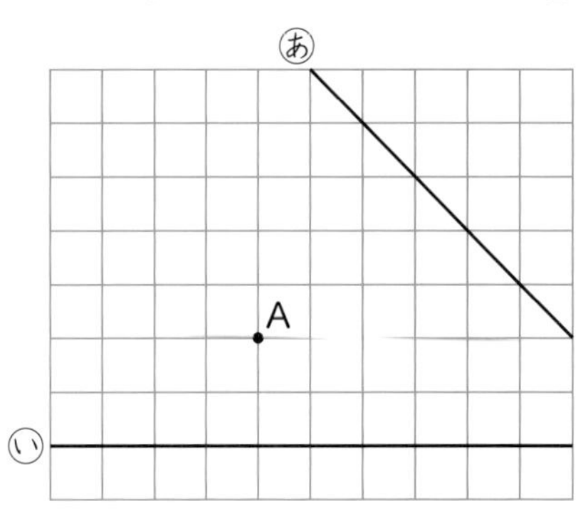

2 下の平行四辺形で、あ、い、うの角の大きさは、それぞれ何度ですか。　各9点(27点)

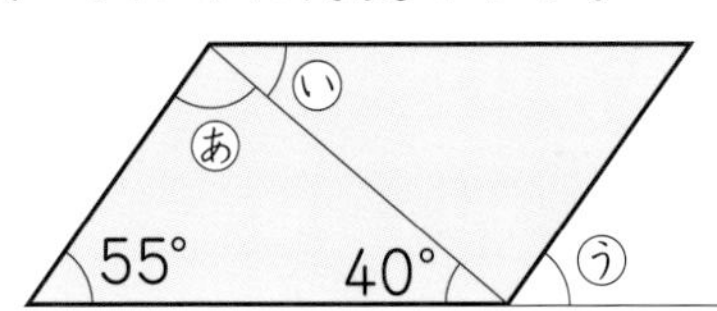

あ（　　　）　い（　　　）

う（　　　）

3 **次の図形の面積を求めましょう。**

式・答え 各5点(30点)

① 底辺10cm、高さ7cmの三角形

式

答え（　　　）

② 上底4cm、下底8cm、高さ6cmの台形

式

答え（　　　）

③ 半径8cmの円

式

答え（　　　）

4 三角形ABCの3倍の拡大図(かくだいず)が三角形ADE、4倍の拡大図が三角形AFGです。

三角形AFGは三角形ADEの何倍の拡大図になっていますか。　(9点)

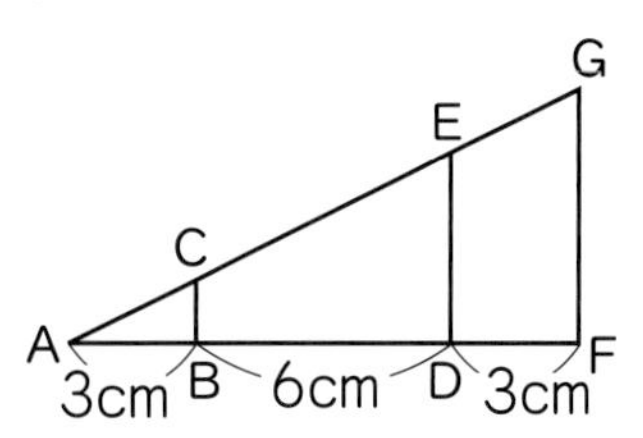

（　　　）

5 下の方眼紙あに、直線ABが対称(たいしょう)の軸(じく)になるように線対称な図形をかきましょう。

また、方眼紙いに、点Oが対称の中心になるように点対称な図形をかきましょう。

各9点(18点)

あ

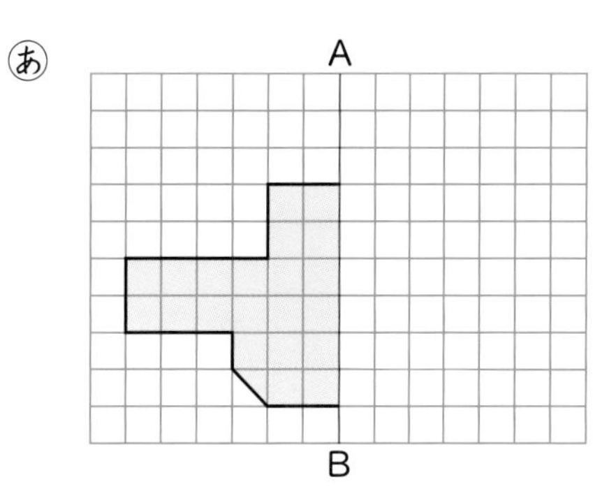

い

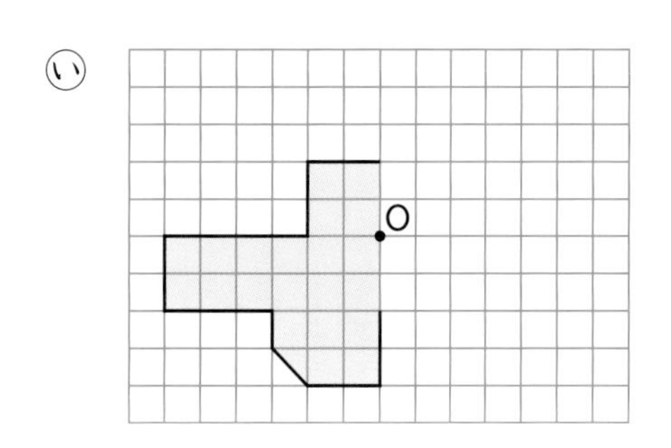

立体・単位

教科書 220ページ　答え 38ページ

1 下の直方体について、次の□にあてはまる辺または面をかきましょう。

全部できて 1問10点(40点)

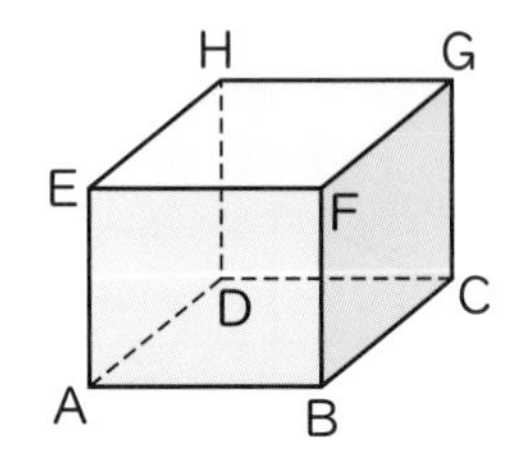

① 面ADHEに垂直(すいちょく)な辺

辺□、辺□、辺EF、辺HG

② 面ADHEに平行な辺

辺□、辺□、辺FG、辺BF

③ 面EFGHに垂直な面

面□、面□、面DCGH、面ADHE

④ 面EFGHに平行な面

面□

2 下の展開図(てんかいず)を組み立てて、直方体をつくります。

各10点(20点)

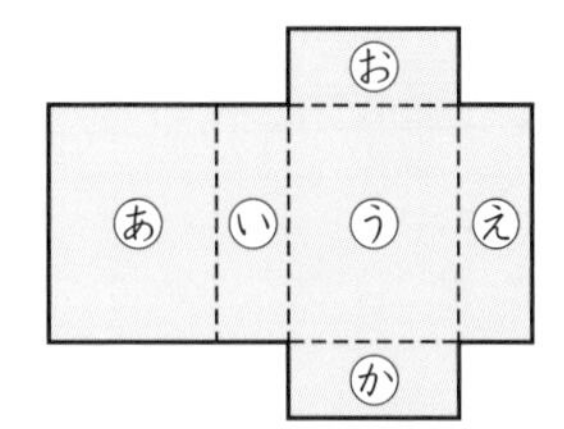

① あの面と平行になる面は、どの面ですか。

(　　　)

② えの面と垂直になる面をすべてかきましょう。

(　　　)

3 次の角柱や円柱の体積を求めましょう。

式・答え 各5点(20点)

①

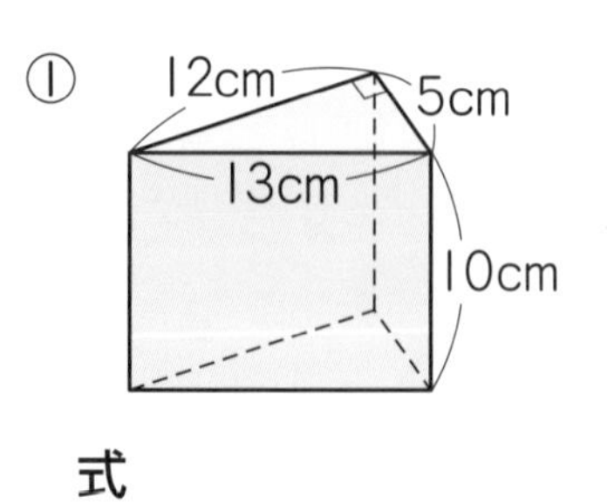

式

答え (　　　)

②

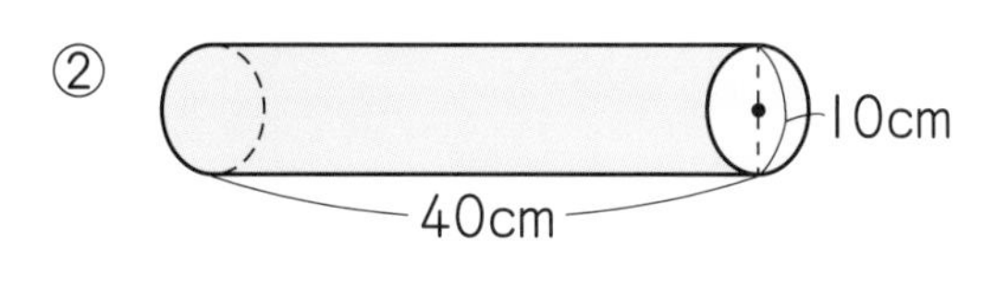

式

答え (　　　)

4 次の量を(　)の中の単位で表しましょう。

各4点(20点)

① 3km(m)

(　　　)

② 60 ha(a)

(　　　)

③ 180 mL(L)

(　　　)

④ 2.3 kg(g)

(　　　)

⑤ 7日(時間)

(　　　)

6年のまとめ　変化と関係

割合と比

学習日　月　日

時間 20 分　／100　合格 80 点

教科書 222ページ　答え 39ページ

1 次の□にあてはまる数をかきましょう。　各5点(30点)

① 300円は1200円の□%です。

② 520円の75%は□円です。

③ □円の35%は1400円です。

④ 60cmは4mの□%です。

⑤ 2Lの49%は□mLです。

⑥ □kgの8%は360gです。

2 次の比を簡単(かんたん)にしましょう。　各5点(20点)

① 48：64　(　　)

② 350：560　(　　)

③ 2.1：0.6　(　　)

④ $\frac{3}{8}$：$\frac{9}{20}$　(　　)

3 公園に20人の人がいます。そのうち、子どもは13人います。　各6点(18点)

① 子どもの人数と全体の人数の比をかき、その比の値(あたい)を求めましょう。

比 (　　)

比の値 (　　)

② 子どもの人数は、全体の人数の何%ですか。

(　　)

4 ガソリンを9L使いました。これはタンクにはいっていたガソリンの$\frac{3}{20}$にあたります。

タンクには何Lのガソリンがはいっていましたか。　式・答え 各6点(12点)

式

答え (　　)

5 りんごとみかんを、個数の比が2：5になるようにしてかごに入れます。　式・答え 各5点(20点)

① りんごが8個だと、みかんは何個ですか。

式

答え (　　)

② 全体の個数が35個だと、りんごは何個ですか。

式

答え (　　)

単位量と速さ

学習日　　月　　日

時間 20 分　　／100　合格 80 点

教科書 223 ページ　答え 39 ページ

1 下の表は、Aの部屋とBの部屋の面積と部屋にいる人の人数を表しています。

どちらの部屋のほうがこんでいるといえますか。(10点)

部屋の面積と人数

	面積(m^2)	人数(人)
Aの部屋	50	25
Bの部屋	80	32

(　　　　)

2 下の表は、Aの油とBの油の量と値段(ねだん)を表しています。

どちらの油が安いといえますか。(10点)

油の量と値段

	量(mL)	値段(円)
Aの油	1800	2500
Bの油	1200	2000

(　　　　)

3 鉄と鉛(なまり)のかたまりがあります。

その体積と重さをはかったら、下の表のとおりでした。

鉄と鉛は、どちらが重いといえますか。(10点)

鉄と鉛の体積と重さ

	体積(cm^3)	重さ(g)
鉄	500	3937
鉛	160	1816

(　　　　)

4 次の速さを求めましょう。

式・答え 各7点(42点)

① 自転車が、12分間に1800m走ったときの分速

式

答え(　　　　)

② バスが、1時間10分に63km走ったときの時速

式

答え(　　　　)

③ ねこが、80mを6秒で走ったときの秒速

式

答え(　　　　)

5 自動車が時速36kmで走っています。

式・答え 各7点(28点)

① 60km進むには、何時間何分かかりますか。

式

答え(　　　　)

② 1時間15分では何km進みますか。

式

答え(　　　　)

まとめのテスト

ともなって変わる数量

学習日　月　日

時間20分　/100　合格80点

教科書 224ページ　答え 40ページ

1 次の x と y の関係を式に表しましょう。また、比例するものには○、反比例するものには△、どちらでもないものには×をかきましょう。　各4点(48点)

① 面積 100 cm² の長方形の縦(たて)の長さ x cm と、横の長さ y cm

式（　　　　　　）

（　　　）

② 時速 70 km で走った時間 x 時間と、進んだ道のり y km

式（　　　　　　）

（　　　）

③ 1 kg 600 円の米 x kg と、その代金 y 円

式（　　　　　　）

（　　　）

④ 1日のうちの過ぎた時間 x 時間と、残りの時間 y 時間

式（　　　　　　）

（　　　）

⑤ 家から美術館までの 1800 m を歩くときの分速 x m と、かかる時間 y 分

式（　　　　　　）

（　　　）

⑥ x 円のあめと 50 円のガムを1個ずつ買ったときの代金 y 円

式（　　　　　　）

（　　　）

2 2 km を4分で走るバスがあります。このバスが、同じ速さで x 分間に走る道のりを y km とします。　各5点(25点)

① 下の表のあ、い、うにはいる数をかきましょう。

x（分）	1	2	う	4
y(km)	あ	い	1.5	2

あ（　　　）　い（　　　）

う（　　　）

② x と y の関係を式に表しましょう。

（　　　　　　）

③ x と y の関係をグラフに表しましょう。

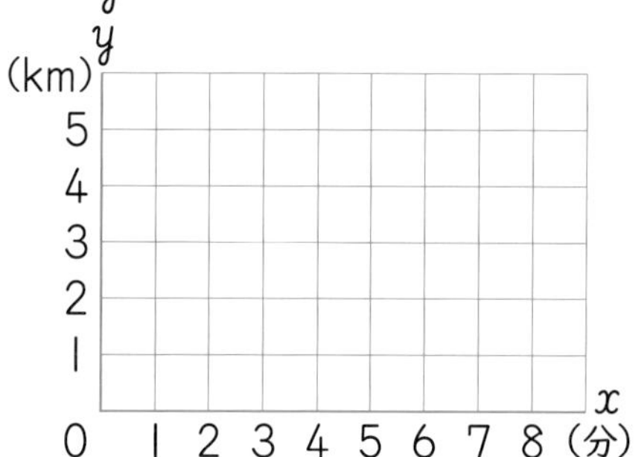

3 右のグラフは、ろうそくを燃やしたときの時間と燃えた長さの関係を表したものです。　各9点(27点)

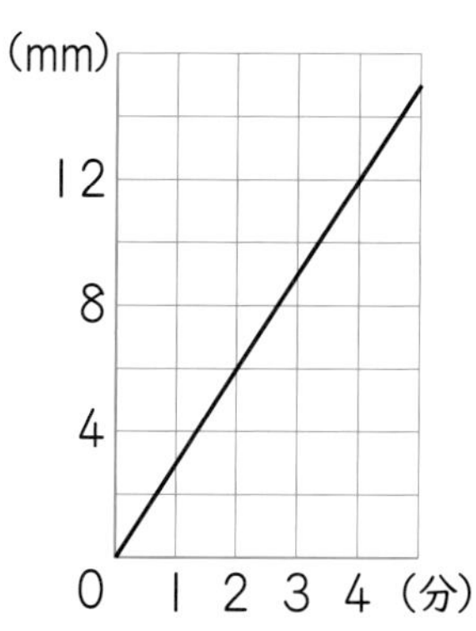

① 2分で何 mm 燃えましたか。

（　　　）

② 12 mm 燃えるのに何分かかりましたか。

（　　　）

③ 同じ速さで燃え続けるとすると、9 cm 燃えるのに何分かかりますか。

（　　　）

場合の数

学習日　月　日

時間 20 分　／100　合格 80 点

教科書 226ページ　答え 40ページ

1 レタス、トマト、きゅうり、たまご、ハムの5種類の食材から3種類を選んでサラダをつくります。

食材の組み合わせは、全部で何とおりありますか。(10点)

(　　　　)

2 A、B、Cの3人が横に1列に並(なら)びます。

並び方は、全部で何とおりありますか。(10点)

(　　　　)

3 10円玉、100円玉、500円玉が1枚(まい)ずつあります。これらを投げて、表(おもて)が出たおかねの合計金額を調べます。　各10点(20点)

① 10円玉と100円玉の2枚を同時に投げます。

合計金額をすべてかきましょう。

(　　　　)

② 10円玉と100円玉と500円玉の3枚を同時に投げます。

合計金額は何とおりありますか。

(　　　　)

4 0、1、5、8 のカードが1枚ずつあります。　各15点(45点)

① このうち、3枚のカードを選ぶときの組み合わせは、全部で何とおりありますか。

(　　　　)

② このうち、3枚のカードを並べてできる3けたの整数は、全部で何個ありますか。

(　　　　)

③ この4枚のカードを並べてできる4けたの整数は、全部で何個ありますか。

(　　　　)

5 ある山の入り口から湖を通って頂上(ちょうじょう)まで行く登山道は、下のようになっています。

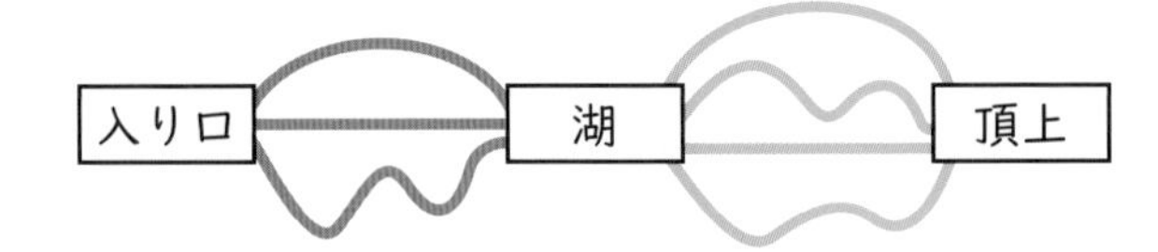

入り口から湖を通って頂上まで登るとき、行き方は何とおりありますか。(15点)

(　　　　)

グラフ

学習日　　月　　日

時間 20 分　　／100　合格 80 点

教科書 226～227 ページ　答え 41 ページ

1 ともみさんは、クラスの 25 人全員が 1 か月に読書をした日数を調べて、ちらばりのようすを下のようなドットプロットに表しました。　各8点(40点)

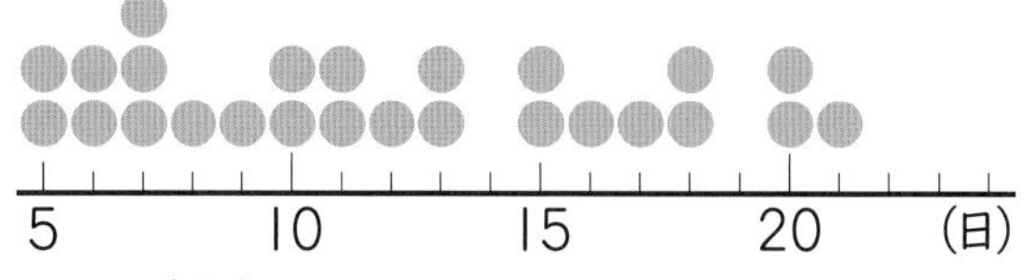

① 平均値を求めましょう。

(　　　　　)

② 中央値を求めましょう。

(　　　　　)

③ 最頻値を求めましょう。

(　　　　　)

④ ちらばりのようすを、表に表しましょう。

読書をした日数

日数(日)	人数(人)
以上　未満 5 ～ 10	
10 ～ 15	
15 ～ 20	
20 ～ 25	
合計	

⑤ ちらばりのようすを、ヒストグラムに表しましょう。

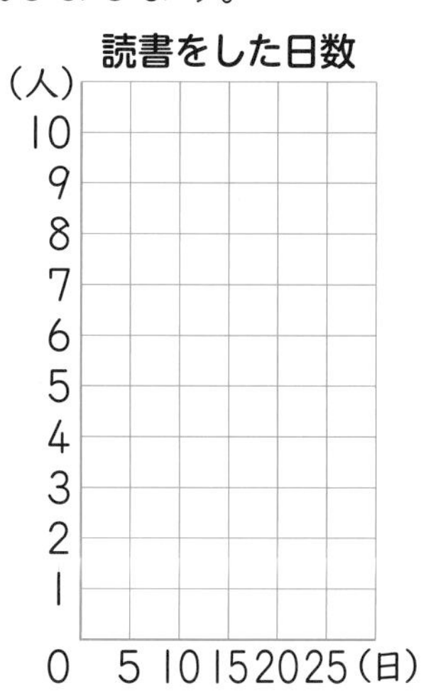

2 次のことがらをグラフに表すには、下のどのグラフがよいですか。　各7点(28点)

① 内閣支持率の月ごとの変化

(　　　　　)

② いくつかの都道府県の人口の比較

(　　　　　)

③ 小学生が将来なりたい職業別の割合

(　　　　　)

④ ある国の男女別、年れい別人口の割合

(　　　　　)

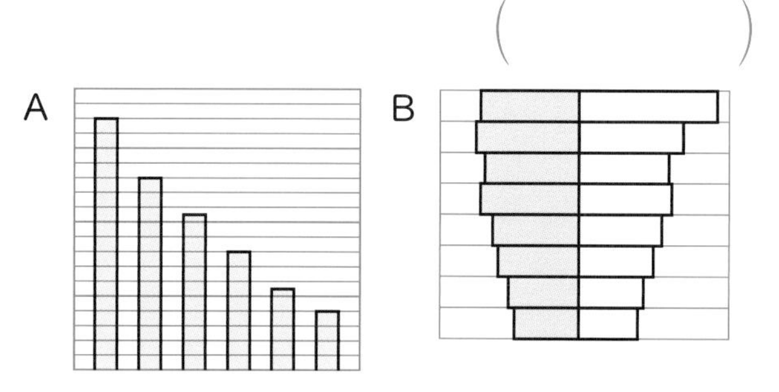

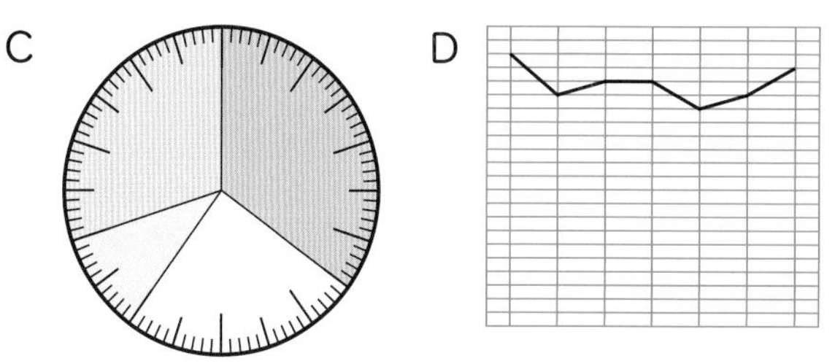

3 次のことがらをグラフに表すには、どんなグラフがよいですか。　各8点(32点)

① 6年生男子 40 人の体重のちらばりのようす

(　　　　　)

② 1日の気温の変化

(　　　　　)

③ 日本の土地の利用のようす

(　　　　　)

④ ある県の種類別のくだものの生産高

(　　　　　)

まとめのテスト

学習日　　月　　日

時間 20 分　／100　合格 80 点

6年のまとめ

問題の見方・考え方

教科書 228～229 ページ　答え 41 ページ

1 たまねぎを 1.5 kg 買いました。50 円まけてもらって、400 円はらいました。

たまねぎは、1 kg 何円の値段（ねだん）がついていましたか。　式・答え 各5点(10点)

式

答え（　　　）

2 かなえさんの学校のしき地は 6000 m² あります。

しき地の $\frac{5}{8}$ が校庭で、校庭の $\frac{2}{25}$ が花だんです。　各10点(20点)

① 花だんの面積は、しき地の面積の何倍ですか。

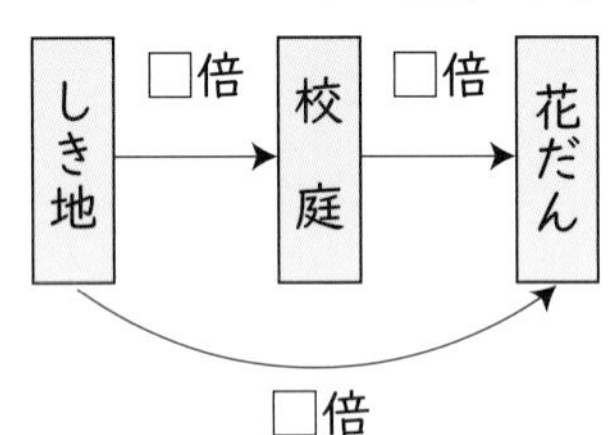

（　　　）

② 花だんの面積は何 m² ですか。

（　　　）

3 240 mL の油をA、B 2つのかんに分けて入れます。　各10点(20点)

① Aのかんの量を、Bのかんの量の 1.5 倍にすると、Aのかんの油の量は何 mL ですか。

（　　　）

② Aのかんの量を、Bのかんの量の 2 倍より 30 mL 多くすると、Aのかんの油の量は何 mL ですか。

（　　　）

4 A駅からB駅までは 24 km です。

ふつう電車は、A駅からB駅に向かって時速 60 km で、特急電車はB駅からA駅に向かって時速 120 km で、同時に出発しました。　各10点(20点)

① 下の表を完成させましょう。

走った時間　　　（分）	0	1	2
ふつうが進んだ道のり (km)	0	1	
特急が進んだ道のり (km)	0		
2つをあわせた道のり (km)	0	3	

② ふつう電車と特急電車は、何分後にすれちがいますか。

（　　　）

5 みかん5個とりんご5個を買うと 1000 円、みかん5個とりんご8個を買うと 1450 円になるそうです。　各10点(20点)

① りんご1個の値段は何円ですか。

（　　　）

② みかん1個の値段は何円ですか。

（　　　）

6 長さ 20 cm のテープ 10 本のはしを 2 cm ずつ重ねてつなぎ、輪をつくります。

輪の長さは何 cm になりますか。　(10点)

2cm
20cm

（　　　）

付録の「計算せんもんドリル」20～32 もやってみよう！

夏のチャレンジテスト

教科書 10~87ページ　◎用意するもの…ものさし、コンパス

月　日
名前

時間 40分

合格80点　／100

答え42ページ

知識・技能　／55点

1 次のアルファベットについて、記号ですべて答えましょう。　各3点(6点)

① 線対称(たいしょう)な図形はどれですか。

(　　　　)

② 点対称な図形はどれですか。

(　　　　)

2 同じ値段(ねだん)のジュースを9本買います。　各2点(4点)

① ジュース1本の値段を x(エックス)円、代金を y(ワイ)円として、x と y の関係を式に表しましょう。

(　　　　)

② x の値(あたい)が120となる y の値を求めましょう。

(　　　　)

3 次の計算をしましょう。　各3点(24点)

① $\frac{3}{4}\times6$　② $\frac{4}{7}\times\frac{2}{3}$

③ $18\times\frac{5}{6}$　④ $1\frac{7}{8}\times2\frac{4}{5}$

⑤ $\frac{5}{8}\div10$　⑥ $\frac{2}{3}\div\frac{6}{7}$

⑦ $12\div\frac{4}{9}$　⑧ $2\frac{1}{4}\div\frac{3}{8}$

4 次の計算をしましょう。　各4点(8点)

① $\frac{5}{6}\times\frac{3}{7}\div\frac{1}{8}$

② $0.9\div\frac{3}{4}\div0.32$

5 下のような3枚(まい)のカードがあります。
このカードのうち、2枚を並(なら)べてできる2けたの整数をすべてかきましょう。　(5点)

2　4　6

(　　　　)

6 下の方眼紙①に、直線AB(エービー)が対称の軸(じく)になるように、線対称な図形をかきましょう。
また、方眼紙②に、点O(オー)が対称の中心になるように、点対称な図形をかきましょう。　各4点(8点)

① ②

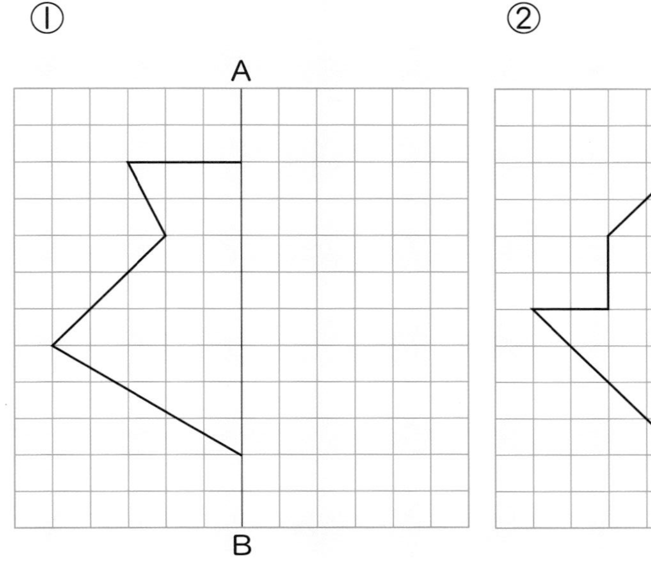

うらにも問題があります。

思考・判断・表現　／45点

7 □にあてはまる数をかきましょう。　各3点(9点)

① 1Lが900gの油の$\frac{4}{5}$Lの重さは、□gです。

② 6m²は、14m²の□倍です。

③ 80mは、□mの$\frac{2}{9}$の長さです。

8 190mLのコーヒーがはいったかんが何本かと、900mLのコーヒーがはいったペットボトルが1本あります。　各3点(9点)

① かんの本数をx本、全部の量をymLとして、xとyの関係を式に表しましょう。

(　　　)

② かんの本数が5本のとき、全部の量は何mLですか。

(　　　)

③ 全部の量が4700mLとなるのは、かんが何本あるときですか。xの値を10、15、20として、yの値が4700となるxの値を求めましょう。

(　　　)

9 ある工場では、35分間に210個のおかしをつくります。　式・答え 各3点(9点)

① 35分は何時間ですか。

(　　　)

② 1時間では何個のおかしをつくることができますか。

式

答え (　　　)

10 ケーキと飲み物を組み合わせて、ケーキセットを注文します。

ケーキは5種類から、飲み物は2種類から1つずつ選びます。

ケーキセットの組み合わせは、全部で何とおりありますか。　(6点)

(　　　)

11 右の図の正八角形について答えましょう。　各3点(6点)

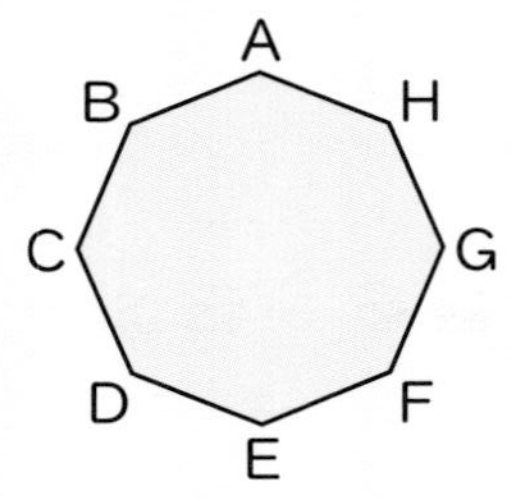

A B C D E F G H

① 直線BFを対称の軸とみたとき、辺AHに対応する辺はどれですか。

(　　　)

② この図形を点対称とみたとき、辺BCに対応する辺はどれですか。

(　　　)

12 1辺にx個の石を並(なら)べて、正方形をつくりました。

全部の石の個数を求めるとき、次の式は、それぞれ下のあ～うのどの図から考えたものですか。　各3点(6点)

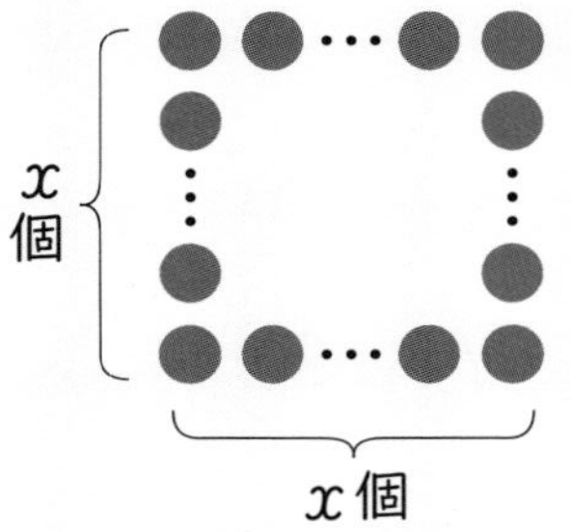

x個　x個

① $x\times4-4$

(　　　)

② $(x-1)\times4$

(　　　)

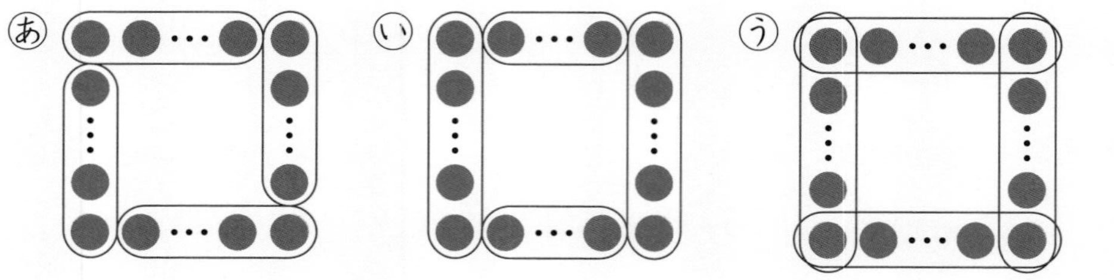

あ　い　う

思考・判断・表現 ／50点

7 153 km の道のりを電車とバスで移動します。

電車で移動する道のりとバスで移動する道のりの比は、7：2です。

電車で移動する道のりは何 km ですか。 式・答え 各3点(6点)

式

答え（　　　）

8 右のグラフは、高さがきまっている三角形の、底辺 x cm と面積 y cm² の関係を表したものです。 各3点(6点)

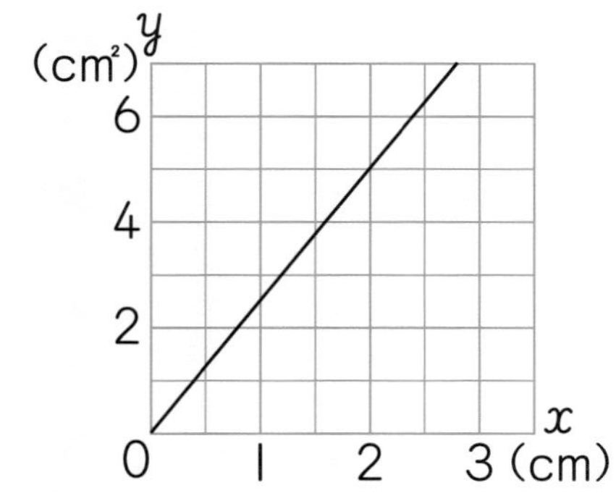

① x と y の関係を式に表しましょう。

（　　　）

② 面積が 30 cm² のとき、底辺は何 cm ですか。

（　　　）

9 家から植物園までは、自転車に乗って分速 240 m で行くと 30 分かかります。

この道を分速 x m で行くときにかかる時間を y 分とします。 各3点(9点)

① 表のあいているところに、あてはまる数をかきましょう。

分速 x(m)	200	240	㋑
時間 y(分)	㋐	30	24

② x と y の関係を式に表しましょう。

（　　　）

10 右の図形の色をぬった部分の面積を求めましょう。 式・答え 各3点(6点)

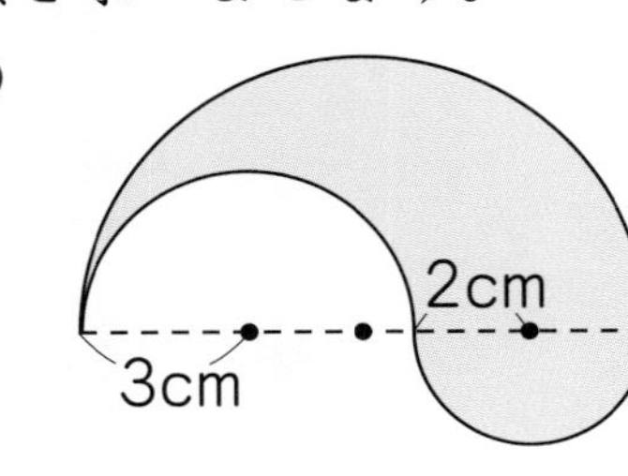

式

答え（　　　）

11 右の図で、四角形GBEFは四角形ABCDを拡大(かくだい)したものです。 各3点(6点)

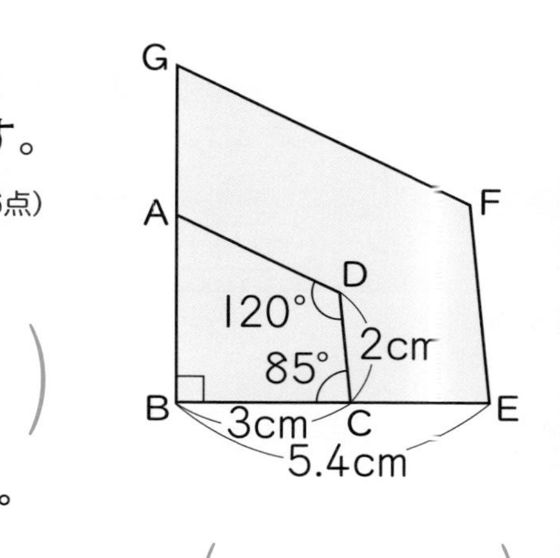

① 角Gの大きさは何度ですか。

（　　　）

② 辺EFの長さは何 cm ですか。

（　　　）

12 右のヒストグラムは、6年生 40 人のソフトボール投げの記録を調べて、ちらばりのようすを表したものです。 各4点(8点)

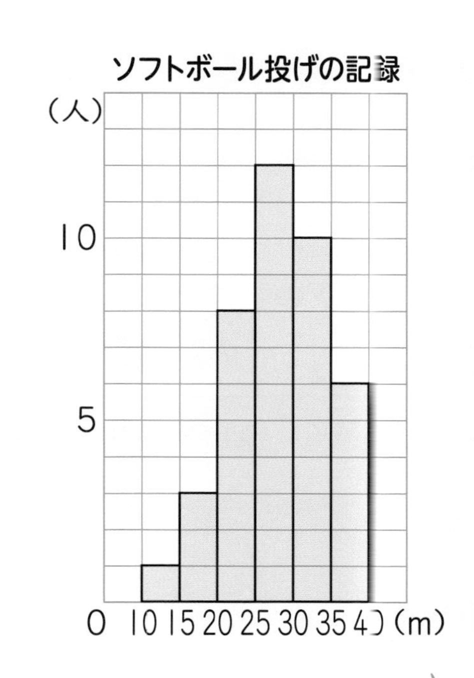

① 記録のよいほうから数えて 15 番目の人は、どの階級にはいっていますか。

（　　　）

② いちばん人数が多い階級の人数は、6年生全体の人数の何 % ですか。

（　　　）

13 1箱6個入りのたこ焼きと9個入りのたこ焼きが売られています。

たこ焼きの数が 39 個になるように買うには、それぞれ何箱買えばよいですか。

考えられる買い方をすべてかきましょう。 (4点)

（　　　）

14 1個 90 円のおにぎりと1個 130 円のおにぎりを、あわせて 30 個買うと、代金は 3140 円でした。

90 円のおにぎりは、何個買いましたか。 (5点)

（　　　）

(切り取り線)

冬のチャレンジテスト

教科書 88〜189ページ

月　日

名前

時間 40分

合格80点　／100

答え44ページ

知識・技能　／50点

1 次の比の値を求めましょう。　各2点(4点)

① 80：20　② 0.3：0.7

(　　)　(　　)

2 下の表は、水そうに水を入れたときの時間 x 分と水の深さ y cm の関係を調べたものです。　各2点(4点)

時　間 x（分）	1	2	3	4	5	6
水の深さ y（cm）	4	8	12	16	20	24

① x の値が2倍、3倍、……になると、y の値はどのように変わりますか。

(　　)

② 水の深さは時間に比例しますか。

(　　)

3 次の x と y の関係を式に表しましょう。
また、y が x に比例するものには○を、反比例するものには△を、どちらでもないものには×をかきましょう。　各2点(12点)

① 底面積 48 cm^2 の四角柱の高さ x cm と体積 y cm^3

式 (　　)(　　)

② 米が全部で 20 kg あったとき、食べた量 x kg と残りの量 y kg

式 (　　)(　　)

③ 730 km を新幹線で移動するときの、新幹線の時速 x km とかかる時間 y 時間

式 (　　)(　　)

4 半径 7cm の円の面積を求めましょう。　式・答え 各3点(6点)

式

答え (　　)

5 次の角柱や円柱の体積を求めましょう。　式・答え 各3点(12点)

①

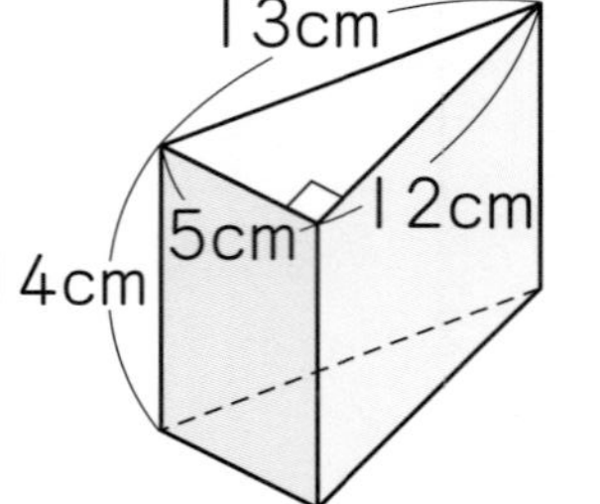

式

答え (　　)

②

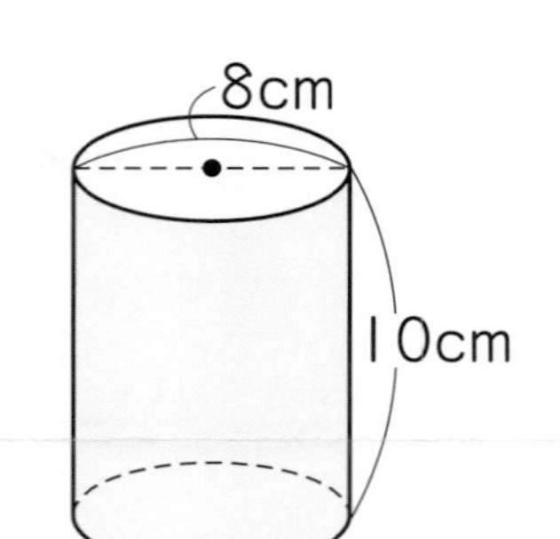

式

答え (　　)

6 次の図は、あるクラスの 10 人について、1 か月に図書館で借りた本の冊数を調べて、ドットプロットに表したものです。　各4点(12点)

0　5　10（冊）

① 平均値を求めましょう。

(　　)

② 中央値を求めましょう。

(　　)

③ 最頻値を求めましょう。

(　　)

うらにも問題があります。

(切り取り線)

思考・判断・表現　／50点

8 **ゆみさんは、学校のプールの容積を求めるために、プールの形を下の図のような直方体とみました。** 各3点(6点)

12m　1.2m　25m

① およそ何 m^3 の水がはいりますか。

（　　　）

② ゆみさんの学校のプールにはいる水の重さは、およそ何 t ですか。水 1 L の重さは 1 kg とします。

（　　　）

9 まいさんは、家から映画館（えいが）まで行くのに、歩けば 24 分、走れば 9 分かかります。
まいさんは、はじめ 16 分間歩き、そのあと走って、家から映画館まで行きました。
走ったのは何分ですか。 式・答え 各3点(6点)

式

答え（　　　）

10 **兄と弟の2人で、かべにペンキをぬります。兄1人だと1時間20分、弟1人だと2時間かかります。** 式・答え 各3点(12点)

① 2人でいっしょにぬると、何分でぬれますか。

式

答え（　　　）

② はじめの 30 分間は兄だけでぬり、そのあと2人でいっしょにぬると、あわせて何分でぬれますか。

式

答え（　　　）

11 トラックが時速 54 km で走っています。
1時間 50 分では何 km 進みますか。 式・答え 各2点(4点)

式

答え（　　　）

12 メロンとすいかがあり、重さの比は 4 : 9 です。
メロンとすいかの重さの合計は 3.9 kg です。
すいかの重さは何 kg ですか。 式・答え 各2点(4点)

式

答え（　　　）

13 右の図は、円柱から三角柱をくりぬいた立体です。
この立体の体積を求めましょう。 式・答え 各3点(6点)

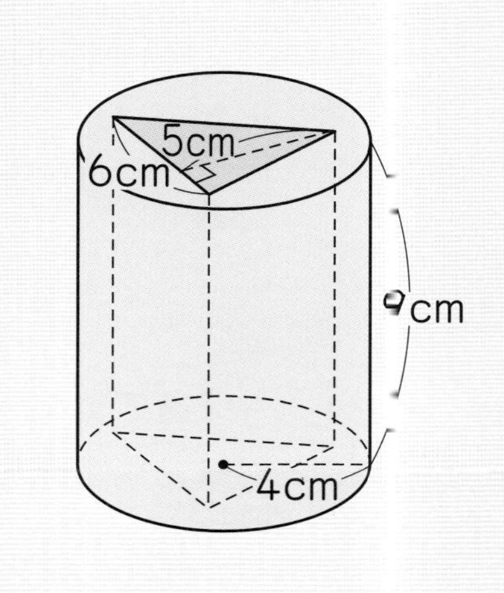

式

答え（　　　）

14 **今日、動物園に来た人のうち、$\frac{8}{15}$ が子どもでした。子どものうち、$\frac{3}{7}$ は小学生で 480 人でした。** 式・答え 各3点(12点)

① 動物園に来た小学生の人数は、動物園に来た全体の人数の何倍ですか。

式

答え（　　　）

② 今日、動物園に来た人は全部で何人ですか。

式

答え（　　　）

（切り取り線）

春のチャレンジテスト

教科書 190〜229ページ

月　日

名前

時間 40分

合格80点　／100

答え46ページ

知識・技能　／50点

1 次の形のおよその面積や体積を求めましょう。

式・答え 各3点(12点)

① 土地の面積

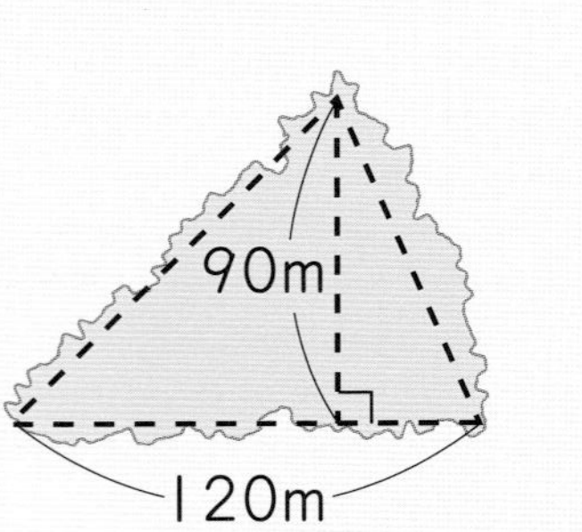

式

答え（　　）

② パックにはいる量

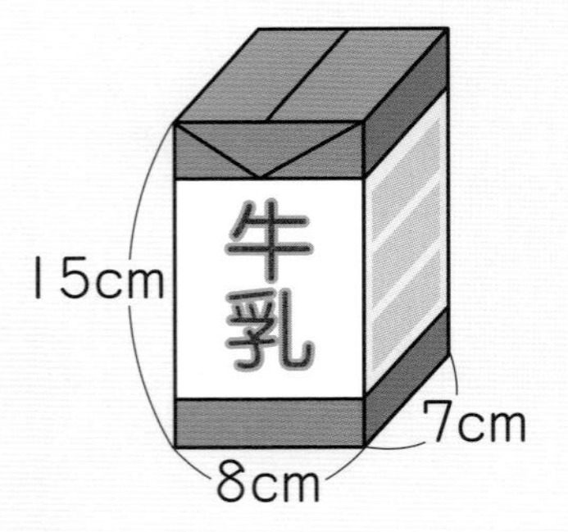

式

答え（　　）

2 □にあてはまる数をかきましょう。

各1点(2点)

① 1g＝□mg

② 1km²＝□m²

3 □にあてはまる等号や不等号をかきましょう。

各2点(4点)

① $\frac{11}{6}$ □ 1.9

② $\frac{3}{4}$ □ 0.75

4 次の計算をしましょう。

各2点(8点)

① 2.6−0.74

② $\frac{5}{9}+\frac{7}{6}$

③ $2\frac{1}{4}\div\frac{5}{7}\div\frac{3}{10}$

④ $\frac{24}{13}\times\left(\frac{3}{8}-\frac{1}{6}\right)$

5 次の積や商を見積もりましょう。

式・答え 各2点(8点)

① 6791×438

式 □×□

答え（　　）

② 492133÷586

式 □÷□

答え（　　）

6 次の図形の面積を求めましょう。

式・答え 各2点(8点)

① 底辺 14cm、高さ8cm の平行四辺形

式

答え（　　）

② 直径6cm の円

式

答え（　　）

7 次の x（エックス）と y（ワイ）の関係を式で表しましょう。

また、比例するものには○、反比例するものには△をかきましょう。

各2点(8点)

① 家から 850m はなれた学校へ歩いて行くときの分速 x m とかかる時間 y 分

式（　　）（　　）

② 秒速 60m で飛ぶヘリコプターの飛んだ時間 x 秒間と、飛んだきょり y m

式（　　）（　　）

うらにも問題があります。

（切り取り線）

9 右の三角形ABCは、三角形DBEの縮図(しゅくず)です。 各3点(6点)

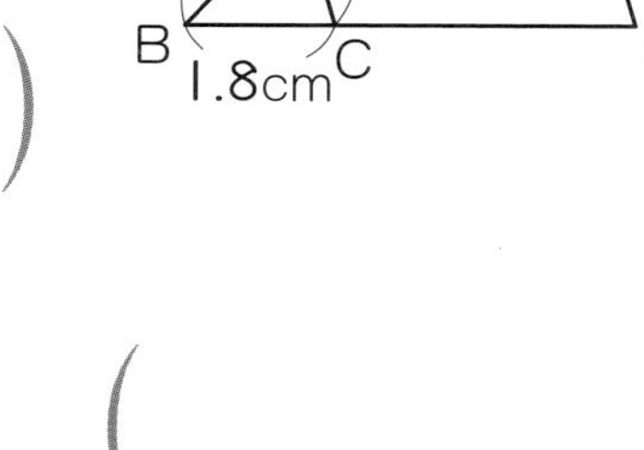
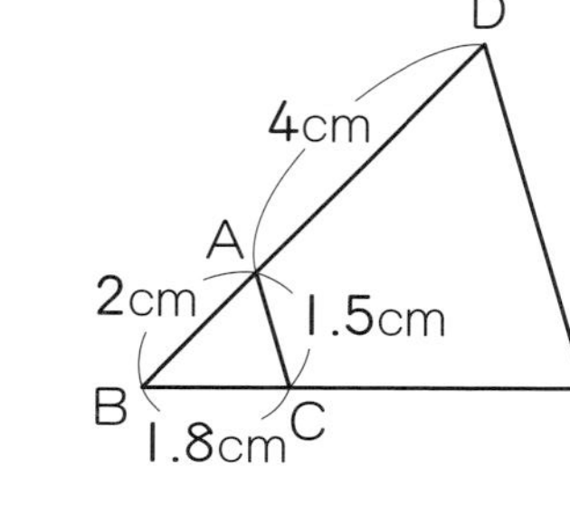
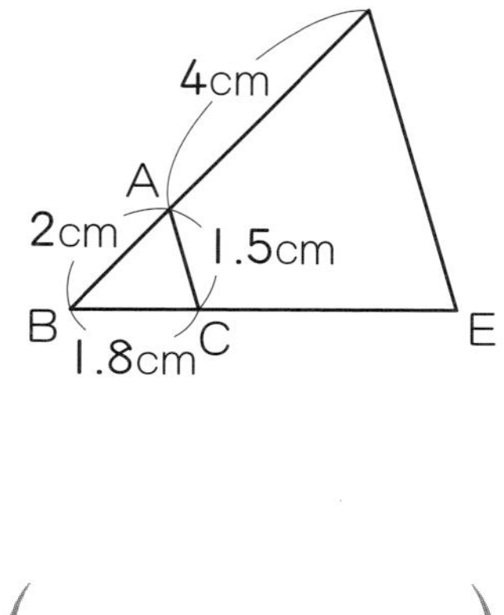

① 三角形ABCの角Cに対応する角を答えましょう。

(　　　　)

② 辺DEの長さは何cmですか。

(　　　　)

10 赤、青、黄、緑の4種類の紙があります。この中から2種類の紙を選びます。全部で何通りの組み合わせがありますか。 (3点)

(　　　　)

11 下の図は、あるクラスの1週間に読んだ本の冊数(さっすう)を調べて、ドットプロットに表したものです。①各2点、②～⑤各3点(16点)

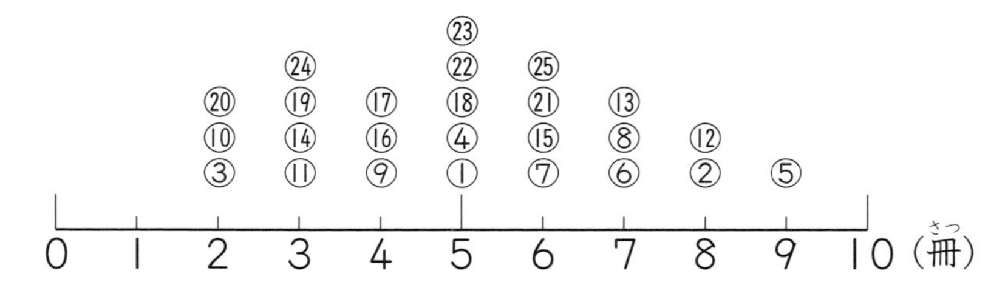

① このクラスの1週間に読んだ本の冊数の中央値(ちゅうおうち)と最頻値(さいひんち)を求めましょう。

中央値(　　　　)　最頻値(　　　　)

② このクラスの1週間に読んだ本の冊数の合計は、125冊です。平均値(へいきんち)を求めましょう。

(　　　　)

③ このクラスの1週間に読んだ本の冊数を、右の方眼を使ってヒストグラムに表しましょう。

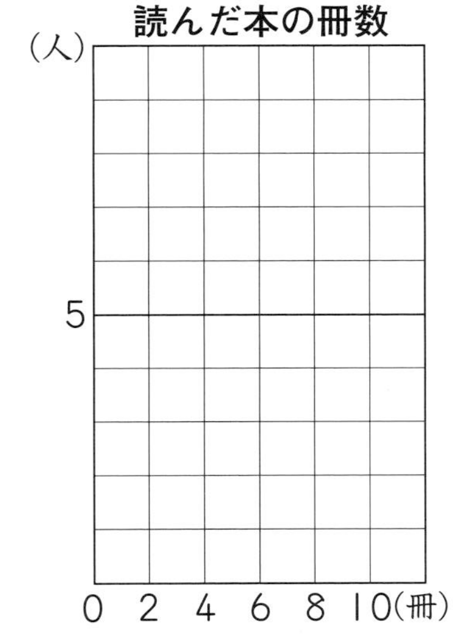

④ 読んだ本の冊数が多いほうから10番目の児童は、右のヒストグラムの何冊以上何冊未満の階級に入っていますか。

(　　　　)

⑤ 最頻値は右上のヒストグラムの何冊以上何冊未満の階級に入っていますか。

(　　　　)

活用力をみる

12 あおいさんは、水の大切さについて、作文を書きました。 各3点(15点)

> 私の家のおふろのシャワーからは、1分間に12Lの水が出ます。私の家は5人家族です。全員がおふろに入るときに15分間シャワーを出しっぱなしにすると、私の家の浴そうの容積の3倍の水を使うことになります。
> 毎日シャワーを出しっぱなしにすると、たくさんの水がむだになってしまうので、これからはシャワーを出しっぱなしにせず、水を大切にしたいと思います。

① シャワーを出しっぱなしにした時間をx分、出た水の量をyLとして、xとyの関係を式に表しましょう。

(　　　　)

② あおいさんの家族5人全員が、15分間ずつシャワーを出しっぱなしにすると、シャワーで1日に何Lの水を使うことになりますか。

(　　　　)

③ あおいさんの家の浴そうの容積は、何cm^3ですか。

(　　　　)

④ 右の図は、あおいさんの家の浴そうの図です。この浴そうの深さは何cmですか。

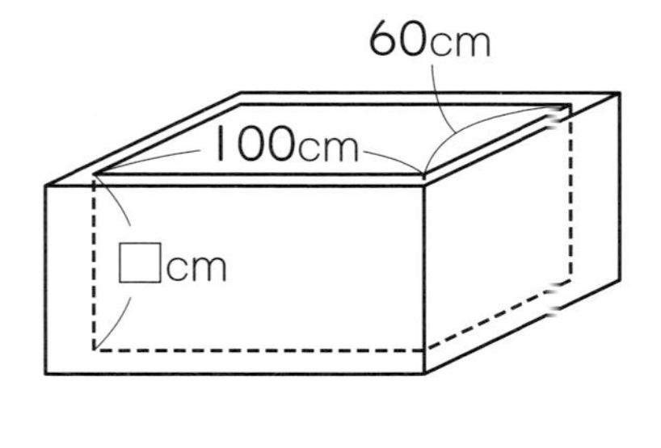

(　　　　)

⑤ ゆうまさんは、あおいさんの作文を読んで次のようにいっています。

あおいさんの家の場合、浴そうに水を200Lためて使いながら、シャワーを1人15分間使うよりも、シャワーを使う時間を1人20分間にして、浴そうに水をためないほうが、水の節約になります。

ゆうまさんの意見は正しくありません。正しくないわけを説明しましょう。

わけ(　　　　)

6年 算数のまとめ 学力診断テスト

月　日　名前

時間 40分　合格80点　／100

答え48ページ

1 次の計算をしましょう。　各3点(18点)

① $\frac{4}{5}\times\frac{7}{6}$　② $3\times\frac{2}{9}$

③ $\frac{12}{5}\div\frac{4}{3}$　④ $0.3\div\frac{3}{20}$

⑤ $\frac{6}{7}\times\frac{3}{4}\times\frac{8}{9}$　⑥ $\frac{3}{8}\div\frac{5}{6}\times\frac{4}{5}$

2 次の表は、ある棒(ぼう)の重さ y kg が長さ x m に比例するようすを表したものです。
表のあいているところに、あてはまる数を書きましょう。　各3点(9点)

x (m)	①	2	5	6	
y (kg)	0.6	②	3	③	

3 右のような形をした池があります。この池のおよその面積を求めるためには池をおよそどんな形とみなせばよいですか。次のあ～えの中から1つ選んで、記号で答えましょう。　(3点)

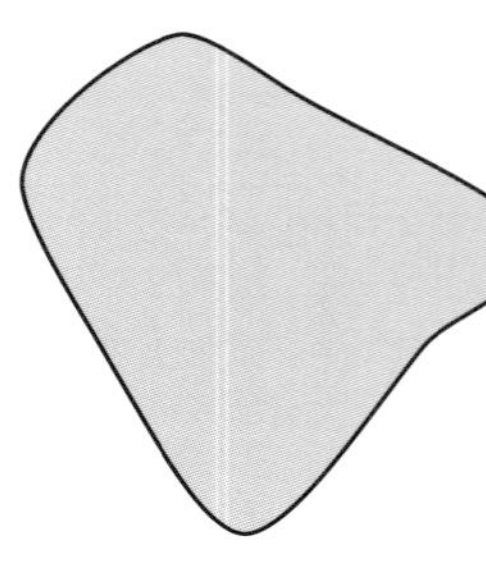

あ 三角形　い 正方形
う ひし形　え 台形

(　　　)

4 色をつけた部分の面積を求めましょう。　(3点)

8cm / 8cm

(　　　)

5 次のような立体の体積を求めましょう。　式・答え 各3点(12点)

① 6cm 4cm 5cm 5cm 12cm
式
答え (　　　)

② 10cm 16cm
式
答え (　　　)

6 次のあ～えの中で、線対称(せんたいしょう)な形はどれですか。また、点対称な形はどれですか。すべて選んで、記号で答えましょう。　全部できて 各3点(6点)

あ　い 文　う ♨　え 卍

線対称 (　　　)　点対称 (　　　)

7 下のあ～かの比の中で、2：3 と等しい比をすべて選んで、記号で答えましょう。　(全部できて 3点)

あ 3：2　い 12：18　う 4：9
え 14：21　お 6：8　か 15：10

(　　　)

8 面積が 36 cm² の長方形があります。　各3点(6点)

① 縦(たて)の長さを x cm、横の長さを y cm として、x と y の関係を、式に表しましょう。

(　　　)

② x と y は反比例しているといえますか。

(　　　)

うらにも問題があります。

この「答えとてびき」はとりはずしてお使いください。

教科書ぴったりトレーニング

答えとてびき

啓林館版　算数６年

問題がとけたら…

①まずは答え合わせをしましょう。
②次にてびきを読んでかくにんしましょう。

おうちのかたへ では、次のようなものを示しています。
・学習のねらいやポイント
・他の学年や他の単元の学習内容とのつながり
・まちがいやすいことやつまずきやすいところ
お子様への説明や、学習内容の把握などにご活用ください。

しあげの５分レッスン では、
学習の最後に取り組む内容を示しています。
学習をふりかえることで学力の定着を図ります。

答え合わせの時間短縮に 丸つけラクラク解答 デジタルもご活用ください！

右の QR コードをスマートフォンなどで読み取ると、
赤字解答の入った本文紙面を見ながら簡単に答え合わせができます。

丸つけラクラク解答デジタルは以下の URL からも確認できます。
https://www.shinko-keirinwebshop.com/shinko/2024pt/rakurakudegi/MKR6da/index.html

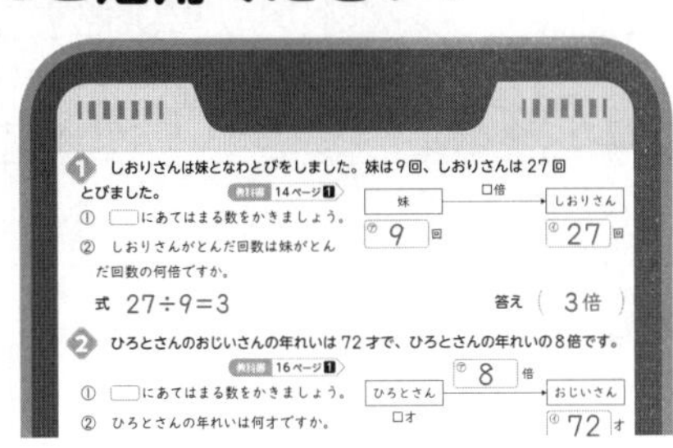

1 対称な図形

ぴったり1 準備 2ページ

1 (1)K
(2)J I

2 ①㋑
②対応
③対応
④エ

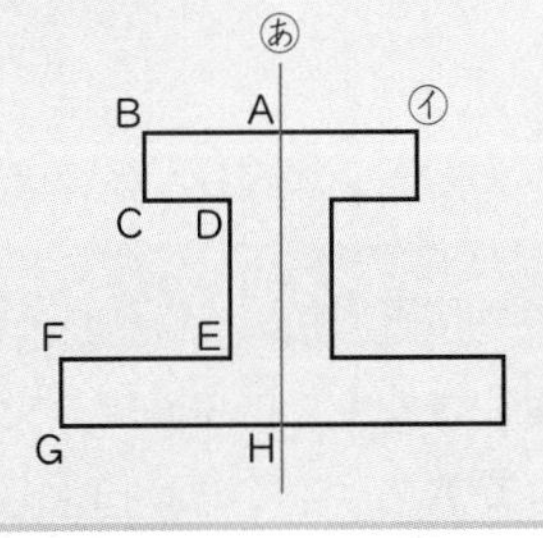

おうちのかたへ 線対称な図形をかく問題では、三角定規を使って垂直な直線をひき、コンパスを使って等しい長さのところを決めます。なお、垂直な直線のかき方については、既に４年で学習しています。忘れている場合は、４年の教科書を再確認させましょう。

ぴったり2 練習 3ページ

1 ①㋐、㋓、㋔、㋗
②㋐

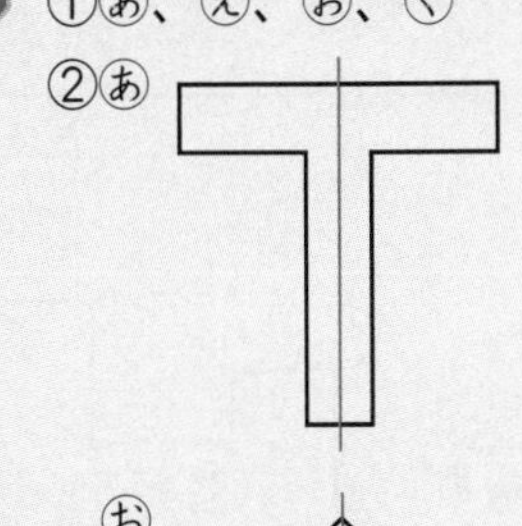

㋓

㋔

㋗

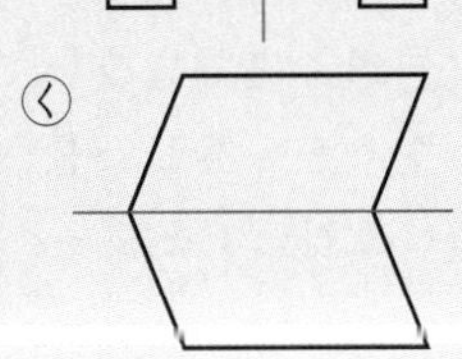

てびき

1 ②対称の軸は、１本とはかぎりません。
すべての対称の軸をかくようにしましょう。

おうちのかたへ わかりにくいときは、うすい紙に図形を写しとって、２つに折ってぴったり重なるかどうかを確かめさせましょう。

❷ ①

②

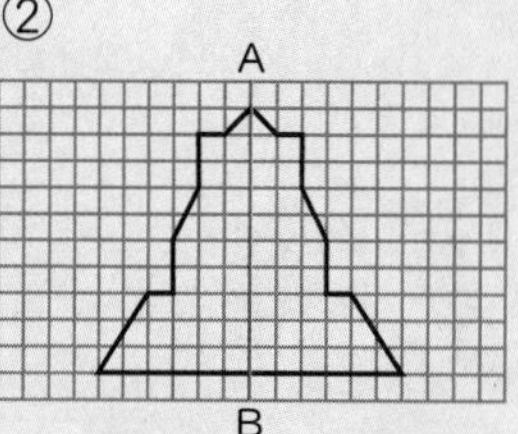

❷ 方眼の縦の線と横の線が垂直に交わっていることを利用します。

①下の図のように、方眼の目もりを数えて、対称の軸から等しい長さのところに、対応する点をとります。

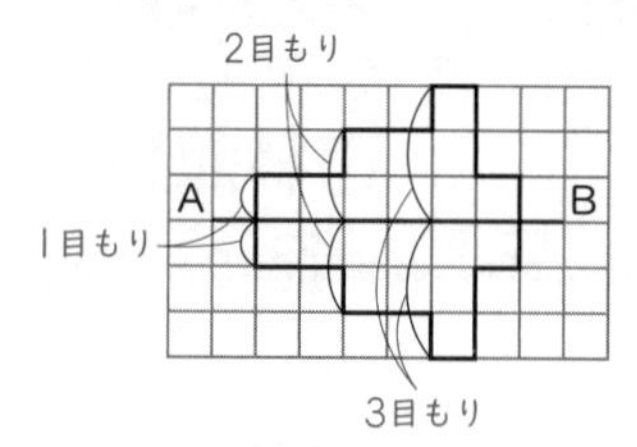

❸ ①

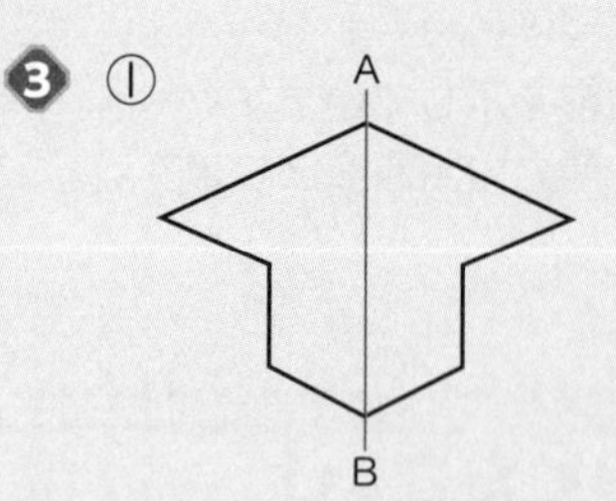

②

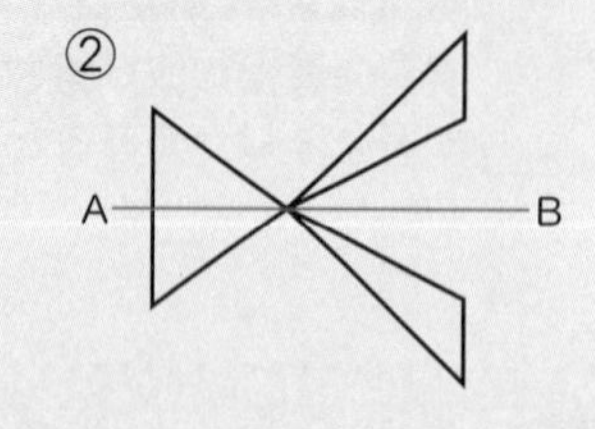

❸ 線対称な図形をかくときは、それぞれの点から対称の軸に垂直な直線をひいて、その交わる点から等しい長さのところに、対応する点をとります。

①

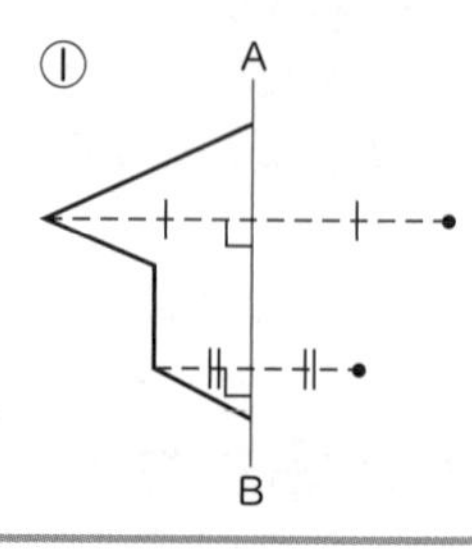

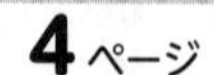

ぴったり1 準備 4ページ

1 (1)F

(2)I J

2 ①等しく

②O

③等しく

④対応

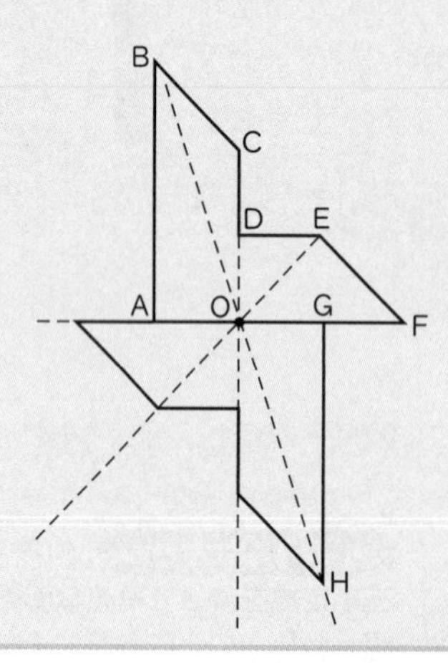

おうちのかたへ 点対称な図形で、対応する点などを答える問題では、対応する2つの点を直線で結んで考えると、間違えにくくなります。対応する2つの点を結ぶ直線は、すべて対称の中心を通りますが、通っていなければ、結んだ2つの点は対応する点ではないということになります。

ぴったり2 練習 5ページ

てびき

❶ ①い、お、き、く

②お

き

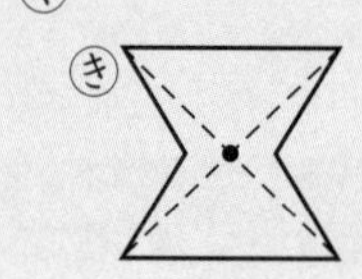

く

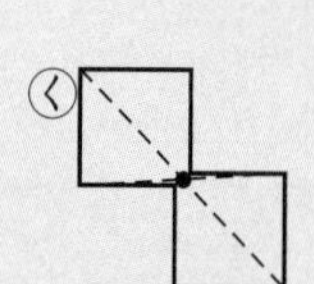

❶ ②対応する2つの点を結ぶ直線の交わるところが対称の中心です。

おうちのかたへ えの図形は、120°まわすともとの形にぴったり重なりますが、180°まわしたときにはもとの形に重ならないので、点対称な図形ではありません。注意しましょう。

❷ ①対称の中心 ②L、FE、U

③OL

❸ ①

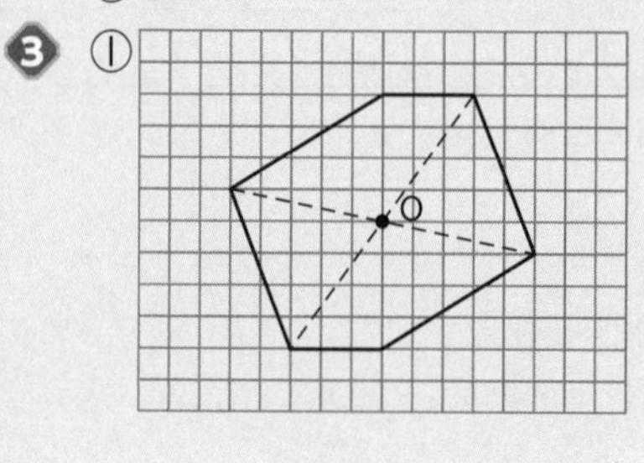

②

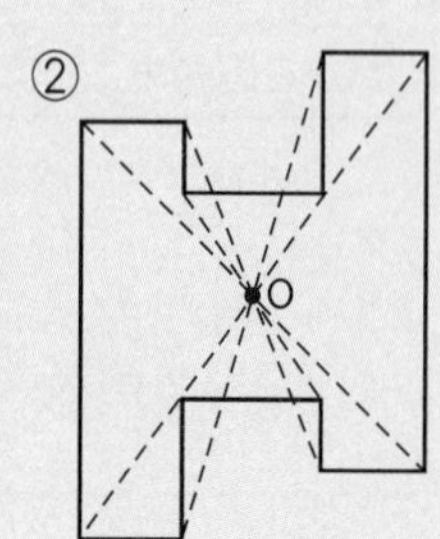

❸ 点対称な図形をかくときは、それぞれの点から対称の中心を通る直線をひいて、対称の中心から等しい長さのところに、対応する点をとります。

②

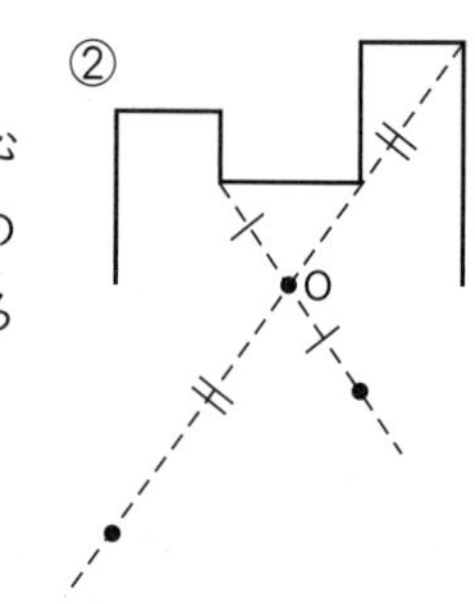

ぴったり1 準備 6ページ

1 (1)あ、う (2)う

2 (1)①3 ②4 ③7 ④8

(2)い、え

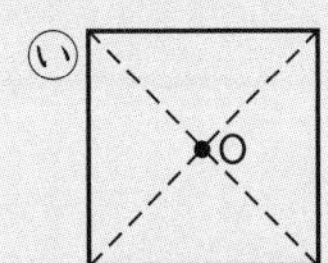

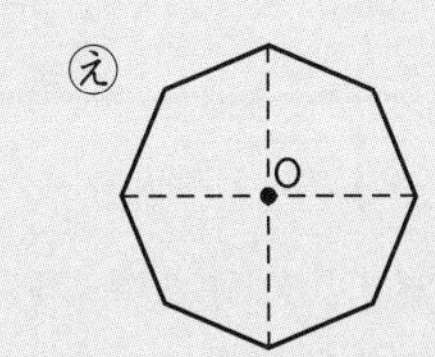

おうちのかたへ 頂点が奇数個の正多角形は、180°まわしたときに正多角形の上下が逆さまになり、もとの形にぴったり重ならないので、点対称な図形ではありません。実際にいろいろな正多角形をまわして、確かめさせるとよいでしょう。

ぴったり2 練習 7ページ

1

	線対称	軸の数	点対称
台形	×	—	×
平行四辺形	×	—	○
ひし形	○	2	○
長方形	○	2	○
正方形	○	4	○

2

	線対称	軸の数	点対称
正三角形	○	3	×
正五角形	○	5	×
正六角形	○	6	○
正九角形	○	9	×
正十角形	○	10	○
正十二角形	○	12	○

3 ①8本
②辺GF
③点F
④辺GH

てびき

1 平行四辺形、ひし形、長方形、正方形は点対称な図形で、2本の対角線の交わる点が対称の中心になります。

2 正多角形はどれも線対称な図形で、対称の軸の数は頂点(ちょうてん)の数と同じです。また、頂点の数が偶数(ぐうすう)の正多角形は、点対称な図形でもあります。

3 ①正多角形の対称の軸の数は、頂点の数と同じになっています。

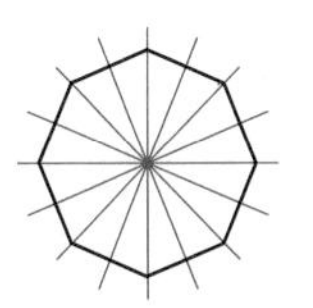

正八角形
↓
対称の軸の数 8本

④対応する辺を答えるときは、点Cに対応する点G、点Dに対応する点Hの順に、辺GHと答えましょう。

ぴったり3 確かめのテスト 8～9ページ

1 ①あ、い、え、お、く ②き、く

2 ①ア対称の軸 イ等しく
②ウ対称の中心
③エ中心 オ中心

3 ① ②

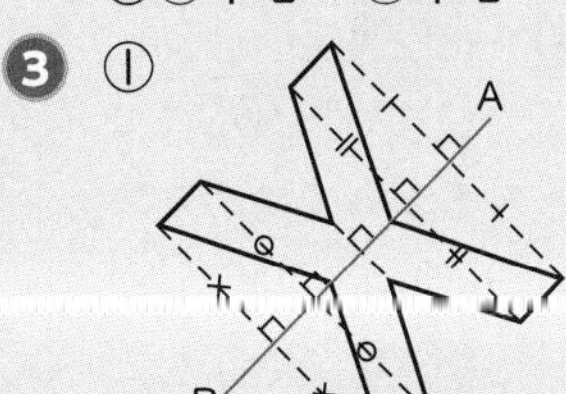

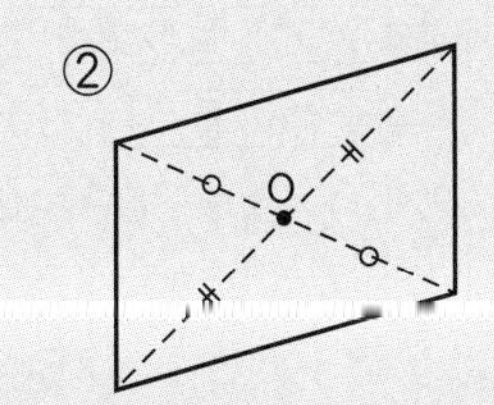

てびき

1 対称の軸、対称の中心をかいて考えます。
おは、対称の軸が5本あります。
くは、線対称でもあり点対称でもある図形です。

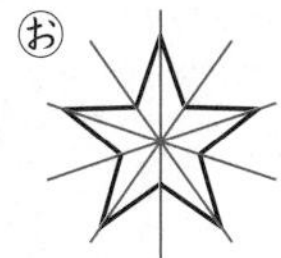

おうちのかたへ 身のまわりにある線対称な形や点対称な形をみつける活動をさせてみましょう。

2 ③円では、対称の軸は円の中心を通る直線で、何本でもとれます。対称の中心は円の中心になります。

❹ ①い、お　②う　③あ、え

❹ 二等辺三角形　平行四辺形

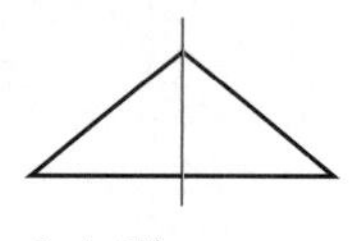

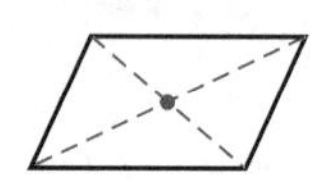

ひし形

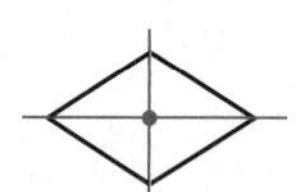

❺ ①6本
②点A
③直線FC（直線CF）
④

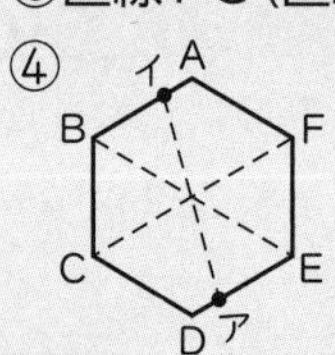

❺ ④まず、対称の中心をみつけて、点アから対称の中心を通る直線をひきます。

❻ 八角形

❻ 折ったところを順にもどして考えます。
紙を開くと、折り目を対称の軸とする線対称な図形ができます。

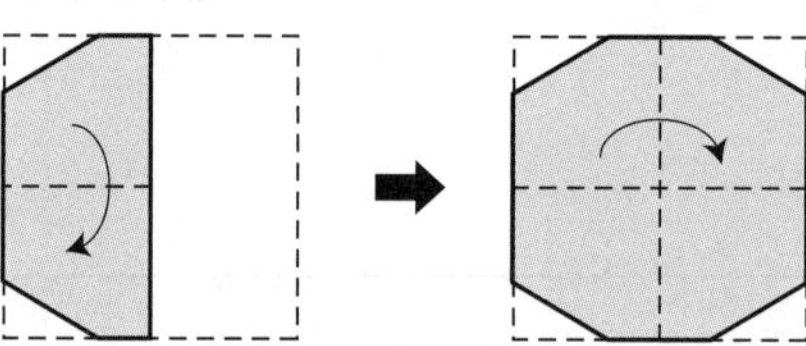

おうちのかたへ　折り方や切り方を変えて、いろいろな図形や模様をつくってみましょう。

2 文字と式

ぴったり1 準備　10ページ

1 (1)x、y
(2)110、770、770

2 (1)x、90、y
(2)690、790

x(冊)	6	7	8	9
y(円)	690	790	890	990

おうちのかたへ　中学生になると、x や y の文字を使うことが多くなりますので、6年生のうちに文字を使った式に慣れさせることが大切です。まずは、1冊○円のノート7冊の代金を△円とすると、○×7＝△と表せて、○と△の代わりに x と y を使っているだけであることを理解させましょう。

ぴったり2 練習　11ページ

❶ ①$x\times8=y$　②$y=560$　③$x=50$

❷ ①$250\times x+300=y$
②

x(個)	4	5	6	7	……
y(g)	1300	1550	1800	2050	……

答え　$x=7$

てびき

❶ ①［1個の値段］×［個数］＝［代金］　だから、$x\times8=y$
②$x\times8=y$ の x に70をあてはめます。
$70\times8=560$　$y=560$
③$x\times8=y$ の y に400をあてはめます。
$x\times8=400$ だから、
$x=400\div8$　$x=50$

❷ ①［コップ1個の重さ］×［個数］＋［箱の重さ］＝［全体の重さ］　だから、$250\times x+300=y$
②$250\times x+300=y$ に x の値をあてはめます。
$x=4$ のとき、$250\times4+300=1300$
$x=5$ のとき、$250\times5+300=1550$
$x=6$ のとき、$250\times6+300=1800$
$x=7$ のとき、$250\times7+300=2050$

3 ①$x \times 10 \div 2 = y$ ②$x = 12.8$

3 ①[底辺]×[高さ]÷2＝[三角形の面積]
にあてはめます。
②$x = 12$ のとき、$12 \times 10 \div 2 = 60$
$x = 12.4$ のとき、$12.4 \times 10 \div 2 = 62$
$x = 12.8$ のとき、$12.8 \times 10 \div 2 = 64$
だから、x の値が 12.8 のときです。

しあげの5分レッスン 問題文をよくよんで、まず、ことばの式を考えてみよう。

ぴったり1 準備 12ページ

1 (1)①4 ②メロン ③りんご ④メロン
(2)①りんご ②箱代 ③7 ④箱

2 (1)8＋a（エー）、6、ウ
(2)8＋a、6÷2、ア
(3)6、a、イ

おうちのかたへ $x \times 4$ は1個 x 円のりんご4個の代金を表していますが、このことが難しいようでしたら、800×4ならば何の代金を表しているかを問いかけてみましょう。800という具体的な数が、x という文字におきかわっただけだと理解させましょう。

ぴったり2 練習 13ページ

1 い、え

2 ①厚紙の面積
②正五角形のまわりの長さ

3 ①$(a \times 12) \div 2$ — ウ
②$(a \div 2) \times 12$ — イ
③$a \times (12 \div 2)$ — ア

てびき

1 あは、$(x + 120) \times 8$、
うは、$x + 120 \times 8$ と表されます。

2 ②x cm は正五角形の1辺の長さで、$x \times 5$ は
[1辺の長さ]×5 だから、正五角形のまわりの長さを表しています。

3 ①$a \times 12$ は、三角形をふくむ長方形の面積を表しています。それの半分として求めているので、ウの図の考え方です。

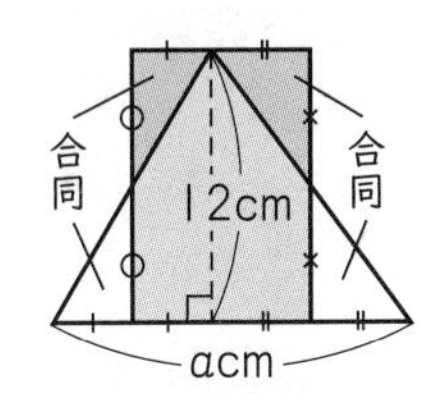

②$a \div 2$ は、三角形の底辺の半分の長さを表しています。それに高さをかけて求めているので、イの図の考え方です。

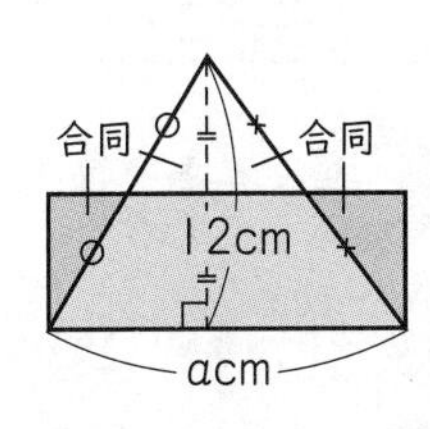

③$12 \div 2$ は、三角形の高さの半分の高さを表しています。底辺にこれをかけて求めているので、アの図の考え方です。

ぴったり3 確かめのテスト 14〜15ページ

1 ①$x \times 6 = y$ ②$x + 350 = y$
③$80 \times x + 90 = y$

2 ①$x \times 4 = y$ ②$y = 72$ ③$x = 23$

てびき

1 ③[ノート1冊の値段]×[冊数]＋[消しゴム1個の値段]
＝[全部の代金] だから、
$80 \times x + 90 = y$ と表されます。

2 ①[1辺の長さ]×4＝[まわりの長さ] だから、
$x \times 4 = y$
②①の式の x に18をあてはめます。
$18 \times 4 = 72$ $y = 72$
③①の式の y に92をあてはめます。
$x \times 4 = 92$ だから、$x = 92 \div 4$ $x = 23$

❸ ①$x×9+0.8=y$ ②1.4 kg

❸ ①荷物1個の重さ×個数+箱の重さ=全体の重さ だから、$x×9+0.8=y$
②$x=1.2$ のとき、
　$1.2×9+0.8=11.6$　$y=11.6$
$x=1.3$ のとき、
　$1.3×9+0.8=12.5$　$y=12.5$
$x=1.4$ のとき、
　$1.4×9+0.8=13.4$　$y=13.4$
$x=1.5$ のとき、
　$1.5×9+0.8=14.3$　$y=14.3$
だから、荷物1個の重さは 1.4 kg です。

❹ ①○ ②× ③× ④○

❹ ②は、$(x+100)×5$、
③は、$x×5-100$ と表されます。

❺ ①図…㋒、公式…㋗
②図…㋐、公式…㋕
③図…㋑、公式…㋕、㋗

❺ ①長方形にして求めています。
②2つの三角形に分けて求めています。
③2つの三角形と1つの長方形に分けています。
$(4×7÷2)×2+(a-4)×7$
三角形の面積　　長方形の面積

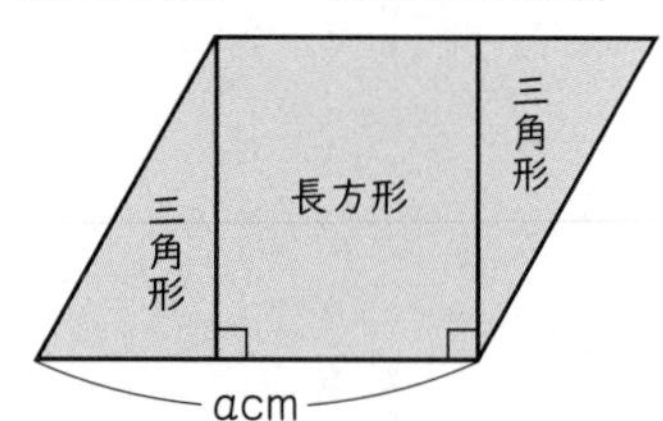

はってん

1 ①6番目…16、10番目…28
②㋒

1 ①3ずつ増えていくきまりがあるので、6番目以降(いこう)は、16、19、22、25、28、……となります。
②㋒の式のaに1、2、3、……をあてはめて計算すると、1、4、7、……となります。

おうちのかたへ 数列について詳しくは高等学校で学習します。

3 分数×整数、分数÷整数

ぴったり1 準備　16ページ

1 (1)①3 ②3 ③2 ④6
(2)①4 ②1 ③$\frac{5}{2}$

2 (1)①2 ②2 ③3 ④$\frac{2}{15}$
(2)①2 ②3 ③$\frac{2}{9}$

おうちのかたへ 分数のかけ算やわり算では、計算の途中で約分できるときは約分するのがポイントです。最後に約分しても答えは同じになりますが、途中で約分したほうが計算が簡単になります。途中で約分することを徹底させましょう。

ぴったり2 練習　17ページ

てびき

❶ ①$\frac{5}{6}$ ②$\frac{15}{7}\left(2\frac{1}{7}\right)$ ③$\frac{9}{2}\left(4\frac{1}{2}\right)$
④$\frac{7}{5}\left(1\frac{2}{5}\right)$ ⑤$\frac{9}{4}\left(2\frac{1}{4}\right)$ ⑥14

❶ ①$\frac{1}{6}×5=\frac{1×5}{6}=\frac{5}{6}$
④$\frac{7}{10}×2=\frac{7×\overset{1}{\cancel{2}}}{\underset{5}{\cancel{10}}}=\frac{7}{5}\left(1\frac{2}{5}\right)$

❷ ① $\frac{1}{10}$　② $\frac{3}{35}$　③ $\frac{2}{35}$

④ $\frac{1}{5}$　⑤ $\frac{4}{27}$　⑥ $\frac{5}{42}$

❸ 式　$\frac{2}{5}\times2=\frac{4}{5}$　答え　$\frac{4}{5}$kg

❹ 式　$\frac{8}{3}\div6=\frac{4}{9}$　答え　$\frac{4}{9}$L

❺ 式　$\frac{3}{4}\times5=\frac{15}{4}$　$\frac{15}{4}\div6=\frac{5}{8}$

答え　全部 $\frac{15}{4}$kg$\left(3\frac{3}{4}\text{kg}\right)$、1人分 $\frac{5}{8}$kg

❷ ① $\frac{1}{2}\div5=\frac{1}{2\times5}=\frac{1}{10}$

④ $\frac{4}{5}\div4=\frac{\overset{1}{\cancel{4}}}{5\times\underset{1}{\cancel{4}}}=\frac{1}{5}$

❸ [1 mの重さ]×[長さ]=[全体の重さ]　で求めます。

❹ [流れた量]÷[時間(分)]=[1分間に流れた量]　です。

❺ [1ふくろの重さ]×[ふくろの数]=[全部の重さ]、[全部の重さ]÷[人数]=[1人分の重さ]　で求めます。

ぴったり3 確かめのテスト　18〜19ページ

てびき

❶ ①あb いc うa　②あb いa うc

❷ ① $\frac{7}{4}\left(1\frac{3}{4}\right)$　② $\frac{18}{5}\left(3\frac{3}{5}\right)$　③ $\frac{35}{6}\left(5\frac{5}{6}\right)$

④ $\frac{1}{2}$　⑤ $\frac{9}{5}\left(1\frac{4}{5}\right)$　⑥ $\frac{10}{3}\left(3\frac{1}{3}\right)$

⑦ $\frac{27}{2}\left(13\frac{1}{2}\right)$　⑧4　⑨25

❸ ① $\frac{1}{16}$　② $\frac{2}{15}$　③ $\frac{5}{27}$

④ $\frac{2}{7}$　⑤ $\frac{1}{15}$　⑥ $\frac{2}{33}$

⑦ $\frac{2}{45}$　⑧ $\frac{4}{21}$　⑨ $\frac{2}{9}$

❹ 式　$\frac{2}{9}\times12=\frac{8}{3}$　答え　$\frac{8}{3}$m$\left(2\frac{2}{3}\text{m}\right)$

❺ 式　$\frac{6}{7}\div4=\frac{3}{14}$　答え　$\frac{3}{14}$m²

❻ ①式　$\frac{5}{8}\times6=\frac{15}{4}$　答え　$\frac{15}{4}$L$\left(3\frac{3}{4}\text{L}\right)$

②式　$\frac{15}{4}\div5=\frac{3}{4}$　答え　$\frac{3}{4}$L

❼ ①3、6、9

②1、2、3、4、5

❷ ① $\frac{1}{4}\times7=\frac{1\times7}{4}=\frac{7}{4}\left(1\frac{3}{4}\right)$

④ $\frac{1}{8}\times4=\frac{1\times\overset{1}{\cancel{4}}}{\underset{2}{\cancel{8}}}=\frac{1}{2}$

❸ ① $\frac{1}{2}\div8=\frac{1}{2\times8}=\frac{1}{16}$

④ $\frac{4}{7}\div2=\frac{\overset{2}{\cancel{4}}}{7\times\underset{1}{\cancel{2}}}=\frac{2}{7}$

❹ [1本の長さ]×[本数]=[全体の長さ]　で求めます。

❺ [ぬれる面積]÷[ペンキの量]=[1dLでぬれる面積]　です。

❻ ①[1本の量]×[本数]=[全部の量]　で求めます。

②[全部の量]÷[クラスの数]=[1クラス分の量]　で求めます。

❼ ①cが3の倍数のとき、答えが整数になります。

②$4=\frac{28}{7}$ より、$5\times c$が28より小さくなります。

しあげの5分レッスン　分数の計算をしたら、約分を忘れていないか確認しよう。

4 分数×分数

ぴったり1 準備　20ページ

❶ (1)3、2、6　(2)2、8、16

❷ (1)2、8　(2)6、10　(3)3、9、27

ぴったり2 練習　21ページ

てびき

❶ ① $\frac{2}{15}$　② $\frac{12}{35}$　③ $\frac{21}{8}\left(2\frac{5}{8}\right)$

④ $\frac{1}{12}$　⑤ $\frac{7}{15}$　⑥ $\frac{2}{3}$

❶ ① $\frac{2}{3}\times\frac{1}{5}=\frac{2\times1}{3\times5}=\frac{2}{15}$

⑥ $\frac{12}{7}\times\frac{7}{18}=\frac{\overset{2}{\cancel{12}}\times\overset{1}{\cancel{7}}}{\underset{1}{\cancel{7}}\times\underset{3}{\cancel{18}}}=\frac{2}{3}$

❷ ① $\frac{15}{8}\left(1\frac{7}{8}\right)$　② $\frac{25}{3}\left(8\frac{1}{3}\right)$　③ $\frac{28}{3}\left(9\frac{1}{3}\right)$

④ $\frac{32}{21}\left(1\frac{11}{21}\right)$　⑤ $\frac{3}{4}$　⑥ $\frac{25}{6}\left(4\frac{1}{6}\right)$

❷ ①$5\times\frac{3}{8}=\frac{5}{1}\times\frac{3}{8}=\frac{5\times3}{1\times8}=\frac{15}{8}$

②$10\times\frac{5}{6}=\frac{10}{1}\times\frac{5}{6}=\frac{\overset{5}{\cancel{10}}\times5}{1\times\underset{3}{\cancel{6}}}=\frac{25}{3}$

④$2\frac{2}{3}\times\frac{4}{7}=\frac{8}{3}\times\frac{4}{7}=\frac{8\times4}{3\times7}=\frac{32}{21}$

⑤$\frac{2}{5}\times1\frac{7}{8}=\frac{2}{5}\times\frac{15}{8}=\frac{\overset{1}{\cancel{2}}\times\overset{3}{\cancel{15}}}{\underset{1}{\cancel{5}}\times\underset{4}{\cancel{8}}}=\frac{3}{4}$

⑥$1\frac{1}{9}\times3\frac{3}{4}=\frac{10}{9}\times\frac{15}{4}=\frac{\overset{5}{\cancel{10}}\times\overset{5}{\cancel{15}}}{\underset{3}{\cancel{9}}\times\underset{2}{\cancel{4}}}=\frac{25}{6}$

❸ 式　$\frac{5}{6}\times\frac{3}{4}=\frac{5}{8}$　　答え　$\frac{5}{8}$ m²

❸
0　□　$\frac{5}{6}$（m²）
0　$\frac{3}{4}$　1（dL）

1dL →（$\frac{3}{4}$倍）→ $\frac{3}{4}$dL
$\frac{5}{6}$m²　□m²

上の図より、$\frac{5}{6}\times\frac{3}{4}$ の式で求められます。

❹ 式　$\frac{2}{3}\times3\frac{3}{5}=\frac{12}{5}$　　答え　$\frac{12}{5}$km$\left(2\frac{2}{5}\text{km}\right)$

❹ 分速×時間＝道のり　だから、求める式は、$\frac{2}{3}\times3\frac{3}{5}$ となります。

ぴったり1 準備　22ページ

1 (1)2、2、2　(2)11、2、11

2 (1)あ　(2)い　(3)う　(4)あ

ぴったり2 練習　23ページ

てびき

❶ ① $\frac{21}{80}$　② $\frac{2}{3}$　③ $\frac{4}{3}\left(1\frac{1}{3}\right)$

❷ ① $\frac{5}{6}$　② $\frac{7}{16}$

③ $\frac{14}{3}\left(4\frac{2}{3}\right)$　④18

❶ ①$0.3\times\frac{7}{8}=\frac{3}{10}\times\frac{7}{8}=\frac{3\times7}{10\times8}=\frac{21}{80}$

② $\frac{5}{9}\times1.2=\frac{5}{9}\times\frac{6}{5}=\frac{\overset{1}{\cancel{5}}\times\overset{2}{\cancel{6}}}{\underset{3}{\cancel{9}}\times\underset{1}{\cancel{5}}}=\frac{2}{3}$

③$0.8\times1\frac{2}{3}=\frac{4}{5}\times\frac{5}{3}=\frac{4\times\overset{1}{\cancel{5}}}{\underset{1}{\cancel{5}}\times3}=\frac{4}{3}$

❷ ① $\frac{5}{9}\times4\times\frac{3}{8}=\frac{5}{9}\times\frac{4}{1}\times\frac{3}{8}=\frac{5\times\overset{1}{\cancel{4}}\times\overset{1}{\cancel{3}}}{\underset{3}{\cancel{9}}\times1\times\underset{2}{\cancel{8}}}=\frac{5}{6}$

② $\frac{5}{6}\times0.7\times\frac{3}{4}=\frac{5}{6}\times\frac{7}{10}\times\frac{3}{4}=\frac{\overset{1}{\cancel{5}}\times7\times\overset{1}{\cancel{3}}}{\underset{2}{\cancel{6}}\times\underset{2}{\cancel{10}}\times4}$

$=\frac{7}{16}$

③$1.5\times7\times\frac{4}{9}=\frac{3}{2}\times\frac{7}{1}\times\frac{4}{9}=\frac{\overset{1}{\cancel{3}}\times7\times\overset{2}{\cancel{4}}}{\underset{1}{\cancel{2}}\times1\times\underset{3}{\cancel{9}}}=\frac{14}{3}$

❸ ①5、6、7、8、9
②4
③1、2、3

❸ ①かける数が1より大きいときだから、4より大きい数をあてはめます。
②かける数が1のときだから、4をあてはめます。
③かける数が1より小さいときだから、4より小さい数をあてはめます。

❹ ㋞、㋒、㋐、㋑

❹ かける数が大きいほど積が大きくなります。

ぴったり1 準備 24ページ

1 (1)2、2、30
(2)40、$\frac{2}{3}$

2 (1)8、$\frac{8}{5}\left(1\frac{3}{5}\right)$　(2)9、$\frac{10}{9}\left(1\frac{1}{9}\right)$

3 (1)$\frac{9}{7}$、$\frac{5}{8}$　(2)$\frac{1}{8}$、$\frac{1}{4}$

おうちのかたへ 5年まででは、計算のきまりは■＋●＝●＋■のように、■や●などを使っていましたが、6年では、a、bなどの文字を使います。中学校以降では、文字を使っていくことになりますので、文字式に慣れさせるようにしてください。まずはa、b、cにいろいろな数をあてはめて、等式の左と右が等しくなることを確かめさせることから始めるとよいでしょう。

ぴったり2 練習 25ページ

てびき

❶ ①式　$\frac{1}{2}\times\frac{2}{3}=\frac{1}{3}$　答え　$\frac{1}{3}$ m²
②式　$3\times\frac{4}{5}\times\frac{2}{3}=\frac{8}{5}$　答え　$\frac{8}{5}$ m³$\left(1\frac{3}{5}\text{ m}^3\right)$

❶ 面積や体積は、辺の長さが分数であっても、公式を使って求めることができます。

❷ ①24分　②90秒　③$\frac{1}{4}$時間

❷ 分数で表された時間を分になおすときや、分を秒になおすときは、60にかけます。分を時間になおすときや、秒を分になおすときは、60でわります。
①$60\times\frac{2}{5}=24$(分)
③$15\div60=\frac{15}{60}=\frac{1}{4}$(時間)

❸ ①$\frac{7}{3}\left(2\frac{1}{3}\right)$　②$\frac{2}{5}$　③6
④$\frac{1}{8}$　⑤5　⑥$\frac{100}{13}\left(7\frac{9}{13}\right)$

❸ ③逆数(ぎゃくすう)は$\frac{6}{1}=6$
④$8=\frac{8}{1}$だから、逆数は$\frac{1}{8}$
⑤$0.2=\frac{2}{10}=\frac{1}{5}$だから、逆数は5
⑥$0.13=\frac{13}{100}$だから、逆数は$\frac{100}{13}$

❹ ①$2\frac{8}{9}\left(\frac{26}{9}\right)$　②$\frac{4}{9}$
③$\frac{5}{6}$　④$\frac{3}{4}$

❹ ①$\frac{7}{8}+\frac{8}{9}+\frac{9}{8}=\left(\frac{7}{8}+\frac{9}{8}\right)+\frac{8}{9}$
$=2+\frac{8}{9}=2\frac{8}{9}$
②$\frac{5}{6}\times\frac{4}{9}\times\frac{6}{5}=\left(\frac{5}{6}\times\frac{6}{5}\right)\times\frac{4}{9}$
$=1\times\frac{4}{9}=\frac{4}{9}$
③$\frac{2}{3}\times\frac{10}{11}+\frac{1}{4}\times\frac{10}{11}=\left(\frac{2}{3}+\frac{1}{4}\right)\times\frac{10}{11}$
$=\frac{11}{12}\times\frac{10}{11}=\frac{5}{6}$
④$1\frac{1}{2}\times\frac{6}{7}-\frac{5}{8}\times\frac{6}{7}=\left(1\frac{1}{2}-\frac{5}{8}\right)\times\frac{6}{7}$
$=\frac{7}{8}\times\frac{6}{7}=\frac{3}{4}$

5 式　$36 \div 60 = \frac{3}{5}$

$75 \times \frac{3}{5} = 45$　　答え　45 m²

5 36 分を $\frac{3}{5}$ 時間になおして考えます。

しあげの5分レッスン　整数や小数を逆数にするときには、分数になおしたあと、逆数にしているか確認(かくにん)しよう。

ぴったり3 確かめのテスト　26〜27ページ

1 ① $\frac{9}{20}$　② $\frac{7}{16}$

③ $\frac{4}{3}\left(1\frac{1}{3}\right)$　④ $\frac{12}{7}\left(1\frac{5}{7}\right)$

⑤ $\frac{9}{5}\left(1\frac{4}{5}\right)$　⑥ $\frac{24}{35}$

⑦ $\frac{14}{3}\left(4\frac{2}{3}\right)$　⑧ $\frac{35}{12}\left(2\frac{11}{12}\right)$

⑨ $\frac{6}{7}$　⑩ $\frac{4}{5}$

2 ①い、う　②あ、え

3 ① $\frac{5}{9}$　② $\frac{1}{7}$　③ $\frac{50}{3}\left(16\frac{2}{3}\right)$

4 ①25　② $\frac{4}{5}$　③ $\frac{11}{6}\left(1\frac{5}{6}\right)$

5 ①式　$\frac{2}{7} \times \frac{5}{6} = \frac{5}{21}$　　答え　$\frac{5}{21}$ kg

②式　$\frac{2}{5} \times \frac{2}{5} = \frac{4}{25}$　　答え　$\frac{4}{25}$ m²

③式　$45 \div 60 = \frac{3}{4}$

$92 \times \frac{3}{4} = 69$　　答え　69 L

てびき

1 ③ $\frac{3}{2} \times \frac{8}{9} = \frac{\overset{1}{\cancel{3}} \times \overset{4}{\cancel{8}}}{\underset{1}{\cancel{2}} \times \underset{3}{\cancel{9}}} = \frac{4}{3}$

④ $4 \times \frac{3}{7} = \frac{4}{1} \times \frac{3}{7} = \frac{4 \times 3}{1 \times 7} = \frac{12}{7}$

⑤ $\frac{3}{25} \times 15 = \frac{3}{25} \times \frac{15}{1} = \frac{3 \times \overset{3}{\cancel{15}}}{\underset{5}{\cancel{25}} \times 1} = \frac{9}{5}$

⑥ $\frac{3}{5} \times 1\frac{1}{7} = \frac{3}{5} \times \frac{8}{7} = \frac{3 \times 8}{5 \times 7} = \frac{24}{35}$

⑦ $2\frac{2}{3} \times 1\frac{3}{4} = \frac{8}{3} \times \frac{7}{4} = \frac{\overset{2}{\cancel{8}} \times 7}{3 \times \underset{1}{\cancel{4}}} = \frac{14}{3}$

⑧ $1\frac{7}{8} \times 1\frac{5}{9} = \frac{15}{8} \times \frac{14}{9} = \frac{\overset{5}{\cancel{15}} \times \overset{7}{\cancel{14}}}{\underset{4}{\cancel{8}} \times \underset{3}{\cancel{9}}} = \frac{35}{12}$

⑨ $1.2 \times \frac{5}{7} = \frac{6}{5} \times \frac{5}{7} = \frac{6 \times \overset{1}{\cancel{5}}}{\underset{1}{\cancel{5}} \times 7} = \frac{6}{7}$

⑩ $\frac{4}{9} \times 6 \times 0.3 = \frac{4}{9} \times \frac{6}{1} \times \frac{3}{10} = \frac{\overset{2}{\cancel{4}} \times \overset{2}{\cancel{6}} \times \overset{1}{\cancel{3}}}{\underset{\underset{1}{\cancel{3}}}{\cancel{9}} \times 1 \times \underset{5}{\cancel{10}}}$

$= \frac{4}{5}$

2 1より大きい数をかけると、積はかけられる数より大きくなります。

3 ③ $0.06 = \frac{6}{100} = \frac{3}{50}$ だから、逆数は $\frac{50}{3}$

4 ① $60 \times \frac{5}{12} = 25$(分)

② $48 \div 60 = \frac{48}{60} = \frac{4}{5}$(分)

③ $110 \div 60 = \frac{110}{60} = \frac{11}{6}$(時間)

5 ①［1mの重さ］×［長さ］=［全体の重さ］　だから、

求める式は、$\frac{2}{7} \times \frac{5}{6}$ となります。

②正方形の面積の公式にあてはめて求めます。

③「1時間あたり〜」や「1分間あたり〜」という問題では、まず単位をそろえることがたいせつです。45 分を時間になおしてから計算しましょう。

❻ 式　$1\frac{1}{16}\times2\frac{1}{3}+\frac{7}{16}\times2\frac{1}{3}=\frac{7}{2}$

答え　$\frac{7}{2}$m²$\left(3\frac{1}{2}\text{m}^2\right)$

❼ ① $\frac{3}{8}$　② $\frac{9}{40}$　③ $\frac{3}{8}$　④ $\frac{9}{40}$

❻ 計算のきまりを使って、くふうして計算します。

$1\frac{1}{16}\times2\frac{1}{3}+\frac{7}{16}\times2\frac{1}{3}$

$=\left(1\frac{1}{16}+\frac{7}{16}\right)\times2\frac{1}{3}=\frac{3}{2}\times\frac{7}{3}=\frac{7}{2}$

❼ 1つ目の分数が$\frac{3}{5}$だから、①、③にあてはまる分数の分子は3で、分母は5との差が3である2か8です。分母が2のとき、$\frac{3}{2}$は$\frac{3}{5}$より大きく、ひけないから、分母は8になります。

5 分数÷分数

ぴったり1 準備　28ページ

1 (1) $\frac{3}{2}$、$\frac{6}{7}$　(2) $\frac{5}{9}$、$\frac{1}{6}$

2 (1) $\frac{6}{5}$、$\frac{5}{6}$、$\frac{5}{16}$　(2) $\frac{9}{2}$、$\frac{63}{2}$　(3) $\frac{1}{8}$、$\frac{5}{48}$

おうちのかたへ 分数のわり算では、わる数の逆数をかけると考えれば、あとは前の単元で学習済みの分数のかけ算と同じ要領で計算するだけです。途中で約分するのを忘れないように気をつけさせましょう。

ぴったり2 練習　29ページ

❶ ① $\frac{7}{48}$　② $\frac{20}{9}\left(2\frac{2}{9}\right)$　③ $\frac{21}{20}\left(1\frac{1}{20}\right)$

④ $\frac{4}{5}$　⑤ $\frac{2}{3}$　⑥6

❷ ① $\frac{15}{4}\left(3\frac{3}{4}\right)$　② $\frac{2}{3}$　③ $\frac{16}{3}\left(5\frac{1}{3}\right)$

④15　⑤ $\frac{2}{15}$　⑥ $\frac{1}{12}$

❸ 式　$2\frac{1}{3}\div\frac{7}{8}=\frac{8}{3}$　　答え　$\frac{8}{3}$L$\left(2\frac{2}{3}\text{L}\right)$

てびき

❶ ① $\frac{1}{8}\div\frac{6}{7}=\frac{1}{8}\times\frac{7}{6}=\frac{1\times7}{8\times6}=\frac{7}{48}$

④ $\frac{3}{5}\div\frac{3}{4}=\frac{3}{5}\times\frac{4}{3}=\frac{\overset{1}{\cancel{3}}\times4}{5\times\underset{1}{\cancel{3}}}=\frac{4}{5}$

⑤ $\frac{8}{15}\div\frac{4}{5}=\frac{8}{15}\times\frac{5}{4}=\frac{\overset{2}{\cancel{8}}\times\overset{1}{\cancel{5}}}{\underset{3}{\cancel{15}}\times\underset{1}{\cancel{4}}}=\frac{2}{3}$

❷ ① $1\frac{2}{3}\div\frac{4}{9}=\frac{5}{3}\div\frac{4}{9}=\frac{5\times\overset{3}{\cancel{9}}}{\underset{1}{\cancel{3}}\times4}=\frac{15}{4}$

② $1\frac{5}{6}\div2\frac{3}{4}=\frac{11}{6}\div\frac{11}{4}=\frac{\overset{1}{\cancel{11}}\times\overset{2}{\cancel{4}}}{\underset{3}{\cancel{6}}\times\underset{1}{\cancel{11}}}=\frac{2}{3}$

③ $8\div\frac{3}{2}=\frac{8}{1}\times\frac{2}{3}=\frac{8\times2}{1\times3}=\frac{16}{3}$

④ $12\div\frac{4}{5}=\frac{12}{1}\times\frac{5}{4}=\frac{\overset{3}{\cancel{12}}\times5}{1\times\underset{1}{\cancel{4}}}=15$

⑤ $\frac{2}{5}\div3=\frac{2}{5}\times\frac{1}{3}=\frac{2\times1}{5\times3}=\frac{2}{15}$

⑥ $1\frac{1}{6}\div14=\frac{7}{6}\times\frac{1}{14}=\frac{\overset{1}{\cancel{7}}\times1}{6\times\underset{2}{\cancel{14}}}=\frac{1}{12}$

❸
0　$\frac{7}{8}$　$2\frac{1}{3}$(kg)
0　1　□(L)

上の図より、油の量を求める式は、$2\frac{1}{3}\div\frac{7}{8}$となります。

❹ 式　$4 \div \frac{8}{5} = \frac{5}{2}$　　答え　$\frac{5}{2}$kg$\left(2\frac{1}{2}\text{kg}\right)$

❹ 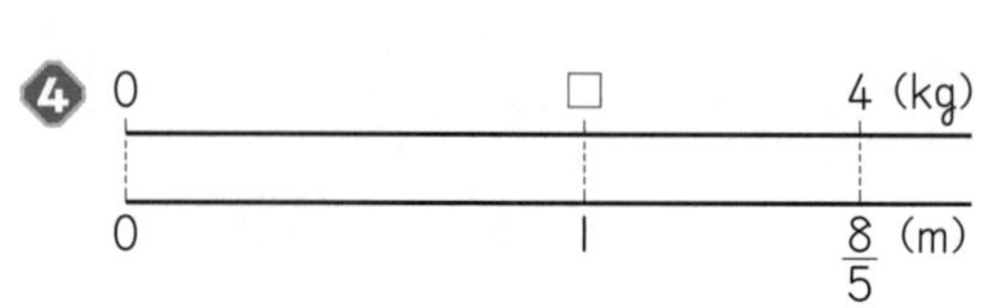

上の図より、1mの重さを求める式は

$4 \div \frac{8}{5}$ となります。

$\frac{8}{5} \div 4$ は、1kgの長さを求める式になります。

ぴったり1 準備　30ページ

1 (1) $\frac{7}{10}$、$\frac{10}{7}$、$\frac{25}{28}$

(2) $\frac{1}{2}$、$\frac{9}{35}$

2 (1)ⓤ　(2)ⓐ　(3)ⓘ　(4)ⓤ

おうちのかたへ　$\frac{5}{8} \div 0.7$ のような計算で、$\frac{5}{8} = 0.625$ と小数になおしてから計算すると、$0.625 \div 0.7 = 0.8928\cdots$ と、わり切れなくなります。このことを実際に体験させて、分数だけの式にすることのよさを実感させるとよいでしょう。

ぴったり2 練習　31ページ

❶ ① $\frac{3}{5}$　② $\frac{10}{21}$　③ $\frac{20}{27}$

❷ ① $\frac{3}{2}\left(1\frac{1}{2}\right)$　② $\frac{1}{20}$

③ $\frac{5}{3}\left(1\frac{2}{3}\right)$　④ $\frac{1}{4}$

てびき

❶ ① $0.5 \div \frac{5}{6} = \frac{1}{2} \div \frac{5}{6} = \frac{1}{2} \times \frac{6}{5} = \frac{1 \times \cancel{6}^{3}}{\cancel{2}_{1} \times 5} = \frac{3}{5}$

② $\frac{6}{7} \div 1.8 = \frac{6}{7} \div \frac{9}{5} = \frac{6}{7} \times \frac{5}{9} = \frac{\cancel{6}^{2} \times 5}{7 \times \cancel{9}_{3}} = \frac{10}{21}$

③ $1\frac{7}{9} \div 2.4 = \frac{16}{9} \div \frac{12}{5} = \frac{16}{9} \times \frac{5}{12}$

$= \frac{\cancel{16}^{4} \times 5}{9 \times \cancel{12}_{3}} = \frac{20}{27}$

❷ ① $\frac{2}{3} \div \frac{4}{7} \div \frac{7}{9} = \frac{2}{3} \times \frac{7}{4} \times \frac{9}{7} = \frac{\cancel{2}^{1} \times \cancel{7}^{1} \times \cancel{9}^{3}}{\cancel{3}_{1} \times \cancel{4}_{2} \times \cancel{7}_{1}} = \frac{3}{2}$

② $\frac{3}{8} \div 6 \times \frac{4}{5} = \frac{3}{8} \times \frac{1}{6} \times \frac{4}{5} = \frac{\cancel{3}^{1} \times 1 \times \cancel{4}^{1}}{\cancel{8}_{2} \times \cancel{6}_{2} \times 5} = \frac{1}{20}$

③ $\frac{4}{9} \times 12 \div 3.2 = \frac{4}{9} \times \frac{12}{1} \div \frac{16}{5}$

$= \frac{4}{9} \times \frac{12}{1} \times \frac{5}{16} = \frac{\cancel{4}^{1} \times \cancel{12}^{\cancel{4}^{1}} \times 5}{\cancel{9}_{3} \times 1 \times \cancel{16}_{\cancel{4}_{1}}} = \frac{5}{3}$

④ $0.75 \div \frac{15}{7} \div 1.4 = \frac{3}{4} \div \frac{15}{7} \div \frac{7}{5}$

$= \frac{3}{4} \times \frac{7}{15} \times \frac{5}{7} = \frac{\cancel{3}^{1} \times \cancel{7}^{1} \times \cancel{5}^{1}}{4 \times \cancel{15}_{\cancel{5}_{1}} \times \cancel{7}_{1}} = \frac{1}{4}$

3 ① $\frac{1}{6}$ ②16

4 ㋓、㋐、㋒、㋑

3 ① $1.75\div5\div2.1=\frac{7}{4}\div\frac{5}{1}\div\frac{21}{10}$

$=\frac{7}{4}\times\frac{1}{5}\times\frac{10}{21}=\frac{\overset{1}{\cancel{7}}\times1\times\overset{1}{\cancel{\overset{2}{\cancel{10}}}}}{\underset{2}{\cancel{4}}\times\underset{1}{\cancel{5}}\times\underset{3}{\cancel{21}}}=\frac{1}{6}$

② $12\div18\times24=\frac{12}{1}\times\frac{1}{18}\times\frac{24}{1}$

$=\frac{\overset{2}{\cancel{12}}\times1\times\overset{8}{\cancel{24}}}{1\times\underset{1}{\cancel{\underset{3}{\cancel{18}}}}\times1}=16$

4 わる数が小さいほど商は大きくなります。

ぴったり1 準備 32ページ

1 (1) $\frac{2}{3}$、$\frac{2}{5}$、$\frac{2}{5}$ (2) $\frac{3}{5}$、3、$\frac{3}{2}\left(1\frac{1}{2}\right)$

2 720、$\frac{2}{5}$、1800、1800

おうちのかたへ 割合の問題では、まずは求める量が何で、わかっていることは何なのかを、図をかいてきちんと整理するようにアドバイスしましょう。

ぴったり2 練習 33ページ

1 式 $150\times\frac{4}{5}=120$ 答え 120 cm

2 式 $\frac{3}{4}\div\frac{9}{2}=\frac{1}{6}$ 答え $\frac{1}{6}$ 倍

3 式 $4\div\frac{8}{7}=\frac{7}{2}$ 答え $\frac{7}{2}\left(3\frac{1}{2}\right)$

4 式 $450\div\frac{5}{6}=540$ 答え 540 mL

5 ①210 ②150 ③800

てびき

1
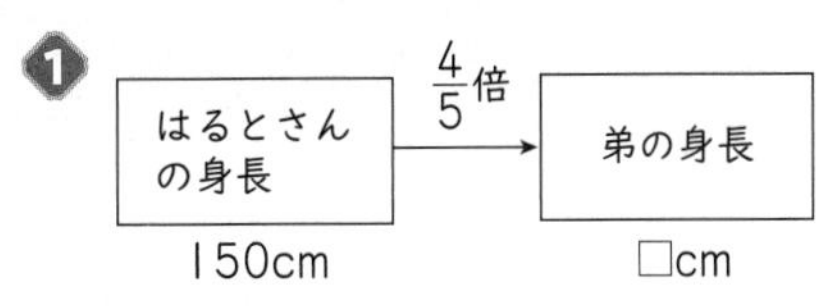

2 くらべる量÷もとにする量 の式で求めます。

3
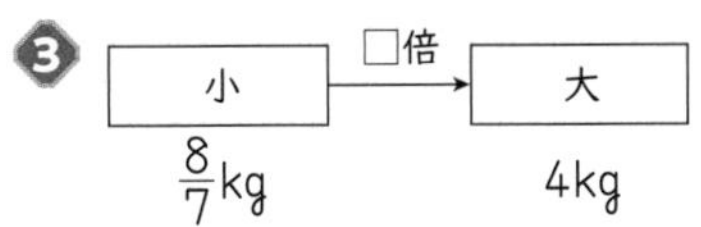

4 水とう全体の $\frac{5}{6}$ が 450 mL です。

水とう全体 —$\frac{5}{6}$倍→ お茶
□mL　450mL

□ —$\times\frac{5}{6}$→ 450　（$\div\frac{5}{6}$）

上の図より、$450\div\frac{5}{6}=540$(mL)

5 次のように考えるとわかりやすいです。

① □L —$\times\frac{3}{7}$→ 90 L（$\div\frac{3}{7}$） $90\div\frac{3}{7}$

② □人 —$\times\frac{2}{3}$→ 100 人（$\div\frac{2}{3}$） $100\div\frac{2}{3}$

③ □円 —$\times\frac{8}{5}$→ 1280 円（$\div\frac{8}{5}$） $1280\div\frac{8}{5}$

しあげの5分レッスン 最後に「□の○倍が□」の関係をもう1回確認(かくにん)しよう。

1 ① $\frac{25}{24}\left(1\frac{1}{24}\right)$　② $\frac{3}{8}$　③ $\frac{3}{4}$

④ 8　⑤ $\frac{8}{21}$　⑥ $\frac{4}{3}\left(1\frac{1}{3}\right)$

⑦ 10　⑧ $\frac{1}{6}$　⑨ $\frac{27}{2}\left(13\frac{1}{2}\right)$

2 ① $\frac{7}{5}\left(1\frac{2}{5}\right)$　② $\frac{5}{3}\left(1\frac{2}{3}\right)$

③ $\frac{12}{7}\left(1\frac{5}{7}\right)$　④ $\frac{3}{14}$

3 ①あ、う　②い、う

1 ② $\frac{5}{4}\div\frac{10}{3}=\frac{5}{4}\times\frac{3}{10}=\frac{\overset{1}{\cancel{5}}\times 3}{4\times\underset{2}{\cancel{10}}}=\frac{3}{8}$

③ $\frac{7}{10}\div\frac{14}{15}=\frac{7}{10}\times\frac{15}{14}=\frac{\overset{1}{\cancel{7}}\times\overset{3}{\cancel{15}}}{\underset{2}{\cancel{10}}\times\underset{2}{\cancel{14}}}=\frac{3}{4}$

④ $\frac{20}{9}\div\frac{5}{18}=\frac{20}{9}\times\frac{18}{5}=\frac{\overset{4}{\cancel{20}}\times\overset{2}{\cancel{18}}}{\underset{1}{\cancel{9}}\times\underset{1}{\cancel{5}}}=8$

⑤ $\frac{6}{7}\div 2\frac{1}{4}=\frac{6}{7}\div\frac{9}{4}=\frac{6}{7}\times\frac{4}{9}=\frac{\overset{2}{\cancel{6}}\times 4}{7\times\underset{3}{\cancel{9}}}=\frac{8}{21}$

⑥ $2\frac{1}{2}\div 1\frac{7}{8}=\frac{5}{2}\div\frac{15}{8}=\frac{\overset{1}{\cancel{5}}\times\overset{4}{\cancel{8}}}{\underset{1}{\cancel{2}}\times\underset{3}{\cancel{15}}}=\frac{4}{3}$

⑦ $8\div\frac{4}{5}=\frac{8}{1}\times\frac{5}{4}=\frac{\overset{2}{\cancel{8}}\times 5}{1\times\underset{1}{\cancel{4}}}=10$

⑧ $\frac{5}{3}\div 10=\frac{5}{3}\times\frac{1}{10}=\frac{\overset{1}{\cancel{5}}\times 1}{3\times\underset{2}{\cancel{10}}}=\frac{1}{6}$

⑨ $21\div 1\frac{5}{9}=\frac{21}{1}\div\frac{14}{9}=\frac{\overset{3}{\cancel{21}}\times 9}{1\times\underset{2}{\cancel{14}}}=\frac{27}{2}$

2 小数や整数を分数になおして計算します。

① $0.6\div\frac{3}{7}=\frac{3}{5}\div\frac{3}{7}=\frac{3}{5}\times\frac{7}{3}=\frac{\overset{1}{\cancel{3}}\times 7}{5\times\underset{1}{\cancel{3}}}=\frac{7}{5}$

② $\frac{3}{5}\times 1.25\div 0.45=\frac{3}{5}\times\frac{5}{4}\div\frac{9}{20}$

$=\frac{3}{5}\times\frac{5}{4}\times\frac{20}{9}=\frac{\overset{1}{\cancel{3}}\times\overset{1}{\cancel{5}}\times\overset{5}{\cancel{20}}}{\underset{1}{\cancel{5}}\times\underset{1}{\cancel{4}}\times\underset{3}{\cancel{9}}}=\frac{5}{3}$

③ $0.8\div 1.4\times 3=\frac{4}{5}\div\frac{7}{5}\times\frac{3}{1}$

$=\frac{4}{5}\times\frac{5}{7}\times\frac{3}{1}=\frac{4\times\overset{1}{\cancel{5}}\times 3}{\underset{1}{\cancel{5}}\times 7\times 1}=\frac{12}{7}$

④ $18\div 4\div 21=\frac{18}{1}\times\frac{1}{4}\times\frac{1}{21}$

$=\frac{\overset{\overset{3}{\cancel{9}}}{\cancel{18}}\times 1\times 1}{1\times\underset{2}{\cancel{4}}\times\underset{7}{\cancel{21}}}=\frac{3}{14}$

3 1より小さい数でわると、商はわられる数より大きくなります。

❹ ①式 $\frac{9}{4}\div\frac{6}{5}=\frac{15}{8}$　答え $\frac{15}{8}\mathrm{m}^2\left(1\frac{7}{8}\mathrm{m}^2\right)$

②式 $\frac{5}{3}\div 0.6=\frac{25}{9}$　答え $\frac{25}{9}\mathrm{L}\left(2\frac{7}{9}\mathrm{L}\right)$

❺ ①式 $4\times\frac{5}{6}=\frac{10}{3}$　答え $\frac{10}{3}\mathrm{m}\left(3\frac{1}{3}\mathrm{m}\right)$

②式 $\frac{12}{7}\div 4=\frac{3}{7}$　答え $\frac{3}{7}$倍

❻ ① $\frac{15}{16}$

② $\frac{3}{10}$、$\frac{9}{14}$

❼ 式　(例) $\frac{2}{3}\times\frac{2}{5}=\frac{4}{15}$

$6\div\frac{4}{15}=\frac{45}{2}$

答え $\frac{45}{2}\mathrm{m}^2\left(22\frac{1}{2}\mathrm{m}^2\right)$

❹ 図に表して、式を考えましょう。

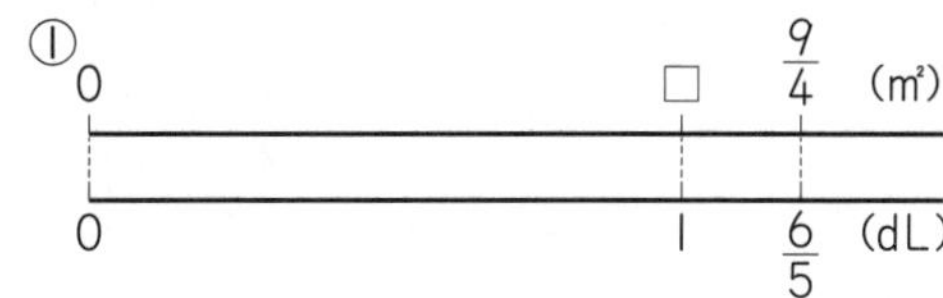

上の図より、1dL でぬれる面積は、$\frac{9}{4}\div\frac{6}{5}$ の式で求められます。

②流れた水の量÷時間＝1分間に流れる水の量

だから、$\frac{5}{3}\div 0.6$ の式で求められます。

❺ もとにする量は4mです。

❻ ①$\square\times\frac{4}{9}=\frac{5}{12}$ → $\square=\frac{5}{12}\div\frac{4}{9}=\frac{15}{16}$

②30％を割合(わりあい)を表す分数にすると、

$\frac{30}{100}=\frac{3}{10}$ です。

$\frac{15}{7}$m の $\frac{3}{10}$ は、$\frac{15}{7}\times\frac{3}{10}=\frac{9}{14}$(m)

❼ 次のような図に表して考えます。

庭全体 —$\times\frac{2}{3}$→ 花だん —$\times\frac{2}{5}$→ チューリップ

□m²　　　　　6m²

チューリップが植えてある広さが庭全体の広さの何倍になるかを考えると、

$\frac{2}{3}\times\frac{2}{5}=\frac{4}{15}$(倍)

だから、庭全体の面積は、

$6\div\frac{4}{15}=\frac{45}{2}$(m²)

花だんの面積を求めてから、庭全体の面積を求めてもよいです。

しあげの5分レッスン　分数のわり算では、わる数を逆数(ぎゃくすう)にしてかけるのを忘(わす)れないように気をつけよう。

6 場合を順序よく整理して

ぴったり1 準備　36ページ

1 C、C、3

2 315、531、6

ぴったり2 練習　37ページ

❶ A－B、A－C、A－D、B－C、B－D、C－D

てびき

❶ さきに1つのチームをきめて、順序よく組み合わせを調べます。

A B C D

❷ 5とおり

❷ 選ばないものに×をつけると、次のようになります。

赤	青	黄	緑	茶
				×
			×	
		×		
	×			
×				

5種類から4種類を選ぶから、どの1種類を選ばないかを考えたほうが簡単(かんたん)です。

❸ 24とおり

❸ Aが先頭のときの樹形図(じゅけいず)をかくと、右のようになります。先頭にくるのは、A、B、C、Dの4とおりあって、それぞれに、図のような6とおりが考えられるので、全部で24とおりになります。

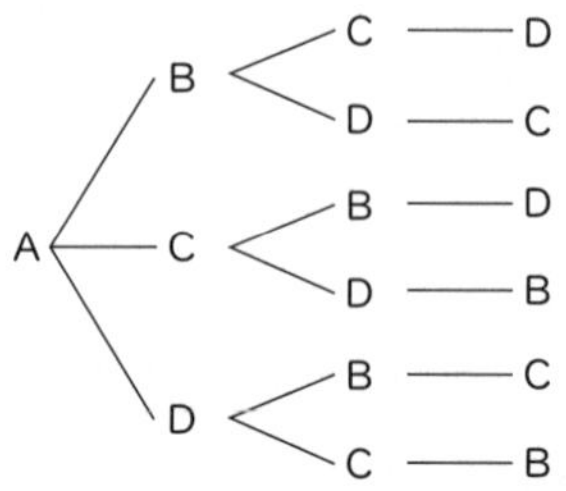

A─B─C─D
A─B─D─C
A─C─B─D
A─C─D─B
A─D─B─C
A─D─C─B

❹ 18個

❹ 百の位にくるのは、2、4、6の3とおりです。百の位が2のときは、右の図のように6個の整数ができます。百の位が4、6のときも、それぞれ6個できるので、全部で18個の整数ができます。

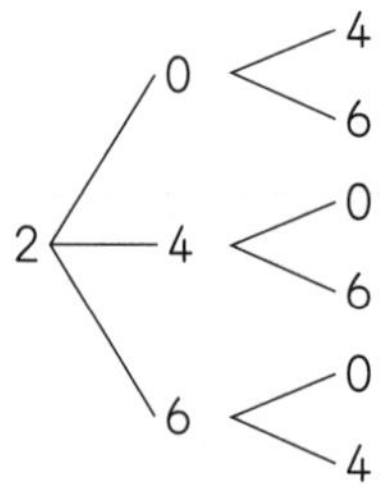

2─0─4
2─0─6
2─4─0
2─4─6
2─6─0
2─6─4

しあげの5分レッスン 落ちや重なりがないように、場合を順序よく整理して調べよう。

ぴったり1 準備 38ページ

1 ①235　②248　③235　④233
⑤A－D－C－B－A

2 ①7　②5　③11　④17　⑤17　⑥29
⑦29

おうちのかたへ 1では、通らない道を考えて、その道のりを調べてもわかります。逆にまわっても道のりは同じであると考えるなど、効率よく調べる方法も考えさせるとよいでしょう。

ぴったり2 練習 39ページ

てびき

❶ ①バス→モノレール、電車→バス、
電車→電車、電車→モノレール
②バス→バス、バス→電車、バス→モノレール、
フェリー→バス、フェリー→電車
③バス→モノレール

❶ A市からC市への行き方は、
バス→バス、バス→電車、バス→モノレール、
電車→バス、電車→電車、電車→モノレール、
フェリー→バス、フェリー→電車、
フェリー→モノレールの9とおりあります。
③1時間20分未満で行ける4とおりの行き方と、900円未満で行ける5とおりの行き方の中で、どちらの条件にもあうのは、バス→モノレールの1とおりです。

おうちのかたへ 実際の公共交通機関を題材にして、費用や時間の条件を決め、あてはまる行き方を考察させてみるのもよいでしょう。

❷ ①人形劇…25人、映画…30人
②5人
③式　250×5＋150×(25＋30)＝9500
答え　9500円

❷ 問題の関係を図に表すと、次のようになります。

人形劇（げき）　30人
映画（えい　が）　35人
}65人

申しこんだ人は全部で60人なので、65−60＝5の5人は両方申しこんだ人です。
この重なりを考えて図に表すと、次のようになります。

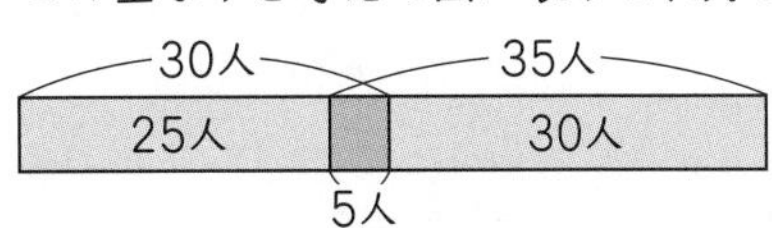

③5人には250円、25人と30人には150円を出すことになります。

おうちのかたへ　人形劇に申しこんだ30人の中には、「人形劇だけ申しこんだ人」と「両方申しこんだ人」がいることに注意が必要です。参加を申しこんだ60人は、「人形劇だけ申しこんだ人」「両方申しこんだ人」「映画だけ申しこんだ人」の3つのなかまに分けられることに着目して、それぞれのなかまに属する人数を考えるようにアドバイスしましょう。

ぴったり3　確かめのテスト　40〜41ページ　てびき

❶ 15試合

❶ 組み合わせを右のような表にかいて考えます。

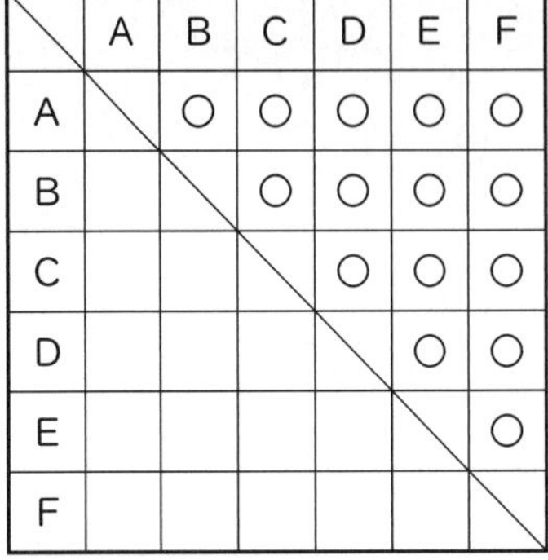

	A	B	C	D	E	F
A		○	○	○	○	○
B			○	○	○	○
C				○	○	○
D					○	○
E						○
F						

A−B、A−C、A−D、A−E、A−F、
B−C、B−D、B−E、B−F、
C−D、C−E、C−F、
D−E、D−F、
E−F　の15とおりあります。

❷ ①6とおり
②10とおり

❷ ①1班（ぱん）の人をA、B、C、2班（はん）の人をD、Eとすると、2人の選び方は、

A＜D, E　B＜D, E　C＜D, E

の6とおりあります。

②❶と同じように考えて、
A−B、A−C、A−D、A−E、
B−C、B−D、B−E、
C−D、C−E、
D−E　の10とおりあります。

❸ ①33人
②16人
③式　3×16＋5×17＝133　答え　133本

❸ 問題の関係を図に表すと、次のようになります。

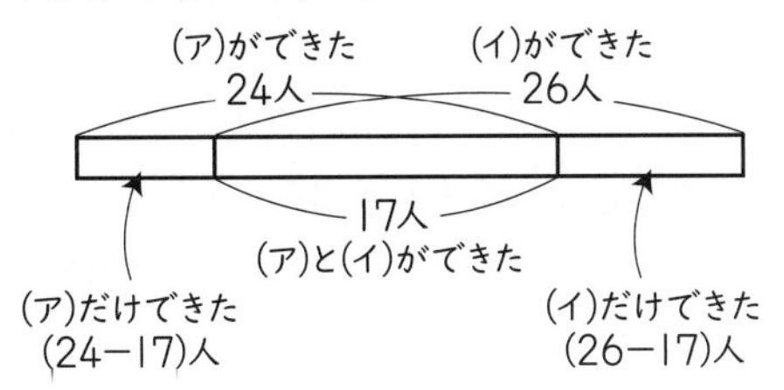

①24＋26−17＝33(24−17＋26＝33)より、33人です。

❹ ①18個
②10個
③1023

❹ ①千の位にくるのは、1、2、3の3とおりです。
右の図のように、樹形図にかいて調べると、全部で18個の整数ができます。
②①でかいた樹形図で、4けたの整数が偶数のものに○をつけると、全部で10個あります。

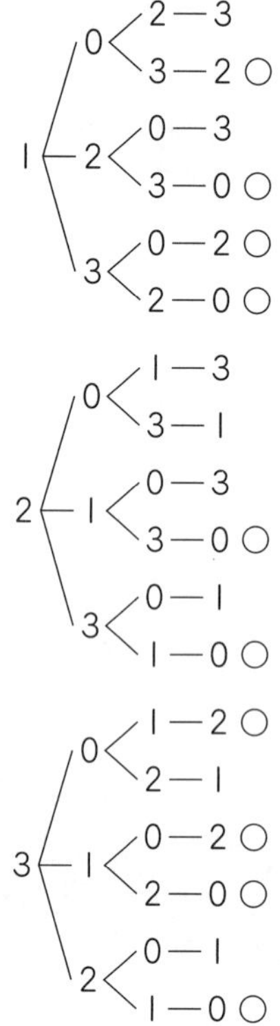

❺ 20とおり

❺ 駅→休けい所の行き方は4とおりあって、それぞれに、休けい所→湖の行き方が5とおりあります。

❻ ①4とおり
②12とおり

❻ ①A、Dが赤で、B、Cが緑・黄、黄・緑の2とおりがあります。また、Aが赤で、B、C、Dがそれぞれ緑・緑・黄と、黄・黄・緑の2とおりがあるから、合計4とおりです。

赤	緑
黄	赤

赤	黄
緑	赤

赤	緑
緑	黄

赤	黄
黄	緑

②Aが緑、黄の場合も、4とおりずつあります。

しあげの5分レッスン　組をつくるときと並べるときのちがいに気をつけて問題を解こう。

7 円の面積

ぴったり1 準備　42ページ

1 (1)①5　②5　③78.5　④78.5
(2)①8　②8　③8　④200.96　⑤200.96

2 (1)①4　②4　③28.26　④28.26
(2)①4　②78.5　③78.5　④100
⑤78.5　⑥21.5　⑦21.5

おうちのかたへ　5年では、円周の長さを求める公式「円周＝直径×円周率」を学習しました。円の面積を学習する際には、円周の長さの求め方も復習して、面積と円周の長さの両方を求めさせてみましょう。

ぴったり2 練習　43ページ

❶ ①式　3×3×3.14＝28.26
答え　28.26 cm^2
②式　9×9×3.14＝254.34
答え　254.34 cm^2
③式　20÷2＝10　10×10×3.14＝314
答え　314 cm^2
④式　14÷2＝7　7×7×3.14＝153.86
答え　153.86 cm^2

てびき

❶ 円の面積＝半径×半径×3.14
③④直径÷2で半径を求めます。

❷ ①式　$4 \div 2 = 2$　$2 \times 2 \times 3.14 \div 2 = 6.28$

答え　6.28 cm^2

②式　$12 \times 12 \times 3.14 \div 4 = 113.04$

答え　113.04 cm^2

❷ ①半径＝$4 \div 2 = 2$（cm）

半径２ cm の円の面積の半分です。

②半径 12 cm の円の面積の４分の１です。

❸ ①式　$6 \times 6 \times 3.14 - 12 \times 12 \div 2 = 41.04$

答え　41.04 cm^2

②式　$10 \times 10 \times 3.14 - 5 \times 5 \times 3.14 \times 2$

$= 157$　答え　157 cm^2

❸ ①中の正方形の対角線の長さは

$6 \times 2 = 12$（cm）

ひし形の面積の公式、対角線×対角線÷２ を使って面積を求めることができます。

②大きい円の面積から、２つの小さい円の面積をひきます。

ぴったり３　確かめのテスト　44～45 ページ　てびき

❶ ①式　$20 \times 20 \times 3.14 = 1256$

答え　1256 cm^2

②式　$30 \div 2 = 15$

$15 \times 15 \times 3.14 = 706.5$

答え　706.5 cm^2

③式　$8 \div 2 = 4$

$4 \times 4 \times 3.14 = 50.24$

答え　50.24 m^2

❷ 式　$37.68 \div 3.14 \div 2 = 6$

$6 \times 6 \times 3.14 = 113.04$

答え　113.04 cm^2

❷ まず、この円の半径を求めます。

直径＝円周÷3.14 で直径を求めて、２でわります。

❸ ①　$\frac{1}{4}$（４分の１）

②式　$8 \times 8 \times 3.14 \div 4 = 50.24$

答え　50.24 cm^2

❹ ①式　$10 \times 10 \times 3.14 - 5 \times 5 \times 3.14$

$= 235.5$　答え　235.5 cm^2

②式　$10 \times 20 - 10 \times 10 \times 3.14 \div 2 = 43$

答え　43 cm^2

③式　（例）$8 \times 8 \times 3.14 \div 4 - 8 \times 8 \div 2$

$= 18.24$

$18.24 \times 2 = 36.48$

答え　36.48 cm^2

④式　$14 \times 14 - 7 \times 7 \times 3.14 = 42.14$

答え　42.14 cm^2

⑤式　$6 \times 6 \times 3.14 \div 2 = 56.52$

答え　56.52 cm^2

⑥式　$4 \times 4 \times 3.14 \div 4 - 4 \times 4 \div 2 = 4.56$

答え　4.56 cm^2

❹ ①大きい円の面積から小さい円の面積をひきます。

②円の４分の１の図形２つ分の面積は、円の面積の半分になります。

③右の図で、円の面積の４分の１から三角形ABCの面積をひいて、それを２倍します。

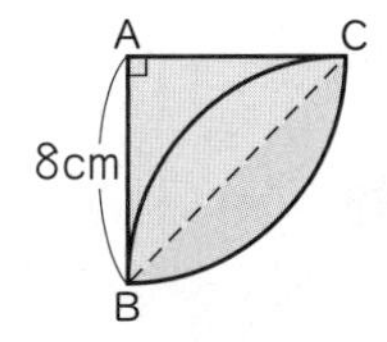

④正方形の面積から半径７cm の円の面積をひいて求められます。

⑤右の図のように、半円を移動させると、半径６cm の半円になります。

⑥右の図のように、図形を移動させると、半径４cm の円の面積の４分の１から底辺４cm、高さ４cm の直角二等辺三角形の面積をひいて求められます。

しあげの５分レッスン　図形を組み合わせたり、ひいたりして、くふうして面積を求めよう。

8 立体の体積

ぴったり1 準備 46ページ

1 (1)①7　②4　③84
(2)①2　②2　③3　④37.68

2 ①20　②5　③100

ぴったり2 練習 47ページ

❶ ①式　$10\times6\div2\times5=150$　答え　150 cm^3
②式　$9\times8\div2\times15=540$　答え　540 cm^3

❷ ①式　$7\times7\times3.14\times9=1384.74$
答え　1384.74 cm^3
②式　$15\times15\times3.14\times80=56520$
答え　56520 cm^3

❸ ①式　(例) $3\times4+8\times6=60$
$60\times3=180$　答え　180 cm^3
②式　$2\times2\times3.14-1\times1\times3.14=9.42$
$9.42\times5=47.1$　答え　47.1 cm^3

てびき

❶ ②底面は、底辺9cm、高さ8cmの三角形です。立体を立てて、三角柱として考えましょう。

❷ ②底面の円は直径が30cmだから、半径は15cmです。

❸ 複雑な立体の体積も、平行で合同な面を底面とみると、底面積×高さ で求めることができます。

おうちのかたへ　例えば、①の立体は四角柱2つに分けて体積を求めることもできますが、ここでは、底面積×高さで求める方法を習得させましょう。

ぴったり3 確かめのテスト 48～49ページ

❶ ①式　$5\times4\div2\times8=80$
答え　80 cm^3
②式　$3\times3\times3.14\times5=141.3$
答え　141.3 cm^3
③式　$120\times18=2160$
答え　2160 cm^3

❷ ①式　$(3+7)\times6\div2\times15=450$
答え　450 cm^3
②式　$(8\times4\div2+8\times3\div2)\times7=196$
答え　196 m^3

❸ ①式　$6\times8\div2\times7=168$
答え　168 cm^3
②式　$50.24\div3.14\div2=8$
$8\times8\times3.14\times10=2009.6$
答え　2009.6 cm^3

❹ 式　(例) $(2\times3+5\times10)\times4=224$
答え　224 cm^3

てびき

❶ ③どんな角柱でも体積は、底面積×高さ で求められます。

❸ 次のような立体ができます。

①三角柱

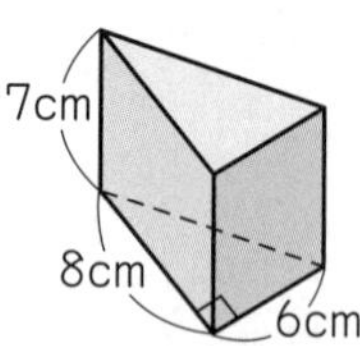

②円柱

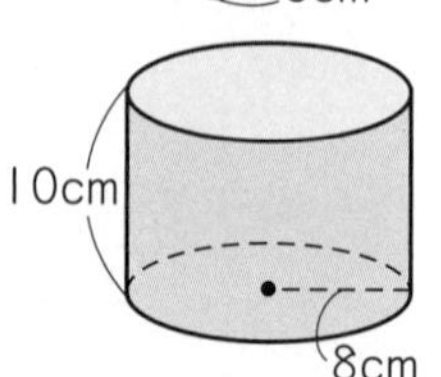

❹ 右の図のように、色をつけた部分を底面と考えると、底面積は、$2\times3+5\times10$ で求められます。

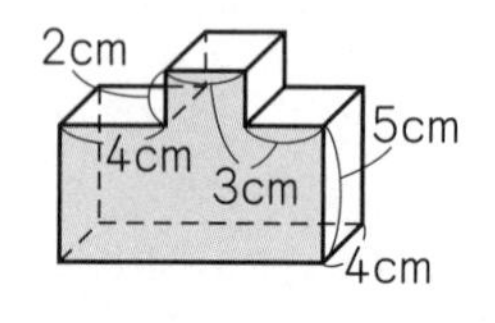

〈別解〉直方体を2つ組み合わせた立体と考えて体積を求めると、
$4\times3\times2+4\times10\times5=224$ (cm^3)

❺ 式　(例) $10 \times 20 - 7 \times 7 \times 3.14 \div 2 = 123.07$
$123.07 \times 20 = 2461.4$
答え　2461.4 cm³

❺ 右の図のように、色をつけた部分を底面積とみて求めます。

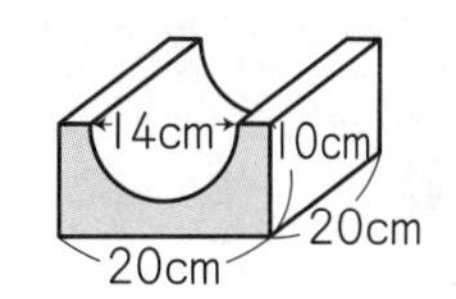

はってん

1 ① $\frac{1}{3}$
②式　$12 \times 12 \times 10 \div 3 = 480$
答え　480 cm³

1 四角すいの体積を求める公式は、次のようになります。
四角すいの体積＝底面積×高さ×$\frac{1}{3}$

しあげの5分レッスン どこが底面で、どこが高さか、しっかり確認してから体積を求めるようにしよう。

9 データの整理と活用

ぴったり1 準備　50ページ

1 (1)28、26、26
(2)26、25、25
(3)28

ぴったり2 練習　51ページ

❶ ①4個
②8個
③1個
④7個

❷ ①

0　5　10（個）

②3.5個
③2個

てびき

❶ ①16人が拾ったあきかんの個数の合計は64個だから、平均値は、
$64 \div 16 = 4$（個）
④いちばん多かった人は8個、いちばん少なかった人は1個だから、その差は、
$8 - 1 = 7$（個）

❷ ②16人の中央値は、大きさの順に並べたときの8番目と9番目の個数の平均だから、
$(3 + 4) \div 2 = 3.5$（個）
③ドットプロットで、●がいちばん多いところの目もりをよむと、最頻値は2個です。

しあげの5分レッスン ドットプロットをかいたら、●の数がデータの個数と同じになっているか確認しよう。

ぴったり1 準備　52ページ

1 (1)5　表…(上から順に) 1、3、6、2、1、2、15
(2)2、3、3
(3)3、6、10、10
(4)65、70、6

2 ①5　②60　③65　④6　⑤6　⑥7

(個)　1組のなすの重さ
7 6 5 4 3 2 1 0
55 60 65 70 75 80 85 (g)

おうちのかたへ 60gのように、ちょうど階級の区切りの値になっているものについては、注意が必要です。55g以上60g未満の階級に入れるのは誤りで、60g以上65g未満の階級に入れます。このことをきちんと意識した上で表に整理するようにアドバイスしましょう。

ぴったり2 練習 53ページ

❶ ①1組…(上から順に)1、1、3、2、1
2組…(上から順に)0、3、1、4、2
②1組…3個、2組…6個
③1組…25％、2組…30％

❷ ①(個)1組のきゅうりの重さ (個)2組のきゅうりの重さ

階級(g)	1組(個)	2組(個)
85～90	1	0
90～95	1	3
95～100	3	1
100～105	2	4
105～110	1	2

②1組…95g以上100g未満
2組…100g以上105g未満
③1組
④(例)1組は山のような形になっていて、2組は山が2つある。

てびき

❶ ①もれや重なりがないように、正の字や✓印をつけて、表に整理しましょう。
②1組は、2＋1＝3(個)、
2組は、4＋2＝6(個)です。
③95g未満のきゅうりの個数は、
1組…1＋1＝2(個)、2組…0＋3＝3(個)
だから、割合(わりあい)は、
1組…2÷8×100＝25(％)
2組…3÷10×100＝30(％)

❷ ②1組で個数がいちばん多いのは3個、2組で個数がいちばん多いのは4個です。
③100g未満は、85g以上90g未満、90g以上95g未満、95g以上100g未満の3つの階級をあわせたものです。
1組…1＋1＋3＝5(個)
2組…0＋3＋1＝4(個)
④(例)のほかに、次のような特ちょうもいえます。
・1組のほうが、ちらばり方が大きい。
・1組は真ん中あたりの重さのものが多いが、2組は真ん中あたりが少なく、軽いものと重いものが多い。

ぴったり1 準備 54ページ

1 (1)68.5、1
(2)70、75、2
2 (1)30、39、70
(2)5.2、4.7、1980

ぴったり2 練習 55ページ

❶ ①1組 ②2組 ③2組
❷ ①多い
②約62万人
③㋐正しい ㋑このグラフからはわからない
㋒正しくない

てびき

❶ ③100g以上の個数が多いほうの組と考えます。
❷ ①1980年の人口は274万人、2020年の人口は280万人です。
②2020年の70才以上の人口の割合は、
9.2＋13.0＝22.2(％)
人口は、280万×0.222＝62.16(万人)
③㋐40～49才の人口の割合は、1980年より2020年のほうが大きく、人口も2020年のほうが多いから、正しいです。
㋑2000年の70才以上の人口の割合がわからないから、70才以上の人口もわかりません。
㋒1980年の0～9才の人口の割合は、
8.3＋7.9＝16.2(％)
人口は、274万×0.162＝44.3…(万人)
だから、正しくありません。

ぴったり3 確かめのテスト 56～57ページ

1 ①7点
②7.5点
③8点

2 ①3人　②13人　③20％

3 ①20冊以上25冊未満
②25冊以上30冊未満
③40％

4 ①女性
②約1400万人
③約750万人
④正しいか正しくないか…正しい
わけ…(例) 0～19才の人口の割合は、
3.8＋3.5＋4.4＋4.2＝15.9(％)、
神奈川県と大阪府をあわせた人口の割合は、
7.4＋7.0＝14.4(％)で、
0～19才の人口の割合のほうが大きいから。

はってん

1 ①最大値…10点、最小値…2点
②8点

てびき

1 ①24人の点数の合計を求めると、168点だから、
平均値は、168÷24＝7(点)
②24人の中央値は、12番目と13番目の点数の平均だから、
(7＋8)÷2＝7.5(点)
③最頻値は、人数が5人の8点です。

おうちのかたへ データの個数が偶数のときには、中央値は真ん中の2つの値の平均となることに注意が必要です。データの個数が5個ならば、中央値は3番目の値になり、データの個数が6個ならば、中央値は3番目と4番目の値の平均になります。

2 ②20分未満の人は、0分以上10分未満と10分以上20分未満の人数の合計だから、
6＋7＝13(人)
③20分以上30分未満の人は4人です。
4÷20×100＝20(％)

3 階級を5冊ごとに区切ったヒストグラムです。
②30冊以上40冊未満の人数は、
3＋2＝5(人)
これに、25冊以上30冊未満の5人をたすと、
5＋5＝10(人)だから、
上の階級から数えて7番目のデータは、25冊以上30冊未満の階級にはいっています。
③20冊未満の人は12人です。6年1組の人数は30人だから、
12÷30×100＝40(％)

4 ②30～39才の人口の割合は、
5.6＋5.4＝11(％)
1億2495万×0.11＝1374.45(万人)
③1億2495万×0.06＝749.7(万人)
④それぞれの人口を求めなくても、割合をくらべればどちらが多いかわかります。

1 ①いちばん大きい値といちばん小さい値を答えます。「いちばん多い値」ではありません。
②範囲は、最大値－最小値 で求めます。
10－2＝8(点)

しあげの5分レッスン 平均値、中央値、最頻値の3つの代表値について、もう1回復習しておこう。

見方・考え方を深めよう(1)

子ども会の準備　58～59ページ

1 ①

3個入りの箱	箱の数(箱)	1	2	3	4	5	6
	プリンの数(個)	3	6	9	12	15	18
残りのプリンの数(個)		28	25	22	19	16	13
2個入りの箱の数(箱)		14	×	11	×	8	×

②2個入り…8箱、3個入り…5箱

2 ①

11 cmのリボン	リボンの数(本)	1	2	3	4	5	6	7	8	9
	リボンの長さ(cm)	11	22	33	44	55	66	77	88	99
残りのリボンの長さ(cm)		89	78	67	56	45	34	23	12	1
6 cmのリボンの数(本)		×	13	×	×	×	×	×	2	×

②6cmが13本と11cmが2本、
6cmが2本と11cmが8本

3 ①

縦(たて)(m)	1	2	3	4	5	6	7	
横(m)	11	10	9	8	7	6	5	
面積(m^2)	11	20	27	32	35	36	35	

②縦…6枚(まい)、横…6枚、面積…36 m^2

4 ①

縦(m)	1	2	3	4	5	6	7	8	9	
横(m)	12	11	10	9	8	7	6	5	4	
面積(m^2)	12	22	30	36	40	42	42	40	36	

②縦5枚と横8枚、
縦8枚と横5枚

てびき

1 ①残りのプリンの数を2でわり、わり切れない場合は、2個入りの箱の数のらんに「×」をかきます。
②①の表から、3個入りの箱の数と2個入りの箱の数の合計が13箱になる場合をみつけます。

2 ①11 cmのリボンを基準にして調べる場合、100÷11＝9あまり1から、11 cmのリボンの数は、1、2、3、……、9(本)の9とおりあります。
6cmのリボンを基準にして調べる場合、100÷6＝16あまり4から、6cmのリボンの数は、1、2、3、……、16(本)の16とおりあります。
このことから、11 cmのリボンを基準にして表をかいて調べるほうが、簡単(かんたん)であることがわかります。

3 ②長方形の面積＝縦×横だから、縦5m、横7mの畑の面積と縦7m、横5mの畑の面積は同じになります。このことから、表の続きをかかなくても、縦が8、9、10、11(m)のときの畑の面積は、縦が4、3、2、1(m)のときの畑の面積と同じになり、面積は32、27、20、11(m^2)と減っていくことがわかります。

4 ②①の表から、畑の面積が40 m^2になるのは、2とおりあります。
答えは1とおりとはかぎらないので、すべての場合を答えるように、気をつけましょう。

おうちのかたへ 変化する量のうち、1つの量のとり得る値に着目して、少ない場合から順序よく調べていくのがポイントです。表を使って考えると、変わり方の規則性がとらえやすくなります。

10 比とその利用

ぴったり1 準備　60ページ

1 70、40、70

2 $\frac{2}{3}$、$\frac{2}{3}$、等しい

おうちのかたへ まずは、身のまわりから比をみつけたり、2つの量の大きさの割合を比で表したりして、比に慣れ親しませるようにしましょう。

ぴったり2 練習 61ページ

❶ ①25：45　②25：140

❷ ① $\frac{2}{5}$ (0.4)　② $\frac{7}{4}\left(1\frac{3}{4}、1.75\right)$　③3

④ $\frac{1}{2}$ (0.5)　⑤ $\frac{4}{5}$ (0.8)　⑥ $\frac{3}{2}\left(1\frac{1}{2}、1.5\right)$

❸ ①等しい　②等しくない

❹ Ⓘ、Ⓔ（い、え）

てびき

❶ $a:b$ と $b:a$ とは意味がちがいます。

❷ $a:b$ の比(ひ)の値(あたい)は、$a \div b$ で求めます。

③ $15 \div 5 = 3$

④ $9 \div 18 = \frac{9}{18} = \frac{1}{2}$ (0.5)

❸ ①12：42 の比の値は $\frac{2}{7}$ です。

16：56 の比の値は $\frac{2}{7}$ です。

②20：25 の比の値は $\frac{4}{5}$ です。

25：30 の比の値は $\frac{5}{6}$ です。

❹ 比の値が $\frac{3}{4}$ のものをみつけます。

㋐ $8 \div 12 = \frac{2}{3}$　　㋑ $12 \div 16 = \frac{3}{4}$

㋒ $40 \div 30 = \frac{4}{3}$　　㋓ $27 \div 36 = \frac{3}{4}$

ぴったり1 準備 62ページ

1 (1)5、5、4　(2)6、6、42

2 ①10　②10　③12　④12　⑤2　⑥3

ぴったり2 練習 63ページ

❶ ①5　②5　③36　④8

❷ ①4：9　②3：8　③11：7

④1：3　⑤6：1　⑥2：3

❸ ①10：7　②8：3

❹ ①1：2　②3：4　③5：3

④3：2　⑤16：15　⑥5：6

てびき

❶ ① $8:10=4:x$ （÷2、÷2）　$x=10 \div 2=5$

③ $6:5=x:30$ （×6、×6）　$x=6 \times 6=36$

❷ ①8と18の両方の数を2でわって、

8：18＝4：9

❹ ②1.8：2.4＝18：24＝3：4

③1：0.6＝10：6＝5：3

④ $\frac{1}{2}:\frac{1}{3}=\frac{3}{6}:\frac{2}{6}=3:2$

または、$\frac{1}{2}:\frac{1}{3}=\left(\frac{1}{2}\times 6\right):\left(\frac{1}{3}\times 6\right)=3:2$

⑤ $\frac{4}{5}:\frac{3}{4}=\frac{16}{20}:\frac{15}{20}=16:15$

または、$\left(\frac{4}{5}\times 20\right):\left(\frac{3}{4}\times 20\right)=16:15$

しあげの5分レッスン　比を簡単にしたら、2つの数が1以外の公約数をもたないことを確認(かくにん)しよう。

ぴったり1 準備 64ページ

1 $\frac{3}{7}$、$\frac{3}{7}$、9、7

2 ①9　② $\frac{5}{9}$　③ $\frac{5}{9}$　④150　⑤150

ぴったり2 練習 65ページ

てびき

❶ 式 $28\times\frac{3}{7}=12$ 答え 12 cm

❷ 式 $450\times\frac{6}{5}=540$ 答え 540円

❸ 式 $36\times\frac{7}{4}=63$ 答え 63 kg

❹ 式 $108\times\frac{4}{9}=48$

$108\times\frac{5}{9}=60$

答え しばふ 48 m²、花だん 60 m²

❺ 式 $8.4\times\frac{2}{7}=2.4$

答え 2.4 L $\left(\frac{12}{5}\text{L}、2\frac{2}{5}\text{L}\right)$

❶ 縦の長さは、横の長さ 28 cm の $\frac{3}{7}$ 倍と考えます。

❷ とおるさんのおかねは、あいりさんのおかね 450 円の $\frac{6}{5}$ 倍と考えます。

❹ 花だんの面積は、
$108-48=60$(m²)
で求めることもできます。

おうちのかたへ 全体を決まった比に分ける問題では、2つの量の比から、その量と全体との比を考えるのがポイントとなります。まずは、芝生と庭全体の面積の比を考えるようにアドバイスしましょう。

ぴったり3 確かめのテスト 66～67ページ

てびき

❶ ① $\frac{4}{7}$ ② $\frac{9}{5}\left(1\frac{4}{5}、1.8\right)$

③ $\frac{3}{4}$(0.75) ④ $\frac{9}{10}$(0.9)

❷ ㋑

❸ ①2 ②3

❹ ①3 ②48
③13 ④8

❺ ①1：3 ②3：1 ③2：5
④4：1 ⑤10：9 ⑥3：1

❻ 1：30

❼ 式 $56\times\frac{4}{7}=32$ 答え 32 kg

❽ まいさん 式 $12.5\times\frac{2}{5}=5$ 答え 5 kg

ゆみさん 式 $12.5\times\frac{3}{5}=7.5$

答え 7.5 kg $\left(\frac{15}{2}\text{kg}、7\frac{1}{2}\text{kg}\right)$

❾ ①式 $96\div2=48$ $48\times\frac{3}{8}=18$

答え 18 cm

②式 $48-18=30$ $30\times18=540$

答え 540 cm²

❷ 4：6の比の値は、$\frac{4}{6}=\frac{2}{3}$

㋐ $\frac{1}{3}$ ㋑ $1.6\div2.4=\frac{2}{3}$ ㋒ $\frac{1}{2}\div\frac{1}{3}=\frac{3}{2}$

❹ ④ $\frac{1}{4}$ に 12 をかけると3になるので、$\frac{2}{3}$ に 12 をかけると x になります。

❺ ③1.6：4＝16：40＝2：5

⑤ $\frac{5}{6}:\frac{3}{4}=\frac{10}{12}:\frac{9}{12}=10:9$

❻ 1.8 kg＝1800 g だから、60：1800＝1：30

❼ 妹の体重は、兄の体重 56 kg の $\frac{4}{7}$ 倍と考えます。

❽ 全体を 2＋3＝5 とみます。まいさんの分は全体の $\frac{2}{5}$ 倍、ゆみさんの分は全体の $\frac{3}{5}$ 倍です。

❾ ①縦＋横 が、96÷2＝48(cm)です。
縦と横の長さの比が5：3だから、48 cm の $\frac{3}{8}$ 倍が横の長さになります。

11 図形の拡大と縮小

ぴったり1 準備 68ページ

1 ①形 ②縦 ③④大きさ、形(形、大きさ でもよい) ⑤㋓

2 (1)4 (2)45

ぴったり2 練習 69ページ

❶ ㋐と㋒、㋑と㋓、㋕と㋗

❷ ①辺EF

②角D

③角F…60°、角D…80°

④㋐1.5 $\left(\frac{3}{2}、1\frac{1}{2}\right)$、10.5 $\left(\frac{21}{2}、10\frac{1}{2}\right)$

㋑ $\frac{2}{3}$

❸ 同じ

てびき

❶ 方眼のます目の数を数えて、調べます。

❷ ③拡大図(かくだいず)ともとの図形では、対応する角の大きさはそれぞれ等しいです。

角Fが60°だから、角Dの大きさは、

180°−(40°+60°)=80°

④㋐12÷8=1.5(倍)

辺DEの長さは、7×1.5=10.5(cm)

㋑8÷12= $\frac{2}{3}$

❸ ㋐縦13mm、横30mm　㋑縦26mm、横60mm

対応する辺の長さの比はすべて1：2で等しく、対応する角の大きさもそれぞれ90°で等しいから、形が同じといえます。

ぴったり1 準備 70ページ

1 5、3.8、4.6

2 2、対応

3 なっている

1の図

D
3.8cm
4.6cm
E
F
5cm

2の図

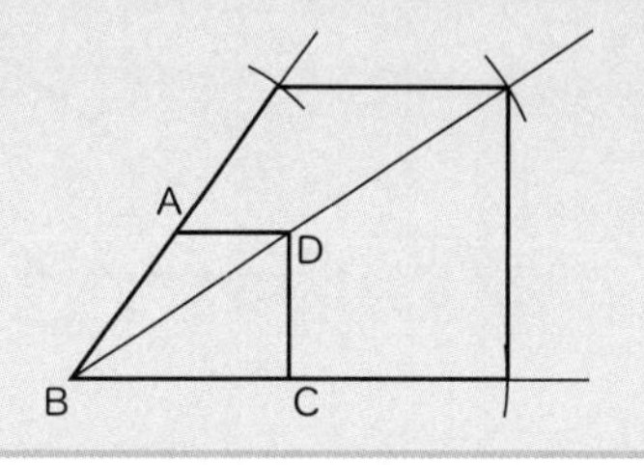

ぴったり2 練習 71ページ

❶ ①

②(例)

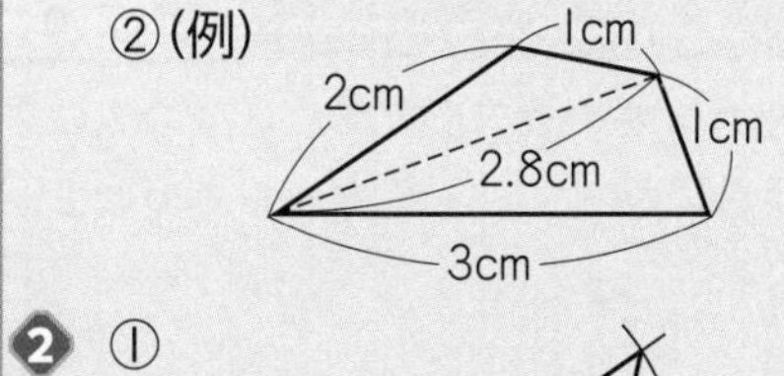

❷ ①

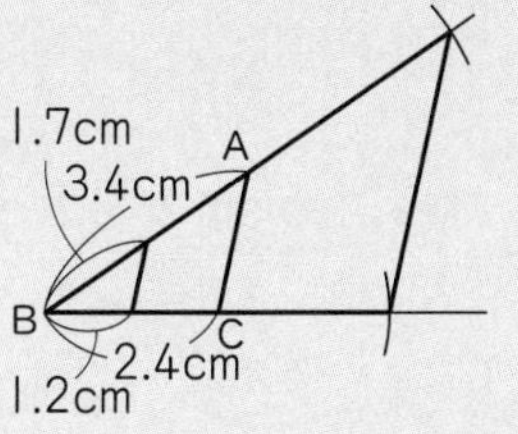

②

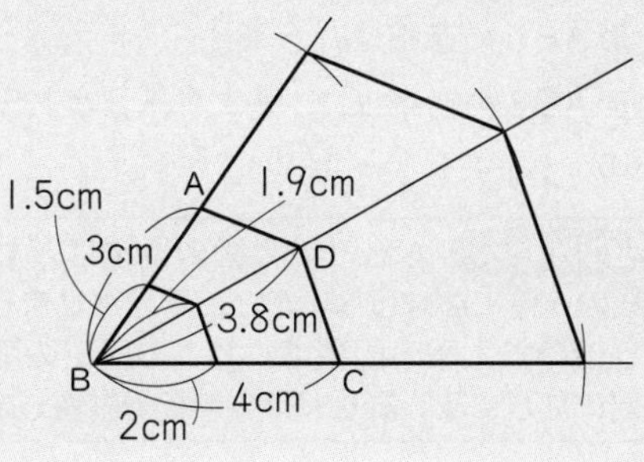

❸ [illegible]、[illegible]、[illegible]

てびき

❶ ①辺ABは左右に2ます、上下に3ますだから、対応する辺は左右に6ます、上下に9ますです。

②次のようなかき方もあります。

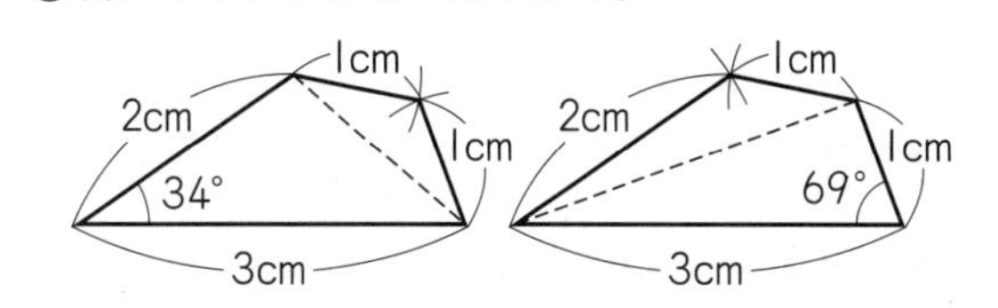

❷ ②辺BA、BC、対角線BDをのばして、それぞれの辺、対角線の長さの2倍、$\frac{1}{2}$の長さのところに頂点(ちょうてん)をとります。

2倍の長さは、コンパスを使ってうつしとります。

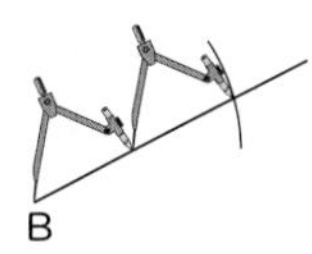

❸ 正多角形は、角の大きさと辺の長さがそれぞれすべて等しいので、また、円は半径の長さだけで決まるので、必ず拡大図や縮図(しゅくず)になります。

おうちのかたへ 拡大図や縮図について、何通りかのかき方で練習させてみましょう。また、合同な三角形のかき方と似ていますので、拡大図や縮図をかくときは、合同な三角形のかき方も復習させておくとよいですね。

ぴったり1 準備 72ページ

1 ①$\overset{しゅくず}{縮図}$ ②4 ③3
④5 ⑤10000
⑥5 ⑦10000
⑧50000
⑨500

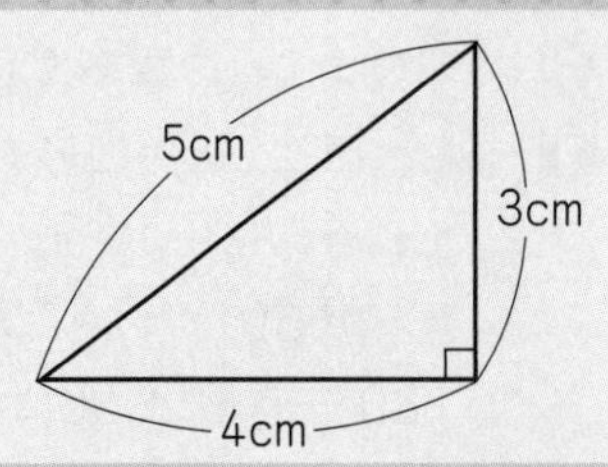

おうちのかたへ 身のまわりにある縮図には地図があります。地図上の2地点間の長さから実際の直線距離を求めさせてみましょう。縮図についての理解を深めさせることができます。

ぴったり2 練習 73ページ

1 ① $\frac{1}{1000}$ ②45 m

2 162 m

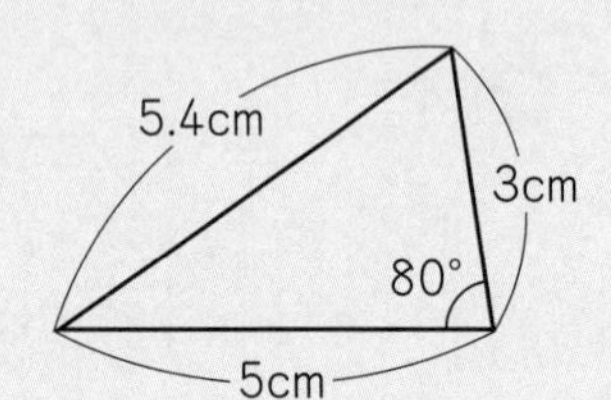

3 9.8 m

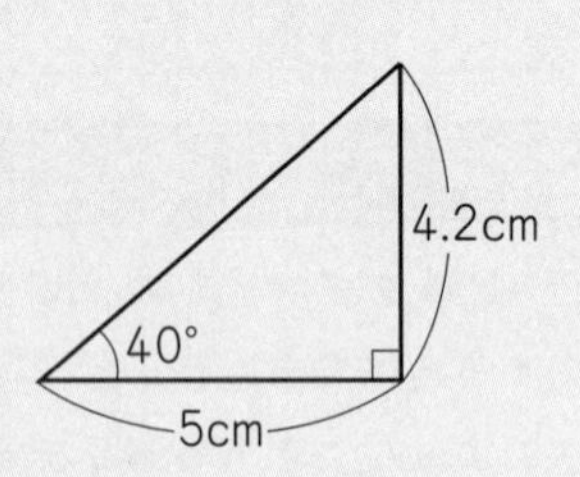

てびき

1 ①縮図上でABの長さをはかると1 cmです。実際のきょり10 mが1 cmに縮められているので、縮尺は $1÷1000=\frac{1}{1000}$
②縮図上でAEの長さをはかると4.5 cmです。
$4.5×1000=4500$(cm)なので、実際の直線きょりは45 mです。

2 三角形ABCの $\frac{1}{3000}$ の縮図をかいて、縮図上で辺ABに対応する辺の長さをはかると、5.4 cmになります。
$5.4×3000=16200$(cm)なので、実際の直線きょりは162 mです。

3 $\frac{1}{200}$ の縮図をかいて、縮図上で辺ACに対応する辺の長さをはかると、4.2 cmになります。
$4.2×200=840$(cm)なので、実際のACの長さは8.4 mです。
実際の木の高さは、目の高さをたして、
$8.4+1.4=9.8$(m)

ぴったり3 確かめのテスト 74～75ページ

1 $\overset{かくだいず}{拡大図}$…㋔、縮図…㋒

2

3 (例)

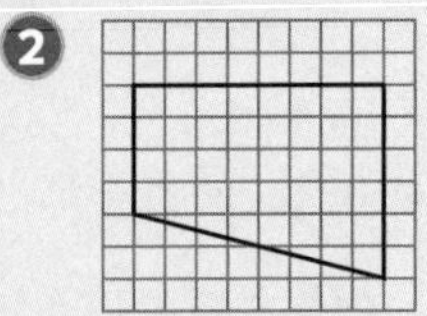

4 ①4倍
②辺…辺DE、長さ…1.5 cm
③16倍

5

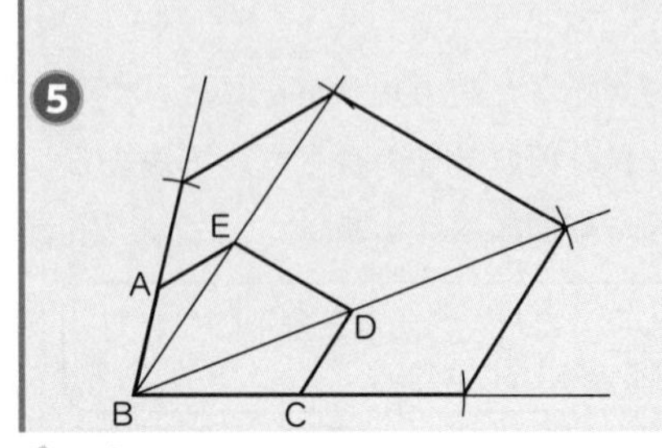

てびき

1 ㋐は縦4ます、横6ますの長方形です。2つの辺の比が4：6＝2：3になっている長方形をみつけます。

3 三角形に分けてかきます。1.6 cmと2.8 cmの辺をかくときは、コンパスを使います。
角の大きさをはかってもよいです。

4 ③三角形ABCの面積は、$6×8÷2=24$(cm^2)
三角形ADEの面積は、$1.5×2÷2=1.5$(cm^2)
だから、$24÷1.5=16$(倍)です。

おうちのかたへ 4倍の拡大図の面積は、もとの図形の面積の4倍にはならないことに着目させましょう。一般に、a倍の拡大図の面積は、もとの図形の面積の($a×a$)倍になります。詳しくは中学校で学習します。

❻ 96 m²

❼ 12 m

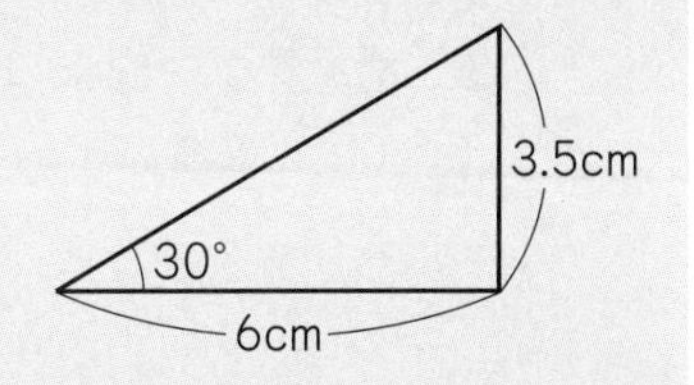

❽ 辺AB…9 cm、辺BC…17.5 cm、
辺CA…13.5 cm

❻ 縦は、4×200＝800(cm)→8 m
横は、6×200＝1200(cm)→12 m
面積は、8×12＝96(m²)

❼ $\frac{1}{300}$ の縮図で、辺BCの長さは、
$18\times100\times\frac{1}{300}=6$ (cm)
縮図をかいて高さをはかると3.5 cm だから、
3.5×300＝1050(cm)→10.5 m
目の高さをたすと、10.5＋1.5＝12(m)

❽ 三角形ABCのまわりの長さは、
3.6＋7＋5.4＝16(cm)です。
40÷16＝2.5 だから、2.5 倍の拡大図をかくことになります。
それぞれの辺の長さを 2.5 倍にします。

しあげの5分レッスン ❸の縮図を、別のかき方でもかいてみよう。

⑫ 比例と反比例

ぴったり1 準備 76ページ

1 2、$\frac{1}{2}$、$\frac{1}{2}$

2 (1)60、います
(2)60、60

ぴったり2 練習 77ページ

❶ ①2倍、3倍、……になる。
②比例している。
③ $\frac{1}{2}$ 倍、$\frac{1}{3}$ 倍、……になる。
④3

❷ ①比例している。
②900
③$y=900\times x$

てびき

❶ ③y が x に比例するとき、x の値（あたい）を□倍すると、y の値も□倍になります。(□の中には、同じ数が入ります。)

❷ x の値が小数のときも、同じように考えます。

ぴったり1 準備 78ページ

1 ①x の値　②y の値　③x　④y

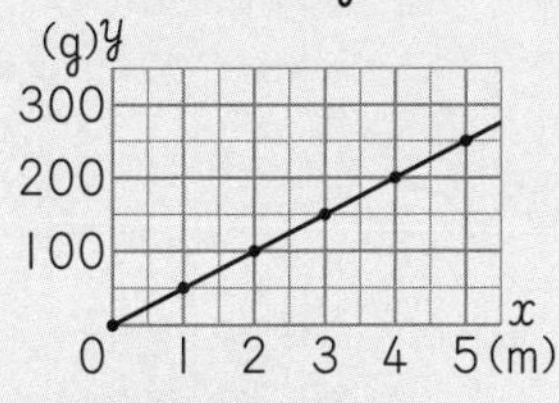

2 (1)①0.5　②0.5
(2)①0.5　②0.5　③5　④5

おうちのかたへ　比例のグラフをかくときには、できるだけはなれた2点を通る直線をひくと、きれいにグラフをかくことができます。
2点(0，0)と(5，250)を通る直線がかけているかチェックしましょう。

ぴったり2 練習 79ページ

てびき

❶ ①

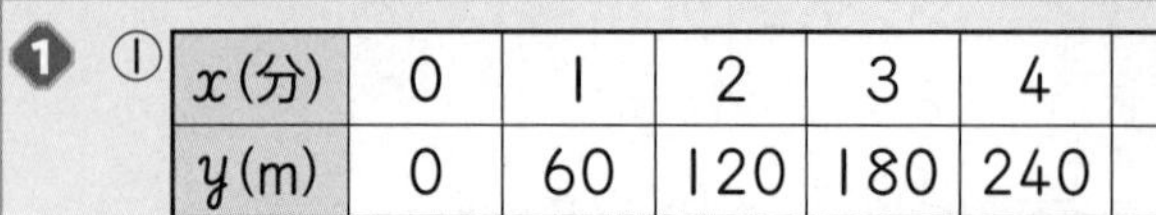

x(分)	0	1	2	3	4
y(m)	0	60	120	180	240

②$y=60\times x$

③右の図

④yの値（あたい）、60、直線

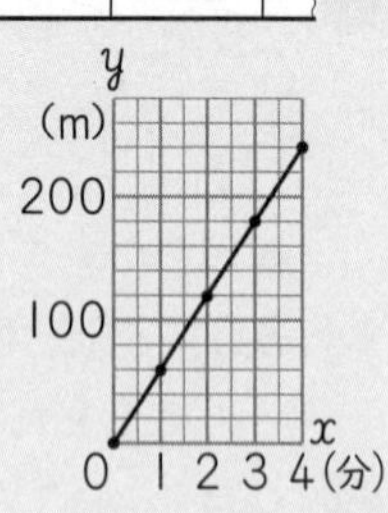

❷ ①あ9kg　い2m

②$y=3\times x$

③19m

てびき

❶ ②道のり＝速さ×時間　だから、
$y=60\times x$

④表、式、グラフから、比例の関係が説明できるようにしましょう。

❷ ②きまった数は、xの値が1のときのyの値を見てもわかります。

③$y=57$のとき、$3\times x=57$だから、
$x=57\div3=19$(m)

ぴったり1 準備 80ページ

1 (1)100　(2)1

2 ①5　②16　③80　④80

ぴったり2 練習 81ページ

❶ ①列車A

②1.5km

③1分後

④4分

❷ ①式　$(400\div10=40)$
$48\times40=1920$
答え　約1920g（約1.92kg）

②式　$(2400\div48=50)$
$10\times50=500$　　答え　約500枚

てびき

❶ ④列車Aは分速1.5kmだから、12km走るのにかかる時間は、$12\div1.5=8$(分)
列車Bは分速1kmだから、12km走るのにかかる時間は、$12\div1=12$(分)

❷ ①

枚数（まいすう） x(枚)	10	400
重さ y(g)	48	□

（上下とも 40倍）

②

枚数 x(枚)	10	□
重さ y(g)	48	2400

（上下とも $(2400\div48)$倍）

ぴったり1 準備 82ページ

1 (1)30、います　(2)30、30

2

時速 x(km)	1	1.5	2	2.5	3	3.5	4	4.5	5
時間 y(時間)	30	20	15	12	10	8.6	7.5	6.7	6

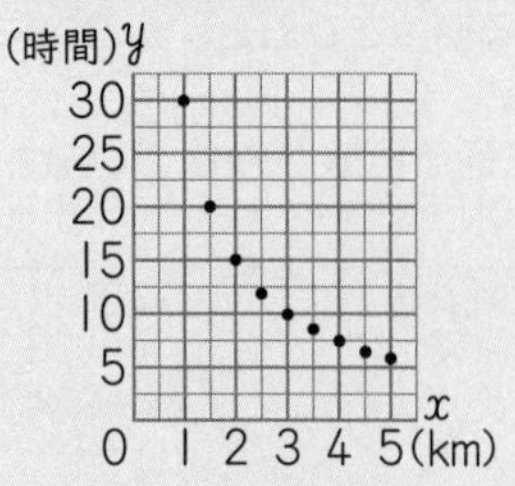

おうちのかたへ 反比例の関係を表すグラフは、比例のときとちがって、直線になりません。詳しくは中学校で学習します。

ぴったり2 練習　83ページ

❶ ㋐、㋔に○

❷ $y=1200\div x$ $(x\times y=1200)$

❸ ①

x(L)	1	2	3	4	5	6	7	8	9	10
y(分)	48	24	16	12	9.6	8	6.9	6	5.3	4.8

②$y=48\div x$
$(x\times y=48)$
③右の図
④3.2 L

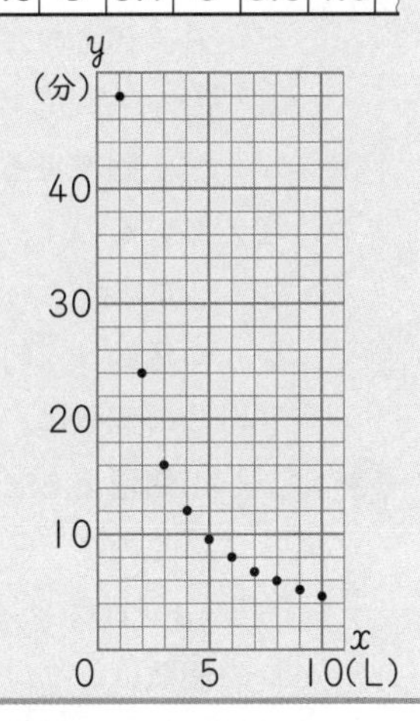

てびき

❶ 式が xの値×yの値＝きまった数
になるものを選びます。
㋐$x\times y=36$…反比例
㋑$10\times x\div 2=y$ → $y=5\times x$…比例
㋒$x+y=20$
㋓$x+y=240$
㋔$x\times y=18$…反比例

❷ $x\times y=1200$ になります。
yがxに反比例し、きまった数が 1200 だから、
$y=1200\div x$

❸ ④$y=15$ のとき、$48\div x=15$ だから、
$x=48\div 15=3.2$(L)

しあげの5分レッスン　方眼紙に点をとったら、表と見くらべて正しく点をとっているか確認(かくにん)しよう。

ぴったり3 確かめのテスト　84～85ページ

❶ ①式　$y=24-x$ $(x+y=24)$　×
②式　$y=6\times x$　○
③式　$y=29-x$ $(x+y=29)$　×
④式　$y=45\times x$　○
⑤式　$y=200\div x$ $(x\times y=200)$　△

❷ ①

x(cm²)	10	20	30	40	50	60
y(g)	80	160	240	320	400	480

②$y=8\times x$
③右の図

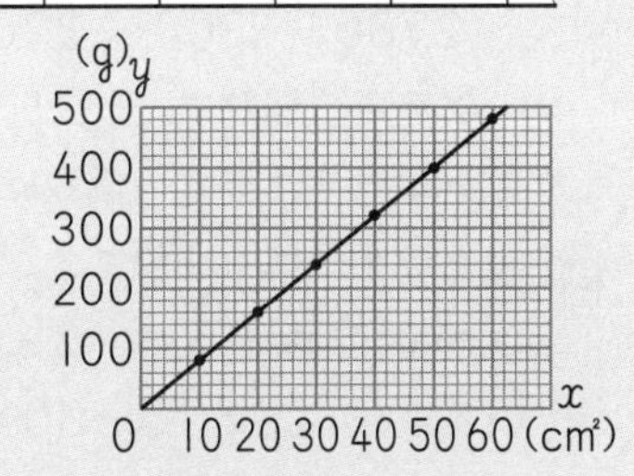

❸ ①200 m
②8分後
③3分後

おうちのかたへ　グラフから直接よみとれない数値を求めるには、グラフからよみとれる情報をもとにして、比例の関係を使って求めるのがポイントです。

❹ 式　$6000\div 75=80$
$10\times 80=800$　　答え　約 800 枚

❺ ①36 cm²
②$y=36\div x$ $(x\times y=36)$
③9
④1.8

てびき

❶ 式の形で、比例か反比例かを判断します。
y＝きまった数×x → 比例
y＝きまった数÷x → 反比例

おうちのかたへ　身のまわりから、ともなって変わる2つの量をみつけ、比例や反比例の関係があるかを調べる活動をさせるのもよいでしょう。

❸ ①縦軸(たてじく)の 1 目もりは 0.2 km だから、4 分後には、2 人は 200 m はなれています。
②グラフを縦に見て、2 目もりはなれているところの時間をよみます。
③兄は分速 0.2 km だから、1.8 km 走るのに 9 分かかります。
弟は分速 0.15 km だから、1.8 km 走るのに 12 分かかります。

❹

枚数 x(枚)	10	□
重さ y(g)	75	6000

(6000÷75)倍
(6000÷75)倍

❺ グラフから、対応するxとyの値をよみとると、$x\times y$はどれも 36 になっています。
面積がきまっている平行四辺形の底辺と高さは、反比例の関係にあります。

見方・考え方を深めよう(2)

ぴったりを探せ！ 86〜87ページ

てびき

1 ①30円

②

なし (個)	0	1	2	
りんご (個)	10	9	8	
代金の合計 (円)	1200	1230	1260	

なし…4個、りんご…6個

2

パン (個)	0	1	2	
サンドイッチ (個)	25	24	23	
代金の合計 (円)	3750	3680	3610	

パン…16個、サンドイッチ…9個

3 ①370円

②

ケーキ (個)	10	11	12	
シュークリーム (個)	10	9	8	
代金の差 (円)	1300	1670	2040	

ケーキ…14個、シュークリーム…6個

4

ボールペン (本)	15	16	17	
えん筆 (本)	15	14	13	
代金の差 (円)	600	800	1000	

ボールペン…18本、えん筆…12本

1 ①10個全部がりんごのときの代金は、
120×10=1200(円)
りんごが9個でなしが1個のときの代金は、
120×9+150=1230(円)
だから、代金のちがいは、
1230−1200=30(円)
②なしが1個増えると、代金の合計は30円ずつ増えていくので、1320円と1200円の差を30円でわれば、なしの個数が求められます。
なしの個数は、(1320−1200)÷30=4(個)
りんごの個数は、10−4=6(個)

2 パンが1個増えると、代金の合計は70円ずつ減っていくので、3750円と2630円の差を70円でわれば、パンの個数が求められます。
パンの個数は、
(3750−2630)÷70=16(個)
サンドイッチの個数は、25−16=9(個)

3 差を考えて解く問題です。
①ケーキが10個、シュークリームが10個のときの代金の差は、
250×10−120×10=1300(円)
シュークリームが1個減ってケーキが1個増えると、代金の差は250+120=370(円)増えます。
②ケーキが増えた個数は、
(2780−1300)÷370=4(個)だから、
ケーキの個数は、10+4=14(個)
シュークリームの個数は、20−14=6(個)

4 差を考えて解く問題です。
ボールペンが15本、えん筆が15本のときの代金の差は、120×15−80×15=600(円)
えん筆が1本減ってボールペンが1本増えると、代金の差は120+80=200(円)増えます。
ボールペンが増えた本数は、
(1200−600)÷200=3(本)だから、
ボールペンの本数は、15+3=18(本)
えん筆の本数は、30−18=12(本)

おうちのかたへ 1 2のような2つの合計からそれぞれの数を求める問題を鶴亀算といい、中学校では連立方程式の問題として取り上げられます。
また4では、ボールペンと鉛筆の本数が1本ずつ変化したときに、代金の差がどのように変わっていくかを考えて解くのがポイントです。なお、本問では、ボールペン15本と鉛筆15本の場合から考えていますが、ボールペン30本と鉛筆0本の場合から考えて解くこともできます。

活用 学びをいかそう

見積もりを使って（食といのち）　88～89ページ

〈切り上げ・切り捨て（す）を使って〉

1 ①あ30000　い500　う60　え60
②あ40000　い400　う100　え100

2 ①式　3万×300＝900万
答え　約900万円
②式　2万×200＝400万
答え　約400万円
③(例) 400万円より多くて、900万円より少ない。

〈見積もりのくふう〉

1 ①あ30　い60　う20　え400　お70
か60　き4　く4　け1600　こ2000
さ14　し14
②あ30　い60　う25　え400　お100
か18　き18

2 式　(例) 70×60×20×400×20
見積もり(例)
1日　70×60×20＝84000→約8万回
1年間　8万×400＝3200万→約3000万回
20年間　3000万×20＝6億
答え　約6億回

3 式　(例) (20×60)×(25×400)×3
＝3600万　　答え　約3600万L

てびき

1 ①わられる数が小さくなると商は小さくなり、わる数が大きくなると商は小さくなるので、見積もった商60は、もとの商より小さくなります。

2 ①見積もりは、30000×300＝9000000のようにしてもいいですが、3万×300＝900万のようにすると、計算しやすくなります。
かけられる数やかける数が大きくなると積は大きくなるので、見積もった積900万は、もとの積より大きくなります。

1 ①計算しやすいように上から1けたの概数（がいすう）にして見積もります。
②25×400のような計算しやすい特別な数を使って見積もります。

2 1分間のこ動の回数を約70回、1日を約20時間、1年を約400日と考えて、20年間のこ動の回数がどれくらいかを、**1**①のようにして見積もります。

3 1分間に使う水の量を約20L、1日を約25時間、1年を約400日と考えて、3年間に使う水の量がどれくらいかを、**1**②のようにして見積もります。

学びをいかそう

わくわくプログラミング　90～91ページ

1 ①

1	2	3	4	**5**	6	7	8	9	**10**
11	12	13	14	**15**	16	17	18	19	**20**
21	22	23	24	**25**	26	27	28	29	**30**
31	32	33	34	**35**	36	37	38	39	**40**
41	42	43	44	**45**	46	47	48	49	**50**
51	52	53	54	**55**	56	57	58	59	**60**
61	62	63	64	**65**	66	67	68	69	**70**
71	72	73	74	**75**	76	77	78	79	**80**
81	82	83	84	**85**	86	87	88	89	**90**
91	92	93	94	**95**	96	97	98	99	**100**

②5の倍数

2 ①4　②

1	2	3	**4**	5	6	7	**8**	9	10
11	**12**	13	14	15	**16**	17	18	19	**20**
21	22	23	**24**	25	26	27	**28**	29	30
31	**32**	33	34	35	**36**	37	38	39	**40**
41	42	43	**44**	45	46	47	**48**	49	50
51	**52**	53	54	55	**56**	57	58	59	**60**
61	62	63	**64**	65	66	67	**68**	69	70
71	**72**	73	74	75	**76**	77	78	79	**80**
81	82	83	**84**	85	86	87	**88**	89	90
91	**92**	93	94	95	**96**	97	98	99	**100**

3 10、11（11、10でもよい）

てびき

1 ①はじめに、1のますの上に色えん筆を置きます。そして、「5でわったあまりが0ならば」→「色をぬる」→「いまの数を1大きくする」という作業をくり返します。

おうちのかたへ プログラムがどのように実行されるかを理解するために、1つの命令が実行されるごとに色鉛筆がどのような動作をするのか、実際に手を動かして確認させるようにしましょう。

3 10の倍数と11の倍数に色をぬるプログラムをつくります。

⑬ およその形と大きさ

ぴったり1 準備 92ページ

1 ①490　②320　③78400　④78000

2 ①2　②2　③1　④2　⑤1　⑥7　⑦7

おうちのかたへ　身のまわりのものの、およその面積や体積を求める活動をさせてみましょう。

ぴったり2 練習 93ページ

❶ 式　(230＋180)×90÷2＝18450
答え　約 18000 km^2

❷ 式　20×60×30＝36000
答え　約 36000 cm^3

❸ 式　5×5×3.14×20＝1570
答え　約 1570 cm^3

❹ ①10000、1000000
②1000000、1000000000

てびき

❶ 上底 230 km、下底 180 km、高さ 90 km の台形とみて、面積を求めます。
答えは、上から2けたの概数(がいすう)にします。

❸ 底面が半径5cm の円、高さが 20 cm の円柱とみて、体積を求めます。

ぴったり3 確かめのテスト 94～95ページ

❶ ①底辺、高さ　②底辺、高さ
③上底、下底、高さ　④縦(たて)、横、高さ
⑤半径、半径、高さ

❷ ①式　500×290＝145000
答え　約 150000 m^2
②式　8×8×3.14＝200.96
答え　約 200 m^2
③式　(54＋86)×73÷2＝5110
答え　約 5100 m^2

❸ ①式　2×3.5×1.4＝9.8　　答え　約 9.8 m^3
②式　2.5×12×2.6＝78　　答え　約 78 m^3

❹ 式　2×2.9×1.6＝9.28
答え　約 9.28 m^3

❺ 式　20×20×3.14×60＝75360
答え　約 75400 cm^3

てびき

❷ ①は平行四辺形、②は円、③は台形とみて、面積を求めます。

❹ 縦と横の長さは、上の面と下の面の平均を求めて、縦2m、横 2.9 m とします。

❺ 単位を cm にそろえます。0.6 m＝60 cm
答えは上から4けた目を四捨五入(ししゃごにゅう)して求めます。

しあげの5分レッスン　「上から2けたの概数」などの問題文の指示を見落とさないように気をつけよう。

見方・考え方を深めよう(3)

ようい、スタート! 96～97ページ

1 ① $\frac{1}{20}$

②あ $\frac{1}{12}$　い $\frac{1}{12}$

③あ $\frac{1}{12}$　い12　う12

てびき

1 全体の量を1として、単位時間にする仕事の量(1時間に入れられる水の量)がどれだけかを考えて解きます。

2 式　1時間15分＝75分

$\frac{1}{75}+\frac{1}{50}=\frac{1}{30}$　$1\div\frac{1}{30}=30$

答え　30分

3 ①歩いたとき…$\frac{1}{15}$、走ったとき…$\frac{1}{6}$

②式　$\frac{1}{15}\times5=\frac{1}{3}$　　答え　$\frac{1}{3}$

③式　$1-\frac{1}{3}=\frac{2}{3}$

$\frac{2}{3}\div\frac{1}{6}=4$　　答え　4分

4 式　$\frac{1}{6}\times2=\frac{1}{3}$　$1-\frac{1}{3}=\frac{2}{3}$

$\frac{2}{3}\div\frac{1}{15}=10$　　答え　10分

2 そうじをする教室全体を1とすると、まみさんは1分間で$\frac{1}{75}$、先生は1分間で$\frac{1}{50}$で、2人だと1分間で$\frac{1}{75}+\frac{1}{50}=\frac{1}{30}$のそうじができます。

3 ③まず、走った道のりが全体の道のりのどれだけにあたるかを求めると、$1-\frac{1}{3}=\frac{2}{3}$

だから、走った時間は、

$\frac{2}{3}\div\frac{1}{6}=4$（分）

おうちのかたへ 全体を1とし、割合を考えて解くのがポイントとなりますが、難しければ、まずは全体の道のりを900mとして考えさせ、それができたら、1kmとして考えさせてみましょう。このように、段階的に少しずつ理解させていくとよいでしょう。

学びをいかそう

すごろく　98〜99ページ　　**てびき**

1 ①(あ)さおり　(い)あゆみ　(う)かのん

②(あ)たかこ　(い)あゆみ　(う)かのん

③(あ)あゆみ　(い)さおり　(う)たかこ

④(あ)たかこ　(い)かのん　(う)あゆみ

(え)さおり　(お)あゆみ　(か)かのん

2 ①(あ)6　(い)Ⓑ

②(あ)4　(い)Ⓐ

③(あ)Ⓒ　(い)1　(う)3　(え)5（(う)5　(え)3　でもよい）

1 ①ないとさんの2位の予想があっていたとして考え、ないとさんの予想からわかることに○×、はやとさんの予想からわかることに◌×をつけると、下の表のようになります。

	あゆみ	かのん	さおり	たかこ
1位	×	×		××
2位	×	×	×	○◌
3位	×		×	××
4位		×	×	××

このことから、1位がさおりさん、3位がかのんさん、4位があゆみさんであることがわかります。

おうちのかたへ 本問では、場合分けをして、順序よく推論をしていく力が求められます。また、求めた答えが問題の条件に適しているかを吟味することも重要です。表に整理するなどして1つ1つの場合を丁寧に調べていくようにアドバイスしましょう。

2 簡単（かんたん）にこまを特定できる人から順に考えていきます。はやとさんは、2回目が終わったときにいるマスがわかっていて、3回目に出た目が2、4、6のどれかなので、まずははやとさんのこまを特定しましょう。

③1回目に1の目を出して3マス進まないと、3回でⒸまで進めません。

おうちのかたへ 本問では、誘導が与えられていますが、誘導がなくても自力で問題を解決できるようになることを目指しましょう。こまの位置や条件を変えて問題を出し合うのもよいでしょう。

しあげの5分レッスン 答えを求めたら、求めた答えが問題の条件にあっているか必ず確認（かくにん）しよう。

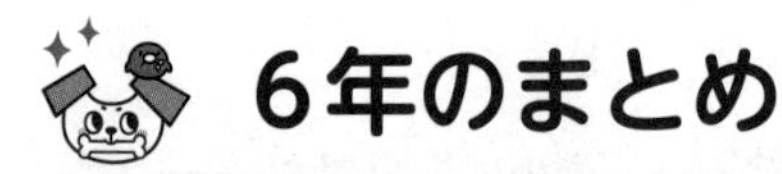

6年のまとめ

まとめのテスト 100ページ

1 数直線：0、0.2（↓）、$\frac{3}{5}$（↓）、1、1.8（↓）、2、$\frac{11}{5}$（↓）

2 あ0.35　い0.72　う0.9

3 ①7400個　②167個　③140個

4 ①0.241　②1070

5 ①5.4　②50.8

6 ①6、12、18　②1、2、3、6　③60　④6

てびき

1 分数は小数で表します。

$\frac{3}{5}=3\div5=0.6$

$\frac{11}{5}=11\div5=2.2$

4 ①整数や小数を $\frac{1}{1000}$ にすると、小数点は左に3けた移り、100倍すると、小数点は右に2けた移ります。

5 ①5.38 → 5.4（3を4に直す）
②50.839 → 50.8

6 ③大きいほうの20の倍数の中で、15の倍数であるものは、20、40、⑥⓪、……
④小さいほうの18の約数の中で、24の約数であるものは、①、②、③、⑥、9、18

まとめのテスト 101ページ

1 ①ア2　イ7
②ア $3\frac{4}{7}$　イ $\frac{17}{5}$　③ア $\frac{1}{3}$　イ $\frac{2}{9}$
④ア $\frac{14}{21}$、$\frac{6}{21}$　イ $\frac{4}{15}$、$\frac{25}{15}$

2 ①1　②10

3 ①$x\times12=y$　②$x\times8+300=y$
③$30\div x=y$（$x\times y=30$）

4 ①い　②え　③う　④あ

てびき

おうちのかたへ　約分や通分については、5年で学習しました。もしできていないようなら、必ず復習させておきましょう。

4 うの図は、右の図のように考えたものです。

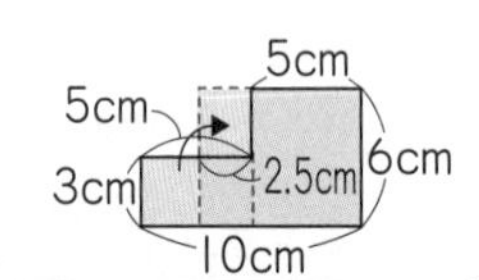

まとめのテスト 102ページ

1 ①7.7　②6.78　③6.3　④0.8
⑤25.8　⑥5.4　⑦0.7　⑧7.5

2 ①21余り3
確かめ…8×21+3=171
②7余り5
確かめ…26×7+5=187

3 ①3.25　②8.75　③3.43　④5.19

4 ① $\frac{23}{24}$　② $\frac{4}{5}$　③ $\frac{11}{18}$　④ $\frac{1}{2}$　⑤ $\frac{7}{5}\left(1\frac{2}{5}\right)$
⑥ $\frac{3}{10}$　⑦ $\frac{25}{6}\left(4\frac{1}{6}\right)$　⑧ $\frac{9}{5}\left(1\frac{4}{5}\right)$　⑨ $\frac{3}{8}$
⑩ $\frac{1}{32}$

てびき

2 答えを確かめて計算ミスをなくしましょう。

3 ③24÷7=3.428…→ 3.43
④67.5÷13=5.192…→ 5.19

4 ② $\frac{3}{4}+\frac{1}{20}=\frac{15}{20}+\frac{1}{20}=\frac{\overset{4}{\cancel{16}}}{\underset{5}{\cancel{20}}}=\frac{4}{5}$

⑥ $\frac{4}{15}\times\frac{9}{8}=\frac{\overset{1}{\cancel{4}}\times\overset{3}{\cancel{9}}}{\underset{5}{\cancel{15}}\times\underset{2}{\cancel{8}}}=\frac{3}{10}$

⑨ $\frac{5}{6}\div\frac{20}{9}=\frac{5}{6}\times\frac{9}{20}=\frac{\overset{1}{\cancel{5}}\times\overset{3}{\cancel{9}}}{\underset{2}{\cancel{6}}\times\underset{4}{\cancel{20}}}=\frac{3}{8}$

5 ①101　②2　③2.4　④$\frac{10}{7}$$\left(1\frac{3}{7}\right)$

しあげの5分レッスン　(　)の中をさきに計算し、＋、－より×、÷をさきに計算するというきまりを忘(わす)れないようにしよう。

5 計算の順序に注意します。

①8×13－24÷8＝104－3＝101

②(12＋6)÷3－4＝18÷3－4＝6－4＝2

③15－4.2×(8－5)＝15－4.2×3
＝15－12.6＝2.4

④$\frac{4}{7}\div 0.96\div\frac{5}{12}=\frac{4}{7}\div\frac{24}{25}\div\frac{5}{12}$
$=\frac{4}{7}\times\frac{25}{24}\times\frac{12}{5}=\frac{10}{7}$

おうちのかたへ　整数、小数、分数の計算ができないと、中学校での数学の学習も困難になります。確実に計算ができるようにさせておきましょう。

まとめのテスト　103ページ

1 ①い　②う　③え

2 ①(例)　3.6＋5.8＋1.2＝3.6＋(5.8＋1.2)
＝3.6＋7＝10.6

②(例)　8×4×3×25＝8×3×4×25
＝(8×3)×(4×25)＝24×100
＝2400

③(例)　78×6＋78×4
＝78×(6＋4)＝78×10＝780

④(例)　64×3.14－54×3.14
＝(64－54)×3.14
＝10×3.14＝31.4

3 ①(例)　485＋999＝485＋1000－1
＝(485＋1000)－1＝1485－1
＝1484

②(例)　2000－993＝2000－1000＋7
＝(2000－1000)＋7＝1000＋7
＝1007

③(例)　16×25＝(4×4)×25
＝4×(4×25)＝4×100＝400

4 ①240億(24000000000)
②240兆(240000000000000)
③48
④5億(500000000)

てびき

1 ①48＋12＝(40＋8)＋12
＝40＋(8＋12)　←い

②25×28＝25×(4×7)＝(25×4)×7　←う

③35×4＝(30＋5)×4＝30×4＋5×4　←え

2 計算のきまりを利用して、100などの計算しやすいものをつくっていきます。

③$(a+b)\times c=a\times c+b\times c$と同じように、$c\times(a+b)=c\times a+c\times b$も成り立ちます。このことを利用して、6＋4＝10の部分をつくります。

3 ②993＝1000－7を使って計算します。993をひくかわりに、7大きい1000をひいているので、ひきすぎた7をたすと答えが求められます。

おうちのかたへ　買い物の代金の合計を計算したり、おつりを計算したりするときにも、本問で扱ったような計算方法が使えることがあります。実際にさせてみるとよいでしょう。

4 ①1万×1万＝1億だから、
48万×5万＝(48×5)×(1万×1万)
＝240×1億＝240億

②1億×1万＝1兆です。

③48×5＝240より、240÷5＝48です。
240万÷5万
＝(240万÷1万)÷(5万÷1万)
＝240÷5＝48

④48×5＝240より、240÷48＝5です。
240兆÷48万
＝(240兆÷1万)÷(48万÷1万)
＝240億÷48＝5億

まとめのテスト 104ページ

てびき

❶ ①式　38万＋21万
(380000＋210000)
答え　59万(590000)

②式　682万－60万
(6820000－600000)
答え　622万(6220000)

❷ ①式　24000＋56000　答え　80000
②式　103000－60000　答え　43000

❸ ①20万　②560　③50　④100

❹ ①式　2000×1000
答え　200万(2000000)
②式　400×60　答え　24000
③式　60×3　答え　180

❺ ①式　8000÷40　答え　200
②式　300÷70　答え　4
③式　49÷0.6 (50÷0.6)　答え　80

❸ 積はかけられる数、かける数をそれぞれ上から1けたの概数(がいすう)にし、商はわられる数は上から2けた、わる数は上から1けたの概数にして答えを見積もります。
①400×500＝200000 → 20万
③250000÷5000＝250÷5＝50

❺ 複雑なわり算の商を見積もるには、ふつう、わられる数を上から2けた、わる数を上から1けたの概数にして計算し、商は上から1けたの概数で求めます。

まとめのテスト 105ページ

てびき

❶

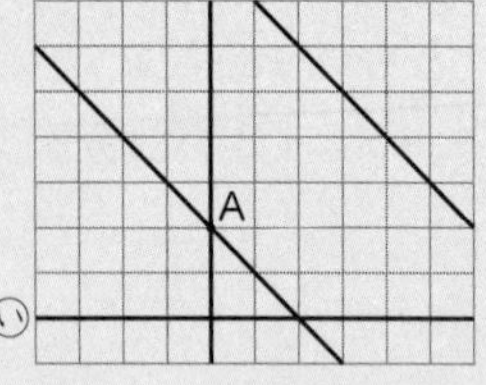

❷ あ85°　い40°　う55°

❸ ①式　10×7÷2＝35　答え　35 cm^2
②式　(4＋8)×6÷2＝36　答え　36 cm^2
③式　8×8×3.14＝200.96
答え　200.96 cm^2

❹ $\frac{4}{3}$倍$\left(1\frac{1}{3}倍\right)$

❺ あ

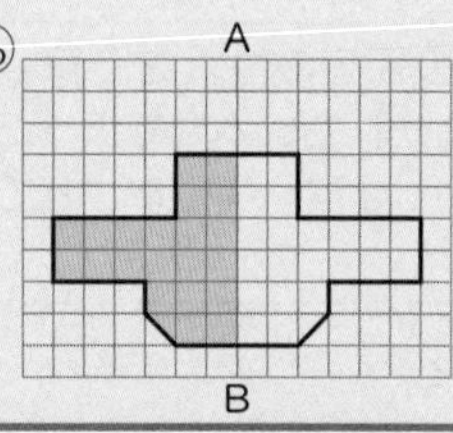

い

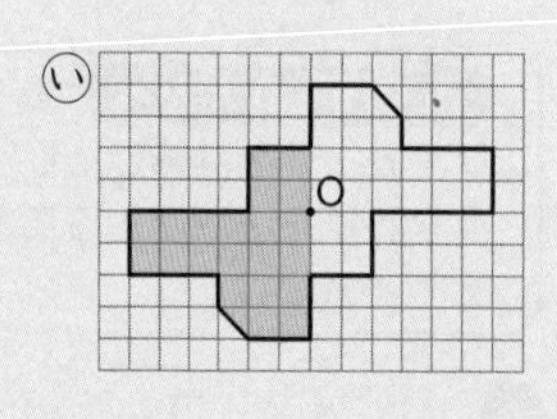

❷ あ180°－(55°＋40°)＝85°
い2つの三角形が合同であることを使って求めます。
う直線が180°であることから求めます。

❹ AFは、3＋6＋3＝12(cm)、
ADは、3＋6＝9(cm)です。
AF÷AD＝12÷9＝$\frac{4}{3}$(倍)

まとめのテスト 106ページ

てびき

❶ ①AB、DC　②BC、CG
③ABFE、BCGF　④ABCD

❷ ①うの面
②あの面、うの面、おの面、かの面

❸ ①式　12×5÷2×10＝300
答え　300 cm^3
②式　5×5×3.14×40＝3140
答え　3140 cm^3

❹ ①3000 m　②6000 a　③0.18 L
④2300 g　⑤168時間

❶ ①、②、③は、順序が逆でもよいです。

❷ 展開図(てんかいず)を組み立てると、右の図のようになります。

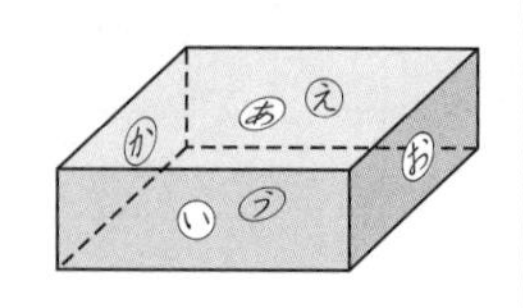

❹ ③1L＝1000 mLです。
⑤1日＝24時間だから、7日は、
24×7＝168(時間)

まとめのテスト 107ページ

てびき

❶ ①25　②390　③4000
④15　⑤980　⑥4.5

❷ ①3：4　②5：8　③7：2　④5：6

❸ ①比…13：20　比の値（あたい）…$\frac{13}{20}$(0.65)
②65％

❹ 式　$9÷\frac{3}{20}=60$　答え　60L

❺ ①式　$8×\frac{5}{2}=20$　答え　20個
②式　$35×\frac{2}{7}=10$　答え　10個

てびき

❶ ①割合（わりあい）を求めます。
300÷1200＝0.25→25％
②520×0.75＝390(円)
③1400÷0.35＝4000(円)
④単位をそろえてから、割合を求めます。
4m＝400cmだから、
60÷400＝0.15→15％
⑤2×0.49＝0.98(L)　0.98L＝980mL
⑥360÷0.08＝4500(g)　4500g＝4.5kg

❷ ③2.1：0.6＝21：6＝7：2
④$\frac{3}{8}:\frac{9}{20}=\frac{15}{40}:\frac{18}{40}$＝15：18＝5：6

❸ ②①で求めた比の値を、百分率で表します。
$\frac{13}{20}×100=65$(％)

❹ $□×\frac{3}{20}=9$ より、$□=9÷\frac{3}{20}$

❺ ②りんごの個数と全体の個数の比は2：7です。

まとめのテスト 108ページ

❶ Aの部屋

❷ Aの油

❸ 鉛（なまり）

❹ ①式　1800÷12＝150
答え　分速150m
②式　1時間10分＝$\frac{7}{6}$時間　$63÷\frac{7}{6}=54$
答え　時速54km
③式　$80÷6=\frac{40}{3}$
答え　秒速$\frac{40}{3}$m（秒速$13\frac{1}{3}$m）

❺ ①式　$60÷36=\frac{5}{3}$　$\frac{5}{3}$時間＝1時間40分
答え　1時間40分
②式　1時間15分＝$\frac{5}{4}$時間　$36×\frac{5}{4}=45$
答え　45km

てびき

❶ 1m^2あたりの人数でくらべます。
Aの部屋は、25÷50＝0.5(人)
Bの部屋は、32÷80＝0.4(人)

❷ 1mLあたりの値段（ねだん）でくらべます。
Aの油は、2500÷1800＝1.38…(円)
Bの油は、2000÷1200＝1.66…(円)

❸ 1cm^3あたりの重さでくらべます。
鉄は、3937÷500＝7.874(g)
鉛は、1816÷160＝11.35(g)

❹ 速さ＝道のり÷時間　で求めます。
②10分は、$\frac{10}{60}=\frac{1}{6}$(時間)だから、
1時間10分は、$1+\frac{1}{6}=\frac{7}{6}$(時間)
③80÷6＝13.33…となり、わり切れません。
このようなときは、
$80÷6=\frac{80}{6}=\frac{40}{3}$ のように分数で表します。

❺ ①時間＝道のり÷速さ　で求めます。
$\frac{5}{3}$時間＝1時間＋$\frac{2}{3}$時間
$\frac{2}{3}$時間は、$60×\frac{2}{3}=40$(分)
②道のり＝速さ×時間　で求めます。

しあげの5分レッスン　公式を使うときは、単位をそろえよう。

まとめのテスト 109ページ

1 ①式 $y=100\div x$ $(x\times y=100)$、△
②式 $y=70\times x$、○
③式 $y=600\times x$、○
④式 $y=24-x$ $(x+y=24)$、×
⑤式 $y=1800\div x$ $(x\times y=1800)$、△
⑥式 $y=x+50$、×

2 ①あ0.5　い1　う3
②$y=0.5\times x$
③

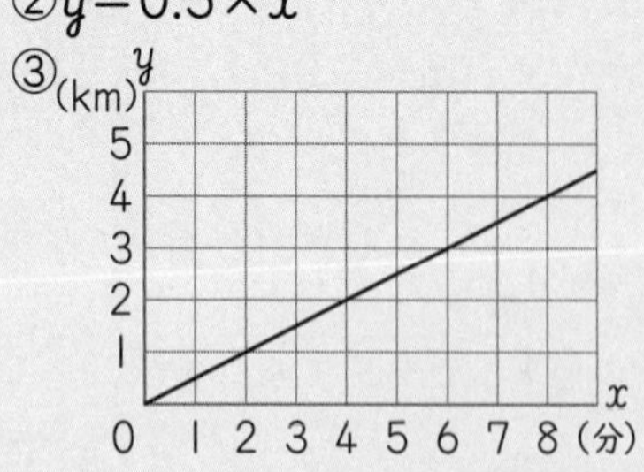

3 ①6mm　②4分　③30分

てびき

1 比例か反比例かは、式の形で判断します。
$y=$［きまった数］$\times x$ → 比例
$y=$［きまった数］$\div x$ → 反比例

2 ①あにはいる数は、$2\div4=0.5$

3 ③①より、1分で3mm燃えます。
9cm(90mm)燃えるのにかかる時間は、
$90\div3=30$(分)

まとめのテスト 110ページ

1 10とおり
2 6とおり
3 ①0円、10円、100円、110円
②8とおり
4 ①4とおり　②18個　③18個
5 12とおり

てびき

1 選ばない2種類を考えたほうが簡単(かんたん)です。

2 Aが左はしのときは、A－B－C、A－C－Bの2とおりあり、B、Cが左はしのときもそれぞれ2とおりあるので、全部で6とおりです。

3 樹形図(じゅけいず)をかいて考えます。

①
10円玉　100円玉　合計
- 表 ─ 表 …110円
- 表 ─ 裏 … 10円
- 裏 ─ 表 …100円
- 裏 ─ 裏 … 0円

②
10円玉　100円玉　500円玉　合計
- 表 ─ 表 ─ 表 …610円
- 表 ─ 表 ─ 裏 …110円
- 表 ─ 裏 ─ 表 …510円
- 表 ─ 裏 ─ 裏 … 10円
- 裏 ─ 表 ─ 表 …600円
- 裏 ─ 表 ─ 裏 …100円
- 裏 ─ 裏 ─ 表 …500円
- 裏 ─ 裏 ─ 裏 … 0円

4 ②「015」のような百の位に0がくる3けたの整数はできないことに注意しましょう。
下の図のように、全部で18個あります。

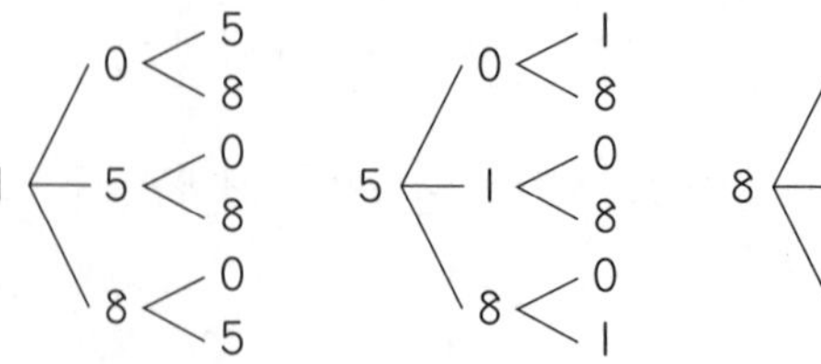

③②でできる3けたの整数の右に、残りの数字を並(なら)べればよいので、②と同じ18個の整数ができます。

5 ［入り口］→［湖］の行き方は3とおりあって、それぞれに、［湖］→［頂上(ちょうじょう)］の行き方が4とおりあります。

まとめのテスト 111ページ

1 ①12日 ②11日 ③7日

④ 読書をした日数

日数(日)	人数(人)
5以上～10未満	9
10 ～15	7
15 ～20	6
20 ～25	3
合 計	25

⑤ 読書をした日数

2 ①D ②A ③C ④B

3 ①ヒストグラム(柱状グラフ)

②折れ線グラフ

③円グラフ(帯グラフ)

④棒グラフ

てびき

1 ①25人全員の日数の合計を計算すると、300日になります。

平均値は、300÷25＝12(日)

②中央値は、13番目の日数だから、11日です。

3 ①ちらばりのようすを表すときは、ヒストグラム

②変化のようすを表すときは、折れ線グラフ

③割合を表すときは、円グラフや帯グラフ

④数や量の大小の比較を表すときは、棒グラフ

まとめのテスト 112ページ

1 式 400＋50＝450

450÷1.5＝300 答え 300円

2 ① $\frac{1}{20}$ 倍 ②300 m²

3 ①144 mL ②170 mL

4 ①

走った時間 (分)	0	1	2
ふつうが進んだ道のり(km)	0	1	2
特急が進んだ道のり(km)	0	2	4
2つをあわせた道のり(km)	0	3	6

②8分後

5 ①150円

②50円

6 180 cm

てびき

1 順にもどして考えます。

まけてもらう前の1.5 kgの値段は450円です。

2 ①しき地の $\frac{5}{8}$ が校庭で、校庭の $\frac{2}{25}$ が花だんだから、$\frac{5}{8}\times\frac{2}{25}=\frac{1}{20}$(倍)

②$6000\times\frac{1}{20}=300$(m²)

3 AのかんをBのかんにおきかえて考えます。

①Bのかんは、240÷(1.5＋1)＝96(mL)

Aのかんは、96×1.5＝144(mL)

②Bのかんは、(240－30)÷(2＋1)＝70(mL)

Aのかんは、70×2＋30＝170(mL)

4 ①ふつう電車の分速は、60÷60＝1(km)

特急電車の分速は、120÷60＝2(km)

②24÷(1＋2)＝8(分後)

5 ①さしひいて考えると、りんご3個の値段は、

1450－1000＝450(円)

りんご1個の値段は、450÷3＝150(円)

②みかん1個とりんご1個の値段は、

1000÷5＝200(円)

みかん1個の値段は、200－150＝50(円)

6 まっすぐつなぐと、のりしろは9個、輪にすると、のりしろは10個になります。

輪の長さは、20×10－2×10＝180(cm)

しあげの5分レッスン　できなかった問題はもう1回やってみよう

夏のチャレンジテスト

1 ①㋐、㋑、㋓、㋔、㋕　②㋒、㋕

2 ①$x\times9=y$　②$y=1080$

3 ①$\frac{9}{2}\left(4\frac{1}{2}\right)$　②$\frac{8}{21}$

③15　④$\frac{21}{4}\left(5\frac{1}{4}\right)$

⑤$\frac{1}{16}$　⑥$\frac{7}{9}$

⑦27　⑧6

4 ①$\frac{20}{7}\left(2\frac{6}{7}\right)$　②$\frac{15}{4}\left(3\frac{3}{4}\right)$

5 24、26、42、46、62、64
（順序はちがっていてもよい）

てびき

1 ①１本の直線を折り目にして折ったとき、折り目の両側がぴったり重なる図形は、線対称（たいしょう）であるといいます。

②ある点を中心にして180°まわすと、もとの形にぴったり重なる図形は、点対称であるといいます。

2 ②$x=120$ のとき、$120\times9=1080$

3 ①$\frac{3}{4}\times6=\frac{3\times\overset{3}{\cancel{6}}}{\underset{2}{\cancel{4}}}=\frac{9}{2}$

②$\frac{4}{7}\times\frac{2}{3}=\frac{4\times2}{7\times3}=\frac{8}{21}$

③$18\times\frac{5}{6}=\frac{18}{1}\times\frac{5}{6}=\frac{\overset{3}{\cancel{18}}\times5}{1\times\underset{1}{\cancel{6}}}=15$

④$1\frac{7}{8}\times2\frac{4}{5}=\frac{15}{8}\times\frac{14}{5}=\frac{\overset{3}{\cancel{15}}\times\overset{7}{\cancel{14}}}{\underset{4}{\cancel{8}}\times\underset{1}{\cancel{5}}}=\frac{21}{4}$

⑤$\frac{5}{8}\div10=\frac{\overset{1}{\cancel{5}}}{8\times\underset{2}{\cancel{10}}}=\frac{1}{16}$

⑥$\frac{2}{3}\div\frac{6}{7}=\frac{2}{3}\times\frac{7}{6}=\frac{\overset{1}{\cancel{2}}\times7}{3\times\underset{3}{\cancel{6}}}=\frac{7}{9}$

⑦$12\div\frac{4}{9}=\frac{12}{1}\times\frac{9}{4}=\frac{\overset{3}{\cancel{12}}\times9}{1\times\underset{1}{\cancel{4}}}=27$

⑧$2\frac{1}{4}\div\frac{3}{8}=\frac{9}{4}\div\frac{3}{8}=\frac{9}{4}\times\frac{8}{3}=\frac{\overset{3}{\cancel{9}}\times\overset{2}{\cancel{8}}}{\underset{1}{\cancel{4}}\times\underset{1}{\cancel{3}}}=6$

4 ①$\frac{5}{6}\times\frac{3}{7}\div\frac{1}{8}=\frac{5}{6}\times\frac{3}{7}\times\frac{8}{1}=\frac{5\times\overset{1}{\cancel{3}}\times\overset{4}{\cancel{8}}}{\underset{1}{\cancel{\underset{2}{\cancel{6}}}}\times7\times1}=\frac{20}{7}$

②小数を分数になおして計算します。

$0.9\div\frac{3}{4}\div0.32=\frac{9}{10}\div\frac{3}{4}\div\frac{8}{25}$

$=\frac{9}{10}\times\frac{4}{3}\times\frac{25}{8}=\frac{\overset{3}{\cancel{9}}\times\overset{1}{\cancel{4}}\times\overset{5}{\cancel{25}}}{\underset{2}{\cancel{10}}\times\underset{1}{\cancel{3}}\times\underset{2}{\cancel{8}}}=\frac{15}{4}$

5 樹形図（じゅけいず）をかくなどして、落ちや重なりがないようにしましょう。

十の位　一の位

2＜4、6　4＜2、6　6＜2、4

おうちのかたへ 小さい順に書くなど、場合を順序よく整理するように伝えましょう。

6 ①

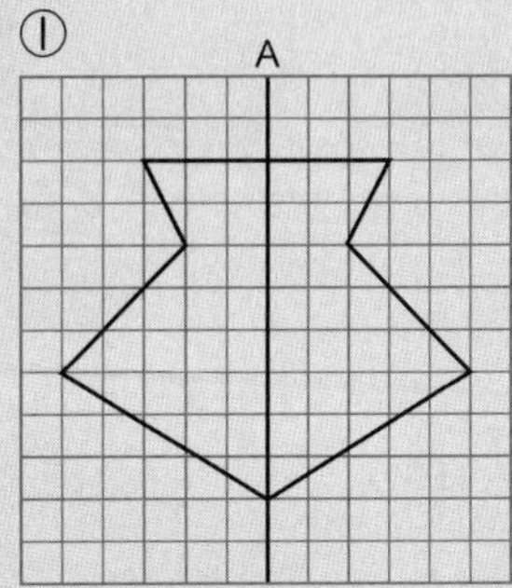

②

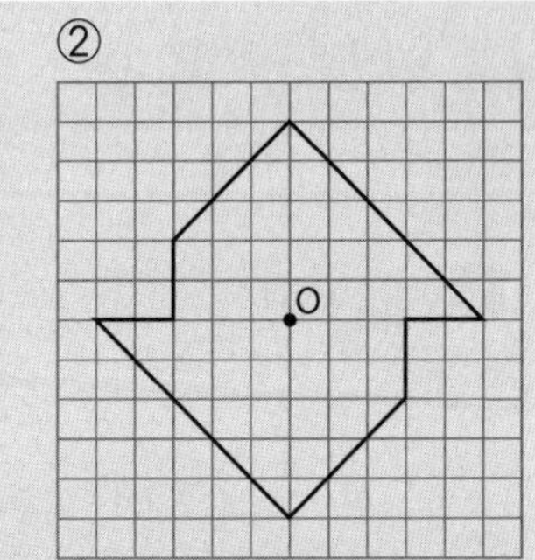

6 ①対応する2つの点を結ぶ直線は、対称の軸と垂直に交わり、交わる点から対応する2つの点までの長さは等しいです。

②対応する2つの点を結ぶ直線は、対称の中心を通り、対称の中心から対応する2つの点までの長さは等しいです。

7 ①720　② $\frac{3}{7}$　③360

7 ① $900\times\frac{4}{5}=720$(g)

② $6\div14=\frac{3}{7}$(倍)

③□ m $\xrightarrow{\times\frac{2}{9}}$ 80 m

よって、$□=80\div\frac{2}{9}=360$(m)

8 ① $190\times x+900=y$　②1850 mL
③ $x=20$

8 ②①の式の x に5をあてはめます。
$x=5$ のとき、$190\times5+900=1850$
③①の式の x に10、15、20をあてはめます。
$x=10$ のとき、$190\times10+900=2800$
$x=15$ のとき、$190\times15+900=3750$
$x=20$ のとき、$190\times20+900=4700$

9 ① $\frac{7}{12}$ 時間

②式　$210\div\frac{7}{12}=360$　　答え　360個

9 ① $35\div60=\frac{7}{12}$(時間)

②簡単な整数におきかえて考えるとわかりやすくなります。
3時間に210個ならば、$210\div3$ になります。

10 10とおり

10 5種類のケーキをA、B、C、D、E、2種類の飲み物をF、Gとして考えます。
図にかいて考えると、組み合わせは全部で10とおりあります。

A＜F, G　B＜F, G　C＜F, G　D＜F, G　E＜F, G

11 ①辺CD　②辺FG

11 ②点Bに対応する点は点F、点Cに対応する点は点Gだから、辺BCに対応する辺は、辺FGです。

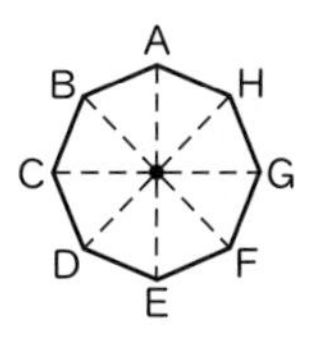

12 ①㋒　②㋐

12 それぞれ次のように考えています。

㋐

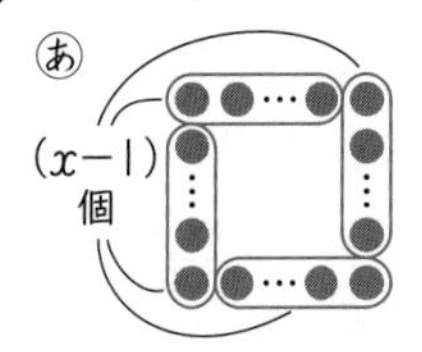

㋒

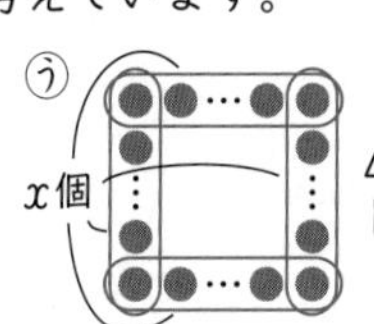

おうちのかたへ　1辺に x 個の石で考えるのが難しければ、まずは1辺に5個の石の場合で式を考えさせてみましょう。中学校以降で学習する数学においては、本問のように文字を使って議論することが多くなりますので、今のうちに慣れさせるようにしましょう。

しあげの5分レッスン　分数の計算の問題では、約分を忘れないように注意しよう。

冬のチャレンジテスト

1 ①4　②$\frac{3}{7}$

2 ①2倍、3倍、……になる。
②比例する。

3 ①式　$y=48\times x$、○
②式　$y=20-x$ $(x+y=20)$、×
③式　$y=730\div x$ $(x\times y=730)$、△

4 式　7×7×3.14＝153.86
答え　153.86 cm^2

5 ①式　5×12÷2×14＝420
答え　420 cm^3
②式　4×4×3.14×10＝502.4
答え　502.4 cm^3

6 ①3.5冊　②2.5冊　③2冊

7 式　$153\times\frac{7}{9}=119$　答え　119 km

てびき

1 $a:b$ の比の値は、$a\div b$ で求められます。
①80÷20＝4
②$0.3\div0.7=\frac{3}{10}\div\frac{7}{10}=\frac{3}{7}$

2 ともなって変わる2つの数量 x、y があって、x の値が2倍、3倍、……になると、y の値も2倍、3倍、……になるとき、y は x に比例するといいます。
②y は x に比例しているので、水の深さは時間に比例しています。
また、x と y の関係を式に表すと、
$y=4\times x$　になります。
式が $y=$ きまった数 $\times x$ で表されることからも、y が x に比例していることがいえます。

3 比例か反比例かは、式の形で判断します。
$y=$ きまった数 $\times x$ ⟶ 比例
$y=$ きまった数 $\div x$ ⟶ 反比例
① 四角柱の体積 ＝ 底面積 × 高さ だから、
$y=48\times x$
② 残りの量 ＝ 全部の量 － 食べた量 だから、
$y=20-x$
③ 時間 ＝ 道のり ÷ 速さ だから、
$y=730\div x$

おうちのかたへ　まずは y の値を求めることばの式を考えるようにアドバイスしましょう。ことばの式が正しくつくれたら、あとは問題文で与えられている数値や x、y の文字をことばの式にあてはめれば、「$y=$ (x を含む式)」の形の式が得られます。

4 円の面積＝半径×半径×3.14　で求めます。

5 角柱の体積も円柱の体積も、底面積×高さで求められます。
①角柱の底面は直角三角形です。
この面積は、5×12÷2＝30(cm^2)
角柱の体積は、30×14＝420(cm^3)
②円柱の底面は円です。
この面積は、4×4×3.14＝50.24(cm^2)
円柱の体積は、50.24×10＝502.4(cm^3)

6 ①10人の冊数の合計は、
1×2＋2×3＋3×2＋5＋7＋9＝35(冊)
だから、平均値は、35÷10＝3.5(冊)
②10人の中央値は、5番目と6番目の冊数の平均だから、(2＋3)÷2＝2.5(冊)
③2冊の人数がいちばん多いから、最頻値は2冊

7 道のり全体を、7＋2＝9とみます。

8 ①$y=2.5\times x$　②12 cm

8 グラフは比例の関係を表しています。

①［きまった数］$=y\div x$ です。
$x=2$ のとき $y=5$ だから、きまった数は
$5\div 2=2.5$ になります。

②$y=30$ のとき、$2.5\times x=30$ だから、
$x=30\div 2.5=12$(cm)

9 ①㋐36　㋑300
②$y=7200\div x$ ($x\times y=7200$)

9 家から植物園までの道のりは、
$240\times 30=7200$(m)
です。

10 式　$5\times 5\times 3.14\div 2=39.25$
$3\times 3\times 3.14\div 2=14.13$
$2\times 2\times 3.14\div 2=6.28$
$39.25-14.13+6.28=31.4$
答え　31.4 cm²

10 (半径5 cm の半円)－(半径3 cm の半円)＋(半径2 cm の半円)
で求めます。

11 ①65°　②3.6 cm

11 ①対応する角Aと角Gの大きさは等しいです。
$360°-(90°+85°+120°)=65°$

②四角形GBEFは、四角形ABCDを
$5.4\div 3=1.8$(倍)に拡大(かくだい)したものです。
$2\times 1.8=3.6$(cm)

12 ①30 m 以上 35 m 未満(の階級)　②30 %

12 ①35 m 以上の人は6人で、
30 m 以上の人は $6+10=16$(人)です。
だから、記録のよいほうから数えて15番目の人は、30 m 以上 35 m 未満の階級にはいっています。

②いちばん人数が多い階級は、25 m 以上 30 m 未満の階級で、人数は12人です。
$12\div 40\times 100=30$(%)

13 6個入り5箱と9個入り1箱、
6個入り2箱と9個入り3箱

13 9個入りの箱を、1箱、2箱、3箱、……と変えていったときに、6個入りの箱が何箱でたこ焼きが39個になるか、表にかいて調べます。

9個入りの箱	箱の数(箱)	1	2	3	4
	たこ焼きの数(個)	9	18	27	36
残りのたこ焼きの数(個)		30	21	12	3
6個入りの箱の数(箱)		5	×	2	×

14 19個

14 30個全部が130円のおにぎりだとしたら、
代金は、$130\times 30=3900$(円)
90円のおにぎりの数を、1個、2個、3個、……と増やして、代金がどのように変わるか、表にかいて調べます。

90円のおにぎり(個)	0	1	2	
130円のおにぎり(個)	30	29	28	
代金の合計　(円)	3900	3860	3820	

40　40　減る

90円のおにぎりの個数は、
$(3900-3140)\div 40=19$(個)

しあげの5分レッスン　答えの単位は正しくかけているか、みなおすようにしよう。

春のチャレンジテスト

1 ①式　$120 \times 90 \div 2 = 5400$

答え　約 5400 m^2

②式　$7 \times 8 \times 15 = 840$

答え　約 840 cm^3

2 ①1000　②1000000

3 ①<　②=

4 ①1.86　②$\frac{31}{18}\left(1\frac{13}{18}\right)$

③$\frac{21}{2}\left(10\frac{1}{2}\right)$　④$\frac{5}{13}$

5 ①式　7000×400

答え　280万（2800000）

②式　$490000 \div 600$（$500000 \div 600$）

答え　800

6 ①式　$14 \times 8 = 112$　答え　112 cm^2

②式　$3 \times 3 \times 3.14 = 28.26$

答え　28.26 cm^2

7 ①式　$y = 850 \div x$（$x \times y = 850$）、△

②式　$y = 60 \times x$、○

8 ①約 360 m^3

②約 360 t

てびき

1 ①三角形とみます。

②直方体とみます。

2 ②1 km^2 は1辺が1 km の正方形の面積です。

1 km＝1000 m だから、その面積は、

$1000 \times 1000 = 1000000$（$m^2$）

3 ①$\frac{11}{6} = 11 \div 6 = 1.83\cdots$ だから、

$\frac{11}{6} < 1.9$ となります。

②$\frac{3}{4} = 3 \div 4 = 0.75$ だから、

$\frac{3}{4} = 0.75$ となります。

4 ①

$$\begin{array}{r} 2.6 \\ -0.74 \\ \hline 1.86 \end{array}$$

②$\frac{5}{9} + \frac{7}{6} = \frac{10}{18} + \frac{21}{18} = \frac{31}{18}$

③$2\frac{1}{4} \div \frac{5}{7} \div \frac{3}{10} = \frac{9}{4} \div \frac{5}{7} \div \frac{3}{10}$

$= \frac{9}{4} \times \frac{7}{5} \times \frac{10}{3} = \frac{\overset{3}{\cancel{9}} \times 7 \times \overset{1}{\cancel{\overset{2}{\cancel{10}}}}}{\underset{2}{\cancel{4}} \times \underset{1}{\cancel{5}} \times \underset{1}{\cancel{3}}} = \frac{21}{2}$

④$c \times (a - b) = c \times a - c \times b$ を使います。

$\frac{24}{13} \times \left(\frac{3}{8} - \frac{1}{6}\right) = \frac{24}{13} \times \frac{3}{8} - \frac{24}{13} \times \frac{1}{6}$

$= \frac{9}{13} - \frac{4}{13} = \frac{5}{13}$

5 ①積を見積もるときは、ふつう、かけられる数もかける数も、上から1けたの概数（がいすう）にして計算します。

②商を見積もるときは、ふつう、わられる数を上から2けた、わる数を上から1けたの概数にして計算し、商は上から1けたの概数で求めます。

6 ①平行四辺形の面積＝底辺×高さ　で求めます。

②円の面積＝半径×半径×3.14　で求めます。

7 比例か反比例かは、式の形で判断します。

y＝［きまった数］×x ⟶ 比例

y＝［きまった数］÷x ⟶ 反比例

8 ①$12 \times 25 \times 1.2 = 360$（$m^3$）

②1 m^3＝1 kL だから、360 m^3＝360 kL

水1 kL の重さは 1000 kg＝1 t です。

水 360 kL の重さは 360 t です。

9 式 $\frac{1}{24}\times16=\frac{2}{3}$

$1-\frac{2}{3}=\frac{1}{3}$

$\frac{1}{3}\div\frac{1}{9}=3$ 答え 3分

10 ①式 $\frac{1}{80}+\frac{1}{120}=\frac{1}{48}$

$1\div\frac{1}{48}=48$ 答え 48分

②式 $\frac{1}{80}\times30=\frac{3}{8}$

$1-\frac{3}{8}=\frac{5}{8}$

$\frac{5}{8}\div\frac{1}{48}=30$

$30+30=60$ 答え 60分

11 式 1時間50分$=\frac{11}{6}$時間

$54\times\frac{11}{6}=99$ 答え 99 km

12 式 $3.9\times\frac{9}{13}=2.7$ 答え 2.7 kg

13 式 $4\times4\times3.14-6\times5\div2=35.24$

$35.24\times9=317.16$

答え 317.16 cm³

14 ①式 $\frac{8}{15}\times\frac{3}{7}=\frac{8}{35}$ 答え $\frac{8}{35}$倍

②式 $480\div\frac{8}{35}=2100$ 答え 2100人

9 家から映画館(えいが)までの道のりを1とします。

1分間に進む道のりは、

歩いたとき…$\frac{1}{24}$ 走ったとき…$\frac{1}{9}$

となります。

16分間歩いた道のりは $\frac{1}{24}\times16=\frac{2}{3}$ だから、

残りの道のりは、$1-\frac{2}{3}=\frac{1}{3}$

そのあと走ると、$\frac{1}{3}\div\frac{1}{9}=3$(分)かかります。

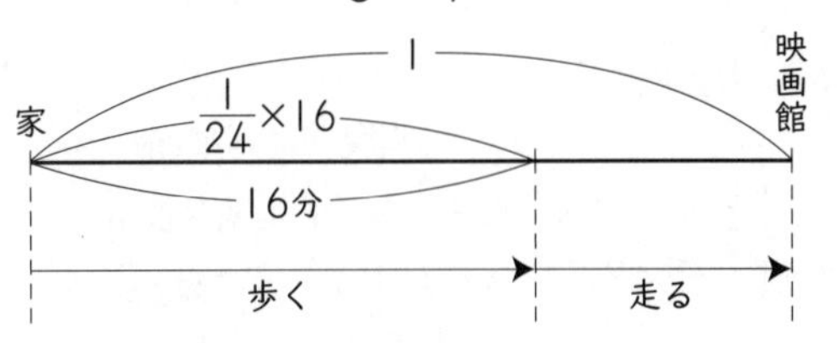

10 ペンキをぬるかべ全体を1とします。

1時間20分＝80分、2時間＝120分

だから、

兄は1分間で $\frac{1}{80}$、弟は1分間で $\frac{1}{120}$

2人だと1分間で $\frac{1}{80}+\frac{1}{120}=\frac{1}{48}$

をぬることができます。

11 50分を時間になおすと、$\frac{50}{60}=\frac{5}{6}$(時間)

だから、1時間50分を時間で表すと、

$1+\frac{5}{6}=\frac{11}{6}$(時間)

12 全体の重さを、$4+9=13$ とみます。

13 底面積×高さで求めます。

円柱の体積－三角柱の体積

で求めることもできます。

14 次のような関係になっています。

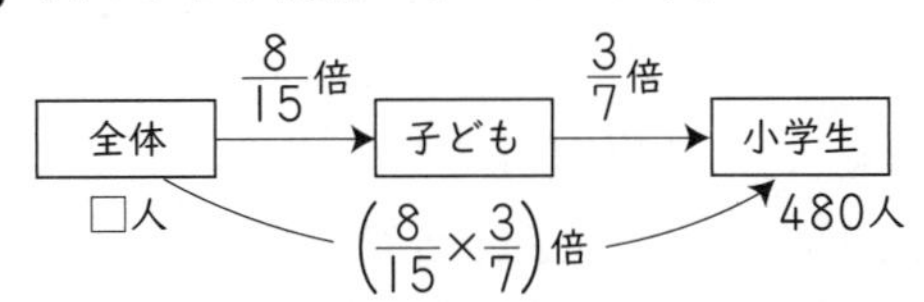

しあげの5分レッスン まちがえた問題は、その原因を考えて、同じまちがいをくり返さないようにしよう。

学力診断テスト

1 ① $\frac{14}{15}$　② $\frac{2}{3}$　③ $\frac{9}{5}\left(1\frac{4}{5}\right)$
④2　⑤ $\frac{4}{7}$　⑥ $\frac{9}{25}$

2 ①1　②1.2　③3.6

3 ㋓

4 25.12 cm²

5 ①式　6×4÷2×12＝144
答え　144 cm³
②式　5×5×3.14÷2×16＝628
または、5×5×3.14×16÷2＝628
答え　628 cm³

6 線対称…㋐、㋑　　点対称…㋐、㋓

7 ㋑、㋓

8 ① y＝36÷x　②いえます(いえる)

9 ①角E　②4.5 cm

10 6通り

11 ①中央値…5冊
最頻値…5冊
②5冊
③右のグラフ
④6冊以上8冊未満
⑤4冊以上6冊未満

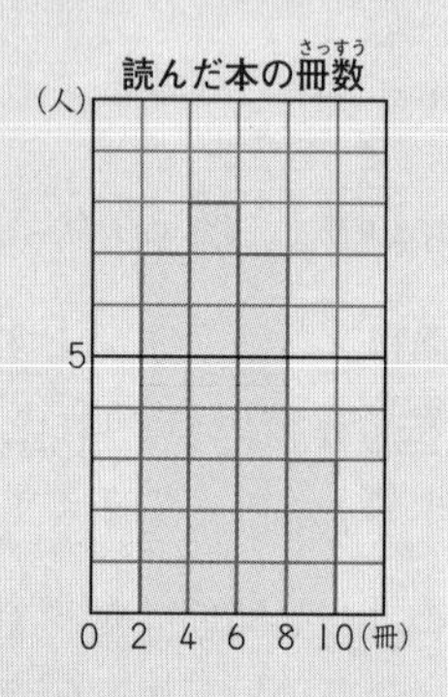

12 ① y＝12×x　②900 L
③300000 cm³　④50 cm
⑤(例)浴そうに水を200 Lためて
シャワーを1人15分間使うと、
200＋12×15×5＝1100(L)、
浴そうに水をためずにシャワー
を1人20分間使うと、
12×20×5＝1200(L)
になるので、浴そうに水をためて
使うほうが水の節約になるから。

てびき

2 xの値が5のときのyの値が3だから、きまった数は
3÷5＝0.6　式は y＝0.6×x です。

4 右の図の①の部分と、②の部分は同じ形です。だから、求める面積は、直径8cmの円の半分と同じです。
4×4×3.14÷2＝25.12(cm²)

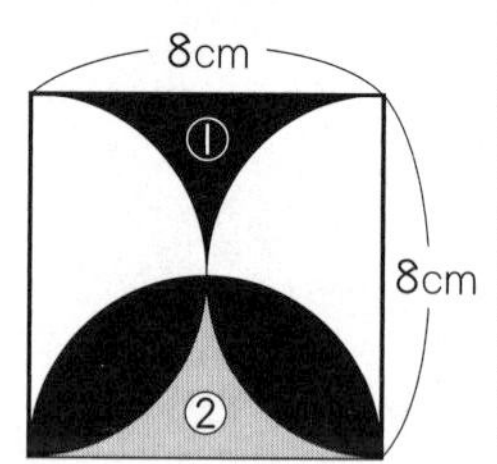

5 どちらも「底面積×高さ」で求めます。
①の立体は、底面が底辺6cm、高さ4cmの三角形で、高さが12cmの三角柱です。
②の立体は、底面が直径10cmの円の半分で、高さが16cmの立体です。また、②は底面が直径10cmの円、高さが16cmの円柱の半分と考えて、
「5×5×3.14×16÷2」でも正解です。

6 1つの直線を折り目にして折ったとき、両側の部分がぴったり重なる図形が線対称な図形です。また、ある点のまわりに180°まわすと、もとの形にぴったり重なる図形が点対称な図形です。

7 ㋑は6で、㋓は7でわると2：3になります。

8 ① 横＝面積÷縦　x×y＝36としても正解です。
②①の式は、y＝きまった数÷x　だから、xとyは反比例しているといえます。

9 ②形の同じ2つの図形では、対応する辺の長さの比はすべて等しくなります。辺ABと辺DBの長さの比は2：6で、簡単にすると1：3です。辺ACと辺DEの長さの比も1：3だから、1：3＝1.5：□として求めます。

10 赤―青、赤―黄、赤―緑、青―黄、青―緑、黄―緑の6通りです。
例えば、右のようにして考えます。

赤＜青・黄・緑　　青＜黄・緑　　黄―緑

11 ①ドットプロットから、クラスの人数は25人とわかります。
中央値は、上から13番目の本の冊数です。
②平均値は、125÷25＝5(冊)になります。
③ドットプロットから、2冊以上4冊未満の人数は7人、4冊以上6冊未満の人数は8人、6冊以上8冊未満の人数は7人、8冊以上10冊未満の人数は3人です。
④8冊以上10冊未満の人数は3人、6冊以上8冊未満の人数は7人だから、本の冊数が多いほうから数えて10番目の児童は、6冊以上8冊未満の階級に入っています。
⑤5冊は4冊以上6冊未満の階級に入ります。

12 ①12×x＝yとしても正解です。
⑤それぞれの場合の水の使用量を求め、比かくした上で「水をためて使うほうが水の節約になる」ということが書けていれば正解とします。